高等学校"十二五"规划教材

机械设计课程设计

张锦明　编著

东南大学出版社

·南京·

内 容 提 要

本书围绕圆柱齿轮减速器、圆锥齿轮减速器、蜗杆减速器的设计,全面介绍了使用机械绘图、机械设计手册、文字处理等软件在计算机上进行一般传动装置及其零件的设计方法和设计步骤。内容包括:概论、传动系统的总体设计、传动零件和轴的设计、减速器结构与润滑、装配图的设计及绘制、零件图的绘制、设计说明书编写与答辩准备,并附有减速器参考图例、课程设计题目、答辩参考题、减速器的设计计算说明书及其全套或部分图纸的设计实例。

本书可作为高等学校机械类专业学生机械设计课程设计用书,也可作为近机类专业机械设计课程设计的教学用书,对利用计算机进行液压传动课程设计、模具课程设计、毕业设计也有一定的参考作用,同时也可供指导教师、有关技术部门和工厂设计人员参考。

图书在版编目(CIP)数据

机械设计课程设计 / 张锦明编著. —南京:东南大学出版社,2014.8
 ISBN 978-7-5641-5162-1

Ⅰ.①机⋯ Ⅱ.①张⋯ Ⅲ.①机械设计-课程设计
Ⅳ.①TH122-41

中国版本图书馆 CIP 数据核字(2014)第 198039 号

机械设计课程设计

出版发行:东南大学出版社
社　　址:南京市四牌楼 2 号　邮编:210096
出 版 人:江建中
责任编辑:史建农
网　　址:http://www.seupress.com
电子邮箱:press@seupress.com
经　　销:全国各地新华书店
印　　刷:常州市武进第三印刷有限公司
开　　本:787mm×1092mm　1/16
印　　张:15.5
字　　数:377 千字
版　　次:2014 年 8 月第 1 版
印　　次:2014 年 8 月第 1 次印刷
书　　号:ISBN 978-7-5641-5162-1
印　　数:1—3000 册
定　　价:35.00 元

前　言

　　机械设计课程设计是高等学校机械类、近机类专业学生在学习阶段碰到的第一个大型设计。通过这样的设计训练能使学生熟悉设计资料，了解国家标准、规范；掌握一般传动装置的设计方法、设计步骤，从而使学生的设计能力得到初步的培养。传统的机械设计课程设计，是学生根据教师布置的设计任务，使用计算器等工具对所设计的传动装置进行大量的、复杂的强度、尺寸等方面的计算，再用铅笔、圆规、丁字尺、图板等绘图工具把图纸画出来，最后把设计说明书整理、书写出来。这样的设计方法至今还在一些高等学校中全部或部分地使用。因此现在学生使用的《机械设计课程设计》是与这样的设计相适应的。

　　由于计算机技术的迅猛发展和学校教学课程的增多，现在高等学校机械类、近机类专业学生已掌握了计算机的使用，并能熟练地在计算机上利用文字处理软件进行文字操作，利用 AutoCAD、尧创 CAD 等绘图软件进行机械图的绘制。由于在计算机上用有关的软件进行机械设计，一方面大大缩短了设计时间，提高了设计效率及设计质量，增加了图纸、说明书的清晰度；另一方面还能方便地修改、保存，甚至能将三维机械图绘制出来，进行模拟的机械运行。所以现在企事业单位的机械设计，类似于课程设计中复杂的强度、尺寸等方面的计算有的已用计算机代替，机械图早已不用绘图工具在图板上绘制，而是用机械绘图软件在计算机上绘制，再用打印机将它打印出来。设计说明书的书写、整理也用文字处理软件在计算机上进行。因此高等学校机械类、近机类专业学生使用计算机来进行机械设计课程设计的条件已经具备，同时这样的课程设计训练更符合企事业单位的实际需要。本书就是在这样的背景下产生的，其内容有别于其他的《机械设计课程设计》教材，成为该书的亮点。

　　考虑到机械设计课程设计是在高等学校机械类、近机类专业学生学完了《机械设计》课程后进行的，考虑到高等学校《机械设计》中的教学内容、机械设计课程设计安排的课时等原因，为此本书与《机械设计》有关的内容基本上没有进行叙述，并只以圆柱齿轮减速器、圆锥齿轮减速器和蜗杆减速器在计算机上进行设计为例，讲述了传动系统的总体设计、传动零件和轴的设计、减速器结构与润滑、装配图的设计及绘制、零件图的绘制、设计说明书编写与答辩准备等内容。

　　由于目前的机械绘图软件、机械设计资料查阅软件、文字处理软件较多，考

虑到便于叙述和有关学校在计算机上进行课程设计时所用软件的成本等因素，本书讲述了用尧创 CAD 2010 机械绘图软件、机械设计手册(新编软件版)2008 在计算机上进行机械设计课程设计的一般方法。本书中有类似于"[1]→【带传动和链传动】→【带传动】→【V 带传动】"的这种写法，其中"[1]"指的是"参考文献与应用软件"中所列的应用软件[1]，即"机械设计手册(新编软件版)2008"，"【带传动和链传动】"指的是机械设计手册(新编软件版)2008 软件中的"带传动和链传动"按钮。"→"指的是往下点击(一般情况下是左击)。"[1]→【带传动和链传动】→【带传动】→【V 带传动】"指的是，在计算机上打开"机械设计手册(新编软件版)2008"软件后，点击"带传动和链传动"按钮，再点击"带传动"，然后再点击"V 带传动"按钮。

由于计算机操作系统及一些机械绘图软件自带计算器，还有相关的文字处理软件，所以再在计算机上装上机械绘图软件、机械设计资料查阅软件后，机械设计课程设计的全部内容基本上都可以在计算机上完成。

为了便于老师对课程设计的指导，便于学生的自学并顺利地进行课程设计，本书详细叙述了减速器轴结构图、装配图按步骤绘制的方法。同时还增加了减速器装配图常见的错误分析、答辩参考题的内容；增加了多种形式减速器的设计实例，并附有与其相一致的设计计算说明书及其全套或部分图纸的参考内容。

限于编者水平，且编写时间仓促，书中不妥之处在所难免，恳请使用本书的老师和读者给予批评指正。

编　者
2014 年 8 月

目　录

第1章 概　　论

1.1　课程设计的目的

机械设计课程设计是高等工科院校机械类、近机类专业学生在学完《机械设计》课程后独立完成的一次较为全面的机械设计综合训练,是机械设计(或机械设计基础)课程重要综合性实践教学环节。其目的是:①运用、巩固课程所学的理论知识,培养学生进行机械设计的初步能力;②掌握一般机械传动装置的设计方法、设计步骤,为后面其他课的课程设计及毕业设计打好基础;③运用和熟悉设计资料,了解有关的国家标准、行业标准及规范;④进一步掌握 AutoCAD、尧创 CAD 等机械绘图软件和其他一些设计软件的使用方法;⑤通过撰写设计说明书和总结、答辩,提高总结、写作和表达的能力;⑥建立起正确的设计思想,为在以后的工作中能运用该思想分析并解决机械方面的一些实际问题奠定基础。

多年的教学实践证明,以机械装备中的齿轮(蜗杆)减速器(图 1.1)为题进行机械设计课程设计,能较好地达到上述目的。这是因为:传动装置是机器的重要组成部分,而齿轮、蜗轮减速器是较为典型、应用最广的传动装置,掌握它的设计方法、设计步骤,就可以举一反三,掌握其他传动装置的设计方法,从而了解机器的设计。

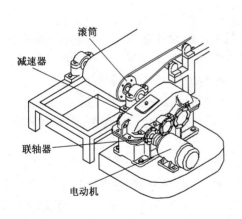
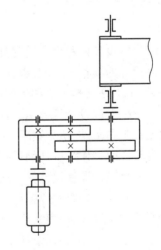

图 1.1

1.2　课程设计的内容

机械设计课程设计根据设计题目的不同，其设计所包括的内容也不尽相同。机械装备中减速器的设计通常包括的内容有：①传动方案的拟订或传动方案的分析；②电动机的选择与运动参数的计算；③传动零件（如带传动、齿轮或蜗杆传动）的设计；④轴的设计；⑤滚动轴承、键和联轴器的选择；⑥箱体、润滑及附件的设计；⑦装配图、零件图的绘制；⑧设计说明书的编写。

这些内容是"机械设计"课程的精髓。通过完成以上内容，不仅能使学生运用和巩固所学理论知识；而且还能使学生懂得在从事机械设计时，必须综合考虑强度、刚度、结构、工艺、装配、润滑、密封、经济性等多方面的问题，并建立起较为完整的设计概念。通过完成以上内容，还能使学生在计算技能、制图水平、计算机应用能力、熟悉资料及有关标准规范方面得到较好的训练。因此，以齿轮（蜗杆）减速器为题进行机械设计课程设计，对加强设计基础技能的训练，效果良好。

由于在课程设计之前，学生已掌握了计算机的使用，并能较熟练地利用文字处理软件在计算机上进行文字操作，利用 AutoCAD 等机械绘图软件进行机械绘图，再加上现在企事业单位中的机械设计基本上在计算机上完成，因此学生使用计算机来进行机械设计课程设计的条件已经具备，同时这样的课程设计训练更符合企事业单位的实际需要。为此学生课程设计可在计算机上进行，并完成以下工作：①装配图；②全部非标零件的零件图；③设计计算说明书。这些作业保存在以学生学号和名字组成的文件夹内，并以电子稿的形式交给指导老师。同时再以纸质稿的形式交装配图 1 张、零件图 2～3 张和设计说明书 1 份。

1.3　课程设计的步骤

机械设计课程设计过程其实就是一个与其他机械产品设计基本一致的过程，面对一个产品设计的项目，首先要根据设计目标，通过查阅资料确定设计任务。当然，对于课程设计来说，由于是培养一个学生的过程，题目往往是由教师给出的，也就是设计任务书。

学生拿到设计任务书后，应仔细研究设计任务书。根据设计任务书中提供的原始设计数据和工作条件，从方案着手，通过总体方案设计、零部件设计，最后以装配图、零件图和设计计算说明书作为设计的最终结果。

机械设计课程设计的一般步骤可以分为以下几个方面：

（1）设计前的准备工作　这部分工作包括：①研究设计任务书，分析设计题目，了解设计要求和内容；②观察实物或模型，进行减速器的装拆实验；③将机械设计课程的相关内容再复习一下；④准备好设计相关资料、图书，并在计算机上装好相关的软件，并拟订一个计划进度。

（2）传动装置的方案设计和总体设计　这部分工作包括：①对于任务书中没有给出传动方案的课程设计题目，则应根据有关机械原理和机械设计知识，结合设计任务书的要求，

拟订若干传动装置的原理方案,并通过分析比较确定出一种较好的传动方案作为本设计的方案;②根据设计任务书的要求,选择合适的电动机;③确定传动装置的总传动比以及分配各级传动比;④计算传动装置的运动和动力参数。

(3) 减速器传动零件的设计 这部分工作包括:①设计从电动机到减速器传递动力的传动零件(一般为带传动或链传动);②设计减速器中的传动零件(一般为直齿轮传动、斜齿轮传动、圆锥齿轮传动或蜗杆传动)。

(4) 减速器装配草图的设计 这部分工作包括:①确定减速器各传动轴的大致结构和每段轴的基本尺寸,选择联轴器;②确定减速器各零件的相互位置;③选择滚动轴承并进行寿命计算,选择键连接并对其进行强度校核,绘制轴承端盖等零件并确定润滑方式;④设计减速器箱体结构;⑤对传动轴进行强度校核;⑥完成箱体草图的绘制。

(5) 减速器装配图的绘制 这部分工作包括:①新建一个带有图框、标题栏的文件,将已绘制好的装配草图复制到该文件中,并进行整理及绘制成装配图;②标注必要的装配尺寸和结构尺寸,编写零件序号和填写明细表,撰写技术要求。

(6) 零件图的绘制 这部分工作包括:①新建一个带有图框、标题栏的文件,将装配图中相关的部分复制到该文件中,并整理成零件图;②标注尺寸与公差,标注基准、形位尺寸公差和粗糙度,填写技术要求。

(7) 撰写设计计算说明书 这部分工作包括:①将设计过程中各部分的设计计算过程进行整理,编写设计计算说明书;②设计计算说明书要按照规定的格式和要求进行撰写;③设计计算说明书和撰写顺序要求与逻辑过程相一致。

(8) 课程设计总结与答辩 这部分工作包括:①撰写设计总结,主要内容为设计过程体会、设计优缺点等,并把它放入设计说明书中;②参加答辩,回答老师及同学针对设计所提出的问题。

1.4 课程设计中的注意事项

《机械设计》是培养学生机械设计理论知识的课程,这些理论知识能否转化为实际的机械设计能力,关键要看《机械设计课程设计》课程的教学效果。由于机械设计课程设计是机械类、近机类专业学生进入大学后第一次较为全面的机械设计训练,要达到预期的教学效果,应注意以下几个方面的问题:

(1) 明确设计任务,端正学习态度 机械设计课程设计是学生独立完成的一次较为全面的机械设计综合训练,教师仅起到指导和启发的作用。为此学生在得到教师给定的设计任务后,要制订设计计划,掌握设计进度,认真设计。提供独立思考与同学的讨论相结合,每个阶段完成后要认真检查,发现错误要及时、认真地修改,做到精益求精。

(2) 重视培养一丝不苟的严谨设计作风 机械设计过程讲究的是科学严谨、精益求精,来不得半点的马虎,要通过这个过程的学习,培养机械设计的扎实基本功,培养规范意识和责任意识,从而养成机械设计的良好作风。

(3) 理论计算和工程实际相结合 机械零部件的结构尺寸设计不是完全由理论计算确定的,还要结合工程实际,考虑结构的工艺性、经济性以及标准化、系列化等要求,在设计的

整个过程中,各个阶段是相互联系的,故随着设计的进展,后阶段对前阶段设计中的不合理结构、尺寸要进行必要的修改。所以设计时边计算、边绘图、边修改,计算、绘图交替进行,才能使设计的结构合理、质量较高。

(4) 参考借鉴与改进创新相结合　要善于利用人们长期以来积累的宝贵设计经验和资料进行设计,从而避免不必要的重复劳动,减少设计的不合理,还可以加快设计进程,提高设计质量。但是切不可盲目照搬、照抄,应结合工程实际,在参考借鉴的基础上积极改进、创新。

(5) 贯彻相关标准与规范　标准化和规范化是机械设计需要遵守的准则之一。这样既能保证零件的互换性、降低成本、缩短设计周期,同时标准化、规范化和能用化也是评价设计质量的一项指标。在课程设计中应熟悉和正确采用各种有关技术标准与规范,尽量采用标准件和标准尺寸。

(6) 采用先进的设计工具和方法　计算机、网络的使用和机械绘图软件、文字处理软件的日益完善,使得机械设计的效率大大提高。因此在用计算机进行机械设计课程设计时要充分利用这些工具,并在使用中得到提高,为今后从事企事业单位的机械设计工作打下良好的基础。

第 2 章 传动系统的总体设计

传动系统总体设计的内容包括确定传动方案、选择电动机、计算总传动比及合理分配传动比、计算系统的运动和动力参数。在这几项工作中,确定传动方案是最为关键的。

2.1 确定传动方案

2.1.1 常用减速器类型、特点及应用

一个完整的机械装备通常由原动机、传动系统和工作机三部分组成。传动系统处于原动机和工作机中间,用来传递运动和动力,同时改变原动机转速和转矩的大小或改变运动形式,以适应工作机功能要求。在传动系统用来降低转速的独立转动装置,称为减速器,如图2.1、图2.2所示,图2.3、图2.4分别为图2.1、图2.2减速器的简图。

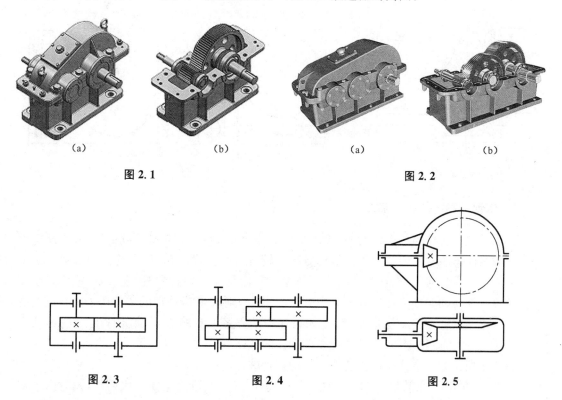

　　　(a)　　　　　　　(b)　　　　　　　(a)　　　　　　　(b)

　　　图 2.1　　　　　　　　　　　图 2.2

　　图 2.3　　　　　　图 2.4　　　　　　图 2.5

由于使用要求不同,减速器类型甚多,图 2.3 所示的是一级圆柱齿轮减速器,传动比一般 $i \leqslant 5$,最大值 $i_{max} = 10$,轮齿可为直齿和斜齿。这种减速器结构简单,传递功率大,传动效率高,工艺简单,精度易于保证,一般工厂均能制造,所以应用广泛。斜齿用于速度较高或负载较大的传动。箱体通常为铸铁,有时也可采用焊接结构。

图 2.4 所示的是二级展开式圆柱齿轮减速器,传动比一般 $i = 8 \sim 40$,最大值 $i_{max} = 60$。轮齿可为直齿、斜齿,结构简单,应用广泛。齿轮相对于轴承为不对称布置,因而沿齿向载荷分布不均匀,要求轴有较大刚度,而且齿轮应布置在远离转矩输入输出端,以减少载荷沿齿向分布不均匀现象。高速级常用斜齿,建议用于要求载荷较平稳的场合。

图 2.5 所示的是单级圆锥齿轮减速器,用于输入轴与输出轴两轴线垂直相交的传动。轮齿可为直齿、斜齿。如果采用直齿,其传动比一般 $i \leqslant 3$;如果采用斜齿,其传动比一般 $i \leqslant 5$,最大值 $i_{max} = 10$。

图 2.6 所示的是二级圆锥-圆柱齿轮减速器,用于输入轴与输出轴两轴线垂直相交且传动比较大的传动。圆锥齿轮应布置在高速级,使其直径不致过大,便于加工。其传动比一般 $i = 10 \sim 25$,最大值 $i_{max} = 40$。

图 2.7 所示的是一级蜗杆减速器,其单级传动比大,结构紧凑,但传动效率低,用于中小功率、输入轴与输出轴二轴线垂直交错的传动。下置式蜗杆减速器润滑条件较好,应优先选用。当蜗杆圆周速度太高 $(v > 4 \text{ m/s})$ 时,搅油损失大,采用上置式蜗杆减速器。此时,蜗轮轮齿浸油、蜗杆润滑较差。一级蜗杆减速器,其传动比一般 $i = 10 \sim 40$,最大值 $i_{max} = 80$。

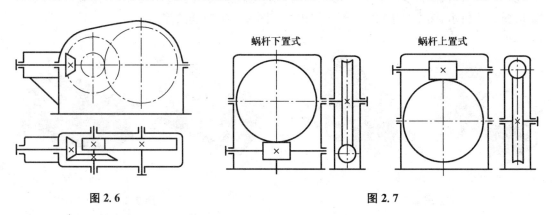

图 2.6　　　　　　　　　　　　　　　　　　　图 2.7

2.1.2　传动方案的比较与确定

由于针对一个具体的设计问题,传动系统的传动方案可以有多种不同的选择,为此传动方案一般用简图表示。通过对不同传动方案比较分析和优化,选择最佳的传动方案。由于其他的传动也有各自的特点,因此在传动方案中有时除了有减速器外,还会有 V 带传动和链传动等其他传动。如果在传动方案中有 V 带传动,则取 V 带传动的传动比 $i \approx 3$,最大值 $i_{max} = 7$,并且放置在传动链的高速级。如果在传动方案中有链传动,则取链传动的传动比 $i = 2 \sim 5$,最大值 $i_{max} = 6$,并且放置在传动链的低速级。

图 2.8 所示为一带式运输机初拟定出的四种减速传动方案。

方案(a)采用 V 带传动与单级圆柱齿轮减速器组合,既可满足传动比要求,同时由于带传动具有良好的缓冲、吸振性能,可适应大启动转矩工况要求,且结构简单,成本低廉,使用

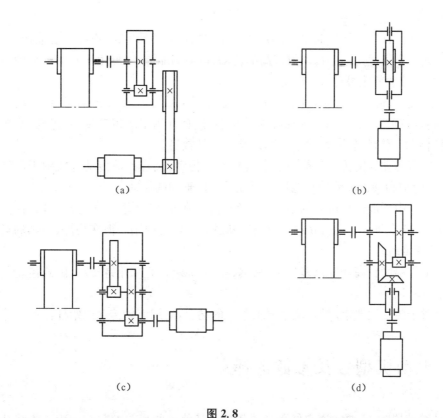

图 2.8

维护方便。缺点是传动尺寸较大,带使用寿命较短,而且不宜在恶劣环境中工作。

方案(b)为单级蜗杆传动减速器,结构紧凑,环境适应性好,但传动效率低,不适于连续的长期工作,且制造成本较高。

方案(c)为二级圆柱齿轮传动减速器,工作可靠、传动效率高、维护方便、环境适应性好、使用寿命长,但宽度较大,要求大启动力矩时,启动冲击大。

方案(d)为二级圆锥-圆柱齿轮减速器,具有方案(c)的优点,且尺寸较小,但圆锥齿轮制造成本较高。

以上四种传动方案都可以满足带式运输机的功能要求,但其结构和经济成本则各不相同,并且各有优缺点,一般由设计者根据具体的工作条件和要求,选定较好的传动方案。例如在矿井巷道中连续工作时,因巷道狭小,环境恶劣,所以采用方案(d)较好。但对方案(c),如果能将电动机布置在减速器另一侧,其宽度尺寸得以缩小,则该方案不失为一种较合理的传动方案。若该设备在一般环境中连续工作,对结构尺寸也无特别要求,则方案(a)、(c)均为可选方案。

在进行机械设计课程设计时,如果课程设计的任务书中已给定了传动方案,学生也应该对所采用的传动方案进行分析,指明其采用的理由,或提出改进意见,拟订自己的传动方案。

一个好的传动方案,首先要满足功能要求,同时还应具有工作可靠、结构简单紧凑、效率高、经济性好及使用维护方便等优点。但实际中要找到完全满足这些要求的传动方案是十分困难的,一般是通过对几种拟定的传动方案进行比较,找出相对好的方案。在机械传动方

案制订过程中应遵循的原则为:

(1) 小功率宜选用结构简单、价格便宜、标准化程度高的传动,以降低制造费用。

(2) 大功率宜优先选用传动效率高的传动,以节约能源、降低生产费用。齿轮传动效率最高,而蜗杆传动效率最低。

(3) 速度低、传动比大时,有多种方案可供选择。①采用多级传动时,带传动宜放在高速级,链传动宜放在低速级;②要求结构尺寸小时,宜选用多级齿轮传动、齿轮-蜗杆传动或多级蜗杆传动。传动链应力求短一些,以减少零件数目。

(4) V带传动和链传动只能用于平行轴间的传动;圆柱齿轮传动一般用于两轴平行的传动;蜗杆传动和圆锥齿轮传动能用于相互垂直两轴间的传动。

(5) 工作中可能出现过载的设备,或者载荷经常变化、频繁换向的传动,宜在传动中第一级放入V带传动,以便起到缓冲、吸振性和过载保护的作用。但在易爆、易燃的场合则不宜采用V带传动。

(6) 工作温度较高,潮湿、多粉尘、易爆、易燃的场合,宜采用链传动、闭式齿轮传动或蜗杆传动。

(7) 对于传动比要求严格、尺寸要求紧凑的场合,选用齿轮传动或蜗杆传动。

2.2　电动机型号及参数选择

设计减速器时,需要知道它们所受的载荷及其他一些相关参数。一般这些载荷和参数是通过计算并选择电动机后再确定的。要选择电动机,需要知道机器中工作机的相关数据。所以在设计图2.9减速器前,带式输送机输送带拉力 F、输送带速度 v、驱动滚筒直径 D;在设计图2.10减速器前,螺旋式输送机工作轴的转矩 T、工作轴的转速 n_w 等作为已知条件给出的。所以课程设计中减速器的设计一般先计算出工作机的功率、转速,再计算传动系统的效率,最后通过计算并根据相关情况选定电动机类型、功率、转速,同时确定其型号。电动机确定后,对传动系统进行传动比分配,再将减速器各根轴上所传递的功率、转速、转矩计算出来,最后对传动件、轴等零件进行设计。

2.2.1　电动机输出功率的确定

图2.9、图2.10是两种比较典型的传动装置。在已知图2.9中带式输送机输送带拉力 F、输送带速度 v、驱动滚筒直径 D,图2.10中螺旋式输送机工作轴的转矩 T、工作轴的转速 n_w 及工作机自身的传动效率 η_w 这些参数后,电动机所需的输出功率 P_d 可按如下方法确定:

1. 工作机所需功率 P_w

$$P_w = \frac{Fv}{1\,000\eta_w} \tag{2.1}$$

或

$$P_w = \frac{Tn_w}{9\,550\eta_w} \tag{2.2}$$

式中:F,T——工作机的有效阻力(N)与转矩(N・m);

　　　v,n_w——工作机的速度(m/s)与转速(r/min);

　　　η_w——工作机自身的传动效率。

η_w根据设计题的不同,应有不同的区别。如有些螺旋式输送机原始数据为工作轴的转矩 T 和转速 n_w 时,则不必考虑。其原因是在确定转矩 T 时已把工作机自身的传动效率考虑在内了。

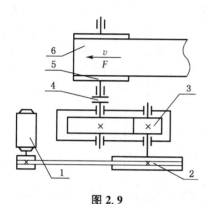 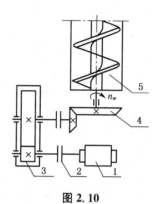

图 2.9

1. 电动机;2. V带传动;3. 减速器;
4. 联轴器;5. 驱动滚筒;6. 输送带

图 2.10

1. 电动机;2. 联轴器;3. 减速器;
4. 圆锥齿轮传动;5. 螺旋式输送机

2. 传动装置的效率 η

由于在传动中存在轴承的摩擦、齿轮轮齿间的摩擦等其他的摩擦损耗,因此会损耗一部分功率。如果不考虑这部分功率损耗,而直接取电动机的功率作为工作机所需功率 P_w,那么电动机在工作时由于这些摩擦增加的功率损耗会引起过载,从而烧毁。所以在确定电动机功率时应考虑这部分功率损耗。这部分功率损耗的大小用传动效率来衡量。

传动装置为串联时,总效率 η 等于各级传动效率和轴承、联轴器等效率的连乘积,即:

$$\eta = \eta_1 \eta_2 \eta_3 \cdot \cdots \cdot \eta_k \tag{2.3}$$

式中:$\eta_1,\eta_2,\eta_3,\cdots,\eta_k$——传动装置中各级传动及联轴器的效率。各类传动、轴承及联轴器等的效率从[1]→【常用基础资料】→【常用资料和数据】→【机械传动效率】查得,也可从其他机械设计手册中查得。

图 2.9 带式输送机总效率 $\eta = \eta_1 \eta_2^2 \eta_3 \eta_4$。其中 η_1、η_2、η_3、η_4 分别为 V 带传动、一对轴承、齿轮传动、联轴器的效率。

图 2.10 螺旋式输送机总效率 $\eta = \eta_1^2 \eta_2^3 \eta_3 \eta_4$。其中 η_1、η_2、η_3、η_4 分别为联轴器、一对轴承、圆柱齿轮传动、圆锥齿轮传动的效率。

3. 电动机输出功率 P_d

电动机输出功率 P_d 用下式进行计算:

$$P_d = \frac{P_w}{\eta} \tag{2.4}$$

2.2.2　电动机类型选择及其转速的确定

电动机是由专门厂批量生产的系列化标准产品,其中三相异步电动机应用最广。设计时只要根据工作机的工作特性、工作环境和工作载荷等条件选择电动机的类型。在三相异步电动机中,Y 系列电动机是一般用途的全封闭自扇冷鼠笼式三相异步电动机,它结构简单、工作可靠、价格低廉、维护方便,因此广泛用于不易燃烧、不易爆、无腐蚀和无特殊要求的机械设备上,为此课程设计中的电动机一般选用 Y 系列电动机。电动机在同一额定功率下有同步转速 3 000 r/min、1 500 r/min、1 000 r/min 和 750 r/min 的几种可供选用,所以选择合理的同步转速电动机需要从多方面因素来考虑。同步转速越高,尺寸、重量越小,价格越低,且效率较高;但过高的电机转速将导致传动装置的总传动比、尺寸及重量增大,从而使传动装置的成本增加;同步转速越低,则反之。因此,确定电动机转速时,应兼顾电动机及传动装置二者,加以综合比较且考虑在市场上易购等条件后决定。常用的是同步转速为 1 000 r/min 及 1 500 r/min 两种类型的电动机。

2.2.3　电动机型号的确定

电动机类型选定后,其型号可根据输出功率和同步转速确定。但电动机功率只按电动机所需的输出功率 P_d 考虑有时还不行。因为工作机在工作时由于工作载荷的不稳定常常会使电动机过载,这时使得电动机实际输出的功率超过电动机所需的输出功率 P_d,如果电动机长期在这种情况下运行,会烧坏。因此选择电动机的额定功率 P 时应大于或等于其计算功率 P_c,计算功率 P_c 为:

$$P_c = kP_d \tag{2.5}$$

式中:k——过载系数,视工作机类型而定。输送机械一般可取 $k = 1 \sim 1.1$,无过载时可取 $k = 1$。

从式(2.5)中计算得 P_c 值往往与电动机的额定功率 P 的标准值是不一致的,为此在电动机的计算功率 P_c 与转速确定后,可从[1]→【常用电动机】→【三相异步电动机】→【三相异步电动机选型】→【Y 系列(IP44)三相异步电动机技术条件】→【电动机的机座号与转速及功率的对应关系】中,选择电动机的额定功率 P、同步转速 n 和机座号。再从[1]→【常用电动机】→【三相异步电动机】→【三相异步电动机选型】→【Y 系列(IP44)三相异步电动机技术】→【机座带底脚、端盖上无凸缘的电动机】选定电动机的主要结构尺寸。

由于[1]→【常用电动机】→【三相异步电动机】→【三相异步电动机选型】→【Y 系列(IP44)三相异步电动机技术条件】→【电动机的机座号与转速及功率的对应关系】中只列出了电动机的同步转速,而设计减速器及其他机械设计时,进行运动计算一般用的是电动机的满载转速而不是同步转速。为此还应根据查出的电动机的机座号和同步转速,查找相关资料,查出其满载转速。为了方便起见,对于减速器设计中常用的电动机的型号、同步转速、满载转速列于表 2.1,供在设计时查询。对于通用机械,常用额定功率 P 作为计算依据;对于专用机械,常用计算功率 P_c 作为计算依据。

表 2.1　Y 系列(IP44)三相异步电动机(JB/T 9616—1999)部分技术参数

型　号	同步转速 1 500 r/min		型　号	同步转速 1 000 r/min	
	额定功率 (kW)	满载转速 (r/min)		额定功率 (kW)	满载转速 (r/min)
Y90S - 4	1.1	1 400	Y90L - 6	1.1	910
Y90L - 4	1.5	1 400	Y100L - 6	1.5	940
Y100L1 - 4	2.2	1 430	Y112M - 6	2.2	940
Y100L2 - 4	3	1 430	Y132S - 6	3	960
Y112M - 4	4	1 440	Y132M1 - 6	4	960
Y132S - 4	5.5	1 440	Y132M2 - 6	5.5	960
Y132M - 4	7.5	1 440	Y160M - 6	7.5	970
Y160M - 4	11	1 460	Y160L - 6	11	970
Y160L - 4	15	1 460	Y180L - 6	15	970
Y180M - 4	18.5	1 470	Y200L1 - 6	18.5	970
Y180L - 4	22	1 470	Y200L2 - 6	22	970

2.3　总传动比的计算及传动比分配

2.3.1　总传动比的计算

选定了电动机的型号、功率和转速,要保证电动机转速输出一定的情况下,工作机的速度满足要求,则要计算传动装置的总传动比及对总传动比进行分配。传动装置的总传动比是由电动机的满载转速和工作机的转速决定的。若选定电动机的满载转速为 n,工作机的转速为 n_w,则总传动比 i 为:

$$i = \frac{n}{n_w} \tag{2.6}$$

对于带式输送机,n_w 为驱动滚动的转速,且:

$$n_w = \frac{60\ 000v}{\pi D} \tag{2.7}$$

式中:v——输送带的速度(m/s);

　　D——驱动滚筒的直径(mm)。

2.3.2　总传动比的分配

若传动装置中各级传动串联时,则总传动比为:

$$i = i_1 i_2 i_3 \cdot \cdots \cdot i_k \tag{2.8}$$

式中：$i_1 \sim i_k$ 为各级传动的传动比。

在图 2.9 中，总传动比 $i = i_1 i_2$，i_1——Ｖ带传动的传动比，i_2——齿轮传动的传动比。

在图 2.10 中，总传动比 $i = i_1 i_2$，i_1——圆柱齿轮的传动比，i_2——圆锥齿轮传动的传动比。

在输送机中，在总传动比一定的情况下，如果分配给各级的传动比太小，则传动级数增多，从而使材料及加工费用增多，使传动装置的总体尺寸及重量增大；如果分配给各级传动比的值太大，也会带来一系列的问题。因此，合理地分配传动比，即各级传动比如何取值是设计中的一个重要问题，它将直接影响传动装置的外廓尺寸、质量大小和润滑条件。

分配传动比时，在满足各项要求的前提下，应力求使传动级数最少。

总传动比分配一般应遵循的原则是：

(1) 各级传动的传动比不应超过其传动比所能允许的最大值，最好在推荐范围内选取。对于Ｖ带传动与圆柱齿轮组成的二级传动系统中(图 2.9)，总传动比 $i = i_1 i_2$。一般应使 $i_1 < i_2$。若 i_1 过大，则大带轮直径过大，整个传动系统不紧凑，同时也不利于传动装置的安装，如图 2.11 所示。对于二级展开式圆柱齿轮减速器，总传动比 $i = i_1 i_2$。一般应使 $i_1 > i_2$。但高速级传动比 i_1 太大会导致大齿轮直径过大，与低速级的轴发生干涉的情况(图 2.12)，设计时要避免这种情况的发生。

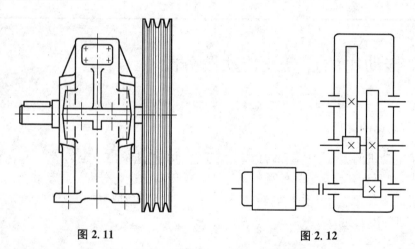

图 2.11　　　　　　　　　　　　图 2.12

(2) 选择传动比，应使传动装置的外廓尺寸尽可能小、紧凑，从而实现重量轻、成本低的目标。从图 2.13 所示的两种选择方案中可以看出，在相同的中心距和总传动比的前提下，不同的传动比分配所产生的外廓尺寸是不一样的，方案(b)比方案(a)要好，高低速两级大齿轮直径相近，具有更小的外廓尺寸。

(3) 各级传动轴上的大齿轮直径要相近，以使大齿轮的浸油深度大致相等，以利于油池润滑。图 2.14 展开式二级圆柱齿轮减速器，上部高速级中心距 250 mm，传动比 $i_1 = 3.95$，低速级中心距 400 mm，传动比 $i_2 = 5.185$，由于低速级齿轮中心距大于高速级齿轮中心距，所以高速级的大齿轮没有浸在油中，这对高速级的齿轮传动润滑是相当不利的，为此必须使高速级的传动比 i_1 与低速级传动比 i_2 满足 $i_1 > i_2$ 的关系。图 2.14 下部 $i_1 = 5.3$，$i_2 = 3.85$，这时高速级与低速级的两只大齿轮都浸在油中，这对齿轮传动的润滑是有利的。

(4) 对于二级卧式齿轮减速器，在两级齿轮的配对材料、性能、齿宽系数大致相同时，二

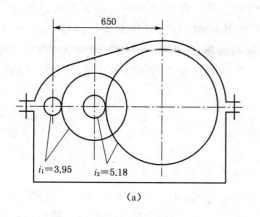

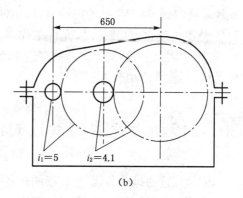

图 **2.13**

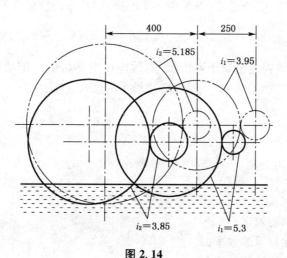

图 **2.14**

级齿轮传动传动比分配可按照如下方法进行：

① 对于展开式二级圆柱齿轮减速器，为了使两个大齿轮的浸油深度大致相等，通常取：

$$i_1 = (1.2 \sim 1.3)i_2 \tag{2.9}$$

② 对于圆锥-圆柱齿轮减速器，为了使大圆锥齿轮直径不至于过大，以免制造困难时，高速级圆锥齿轮的传动比 $i_1 \leqslant 3 \sim 4$，一般可取：

$$i_1 \approx 0.25i \tag{2.10}$$

当要求两级传动中大齿轮浸入油池的深度相近时，也允许取：

$$i_1 \approx 3.5 \sim 4.2 \tag{2.11}$$

按照上述方法就可以确定出每一级传动比的数值，但这个数值仅仅是初始值，后续在进行有关具体传动的设计计算时可能还会有所微调，以满足设计任务书的要求。例如分配齿轮的传动比 $i = 3.1$，在设计齿轮传动时取小齿轮的齿数 $z_1 = 23$，则大齿轮的齿数 $z_2 = iz_1 = 3.1 \times 23 = 71.3$，取 $z_2 = 71$。这时齿轮的实际传动比为 $i = z_2/z_1 = 71/23 \approx 3.09$，与分配

的传动比 3.1 有一些误差。所以传动装置的实际传动比要由选定的齿轮齿数等参数来准确地计算确定。但对于常见的传动装置,如带式输送机、螺旋输送机,其传动比允许在 ±(3 ～5)% 范围内变化。也就是说,允许工作机实际转速与设定转速之间的相对误差为 ±(3 ～5)%。通常情况下,其实际误差都在这个范围内,所以一般来说最后可以不验算传动装置的传动比,不验算传动装置的转速。

2.4　传动装置运动参数的计算

传动装置的运动参数,主要指的是各轴的功率、转速和转矩。在选定了电动机型号、分配了传动比之后,应将这些参数计算出来,为传动零件和轴的设计计算提供依据。最后将算出的参数汇总列于表中,以备查用(参见例 2.1 的格式)。下面以图 2.9 的带式输送机为例,说明传动装置运动参数的计算。

1. 各轴功率的计算

图 2.9 所示的带式输送机属于通用机械,故应以电动机的额定功率 P 作为设计功率,用以计算传动装置中各轴的功率。于是,高速轴 I 的输入功率:

$$P_{\mathrm{I}} = P\eta_1 \tag{2.12}$$

低速轴 II 的输入功率:

$$P_{\mathrm{II}} = P\eta_1\eta_2\eta_3 \tag{2.13}$$

式中:η_1——V 带传动的效率;

η_2——一对滚动轴承的效率;

η_3——一对齿轮传动的效率。

2. 各轴转速的计算

高速轴 I 的转速: $$n_{\mathrm{I}} = \frac{n}{i_1} \tag{2.14}$$

低速轴 II 的转速: $$n_{\mathrm{II}} = \frac{n_{\mathrm{I}}}{i_2} \tag{2.15}$$

式中:n——电动机的满载转速(r/min);

i_1——V 带传动的传动比;

i_2——齿轮传动的传动比。

3. 各轴输入转矩的计算

高速轴 I 输入转矩: $$T_{\mathrm{I}} = 9\,550\,\frac{P_{\mathrm{I}}}{n_{\mathrm{I}}} \tag{2.16}$$

低速轴 II 输入转矩: $$T_{\mathrm{II}} = 9\,550\,\frac{P_{\mathrm{II}}}{n_{\mathrm{II}}} \tag{2.17}$$

设计专用的传动装置时,只需将式(2.10)中的电动机额定功率 P 换成其计算功率 P_c。

即可。

由于现在企事业单位在进行机械设计时,其计算、绘图、查取数据、编写文件等基本上都是在计算机上完成的,所以现在的机械设计课程设计也提倡在计算机中进行。为此用上述相关公式进行的计算,都要记载在计算机上用文字处理软件编写的《机械设计课程设计计算说明书》中。因此在计算之前应在文字处理软件中做好《机械设计课程设计说明书》的模板。对于模板的格式、对于怎样在《机械设计课程设计计算说明书》中插入公式、怎样使用计算机中的计算器等内容可参考第 7 章 7.2 设计说明书的模板及相关处理一节。并且尽量按 7.2 节对计算说明书的要求去做,这样能方便最后进行的设计说明书的编写和整理工作,同时要养成在计算机中进行操作时经常存储的好习惯,以避免数据的丢失。

例 2.1 在图 2.9 所示的带式输送机中,已知输送带的拉力 $F = 3\,kN$,输送带速度 $v = 1.5\,m/s$,驱动滚筒直径 $D = 400\,mm$,驱动滚筒与输送带间的传动效率 $\eta_w = 0.97$,载荷稳定、长期连续工作。试选择合适的电动机并计算该传动装置各轴的运动参数。

解:(1) 电动机的选择

① 带式输送机所需的功率 P_w

由式(2.1)得:

$$P_w = \frac{Fv}{1\,000\eta_w} = \frac{3 \times 1\,000 \times 1.5}{1\,000 \times 0.97} = 4.639\,kW$$

从电动机到驱动滚筒的总效率由式(2.3)得:

$$\eta = \eta_1\eta_2^2\eta_3\eta_4 = 0.96 \times 0.99^2 \times 0.97 \times 0.99 = 0.903\,5$$

式中:η_1、η_2、η_3、η_4 分别为 V 带传动、轴承、齿轮传动、联轴器的效率。

由[1]→【常用基础资料】→【常用资料和数据】→【机械传动效率】查得 $\eta_1 = 0.96$, $\eta_2 = 0.99$,$\eta_3 = 0.97$,$\eta_4 = 0.99$。

电动机输出功率由式(2.4)得:

$$P_d = \frac{P_w}{\eta} = \frac{4.639}{0.903\,5} = 5.134\,kW$$

② 选择电动机

因为带式运输机传动载荷稳定,取过载系数 $k = 1.05$,由式(2.5) 得:$P_c = kP_d = 1.05 \times 5.134 = 5.391\,kW$。

据表 2.1,取 Y132M2 - 6 电动机。再由[1]→【常用电动机】→【三相异步电动机】→【三相异步电动机选型】→【Y 系列(IP44)三相异步电动机技术】→【机座带底脚、端盖上无凸缘的电动机】选定电动机的主要结构尺寸。其主要数据见下表:

电动机额定功率 P	5.5 kW
电动机满载转速 n	960 r/min
电动机伸出端直径	38 mm
电动机伸出端轴安装长度	80 mm

(2)总传动比计算及传动比分配

① 总传动比计算

据式(2.7)得驱动滚筒转速 n_w:

$$n_w = \frac{60\,000v}{\pi D} = \frac{60\,000 \times 1.5}{3.14 \times 400} = 71.66 \text{ r/min}$$

由式(2.6)得总传动比 i:

$$i = \frac{n}{n_w} = \frac{960}{71.66} = 13.397$$

② 传动比的分配

为了使传动系统结构较为紧凑,取齿轮传动比 $i_2 = 5$,则由式(2.8)得 V 带的传动比:

$$i_1 = \frac{i}{i_2} = \frac{13.397}{5} = 2.679$$

(3) 传动装置运动参数的计算

① 各轴的输入功率

由式(2.12)得高速轴的输入功率 P_{I}:

$$P_{\text{I}} = P\eta_1 = 5.5 \times 0.96 = 5.28 \text{ kW}$$

由式(2.13)得低速轴的输入功率 P_{II}:

$$P_{\text{II}} = P\eta_1\eta_2\eta_3 = 5.5 \times 0.96 \times 0.99 \times 0.97 = 5.07 \text{ kW}$$

② 各轴的转速

据式(2.14)得高速轴转速 n_{I}:

$$n_{\text{I}} = \frac{n}{i_1} = \frac{960}{2.679} = 358.34 \text{ r/min}$$

据式(2.15)得低速轴转速 n_{II}:

$$n_{\text{II}} = \frac{n_{\text{I}}}{i_2} = \frac{358.34}{5} = 71.67 \text{ r/min}$$

③ 各轴的转矩

据式(2.16)得高速转矩 T_{I}:

$$T_{\text{I}} = 9\,550\frac{P_{\text{I}}}{n_{\text{I}}} = 9\,550 \times \frac{5.28}{358.34} = 140.716 \text{ N} \cdot \text{m}$$

据式(2.17)得低速转矩 T_{II}:

$$T_{\text{II}} = 9\,550\frac{P_{\text{II}}}{n_{\text{II}}} = 9\,550 \times \frac{5.07}{71.67} = 675.576 \text{ N} \cdot \text{m}$$

各轴功率、转速、转矩列于下表：

轴　名	功　率(kW)	转　速(r/min)	转　矩(N·m)
高速轴	5.28	358.34	140.716
低速轴	5.07	71.67	675.576

第3章 传动零件和轴的设计

在绘制减速器装配图前,首先要对传动零件进行设计计算。因为传动零件尺寸是决定装配图结构和相关零件尺寸的主要依据。其次,还需要通过初算确定各阶梯轴的一段轴径和选择联轴器的型号。设计任务书中所给的工作条件和传动装置的运动参数计算所得数据,则是传动零件和轴设计计算的原始依据。

3.1 V 带传动和齿轮传动的设计

传动零件的设计包括减速器箱外传动零件的设计和减速器箱内传动零件的设计计算。减速器箱外传动零件主要有带传动、链传动、开式齿轮传动和联轴器。设计时,对于减速器箱外传动零件,需确定主要参数和几何尺寸,一般课程设计可不进行详细结构设计。绘制减速器装配图时不包括减速器箱外传动零件。一般情况下,首先是减速器箱外传动零件的设计计算,以便使减速器箱内传动零件设计的原始条件更为正确。在设计计算减速器箱内传动零件后,还可能修改减速器箱外传动零件的尺寸,使传动装置的设计更为合理。关于传动零件的设计,在《机械设计》等教材中都已叙述,可按这些教材中所述的方法进行,或者根据以下所述的方法在计算机上进行。

3.1.1 V 带传动的设计

1. V 带传动设计的主要内容

设计 V 带传动时需要确定的主要内容是:带的型号、根数和长度,传动中心距、带轮的直径和宽度,作用在轴上力的大小,并在必要时验算实际传动比。在设计时还应注意相关尺寸的协调,例如装在电动机轴上的小带轮孔径与电动机轴径是否一致、小带轮的外圆半径是否小于电动机的中心高度(图 3.1)、大带轮的直径是否过大而与机架相碰等(图 2.11)。

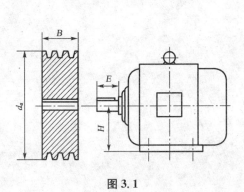

图 3.1

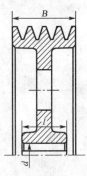

图 3.2

2．V 带轮的结构形式

带轮的结构形式主要取决于带轮直径的大小，其具体结构尺寸可按[1]→【带传动、链传动】→【V 带传动】→【带轮】→【V 带轮的结构形式和辐板厚度】得到，或通过查《机械设计》教材、《机械设计手册》得到。设计时要注意到大带轮轮毂的轴孔直径 d 和长度 l（图 3.2）与减速器输入轴伸出处的尺寸关系。带轮轮毂的长度 l 与带轮轮缘的宽度 B 不一定相同。一般轮毂长度 l 按轴孔直径 d 的大小确定，常取 $l=(1.5\sim2)d$，而轮缘的宽度 B 则取决于带的型号与根数。

3．V 带传动的计算机计算

在带传动设计之前，小带轮传递的功率 P、转速 n 和一些工作条件都已经明确。为此可以在计算机上打开[1]，便得到如图 3.3 所示的界面。然后点击左边一栏的【常用设计计算程序】按钮，得到图 3.4 所示的界面。再点击【带传动设计】即得如图 3.5 所示的"带传动设计"程序界面。在该设计程序下，就可以对 V 带传动进行具体的设计。为了比较容易学会该软件的使用，下面结合具体的例子叙述在计算机上设计 V 带传动的全过程。

例 3.1　设计图 2.9 带式输送机中的 V 带传动。已知电动机的功率 $P=5.5\,\mathrm{kW}$，转速 $n=960\,\mathrm{r/min}$，传动比 $i=2.679$。传动平稳，要求带中心距 $a\geqslant900\,\mathrm{mm}$。

解：（1）由[1]→【常用设计计算程序】→【带传动设计】得到图 3.5 的界面后，点击【开始新的计算】，得图 3.6 所示界面，并在"设计者"及"单位"中分别填写设计者及设计单位的名称。

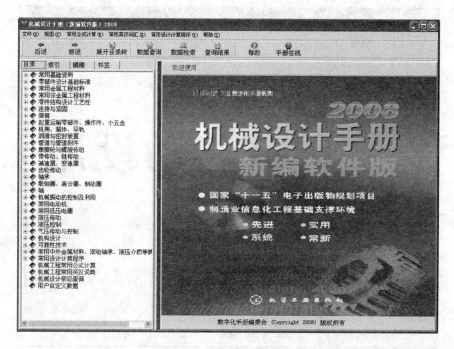

图 3.3

（2）点击图 3.6 界面中的【确定】按钮，得图 3.7 所示界面。选中"选择带传动类型"中的"V 型带设计"，并选择"普通 V 带"。

（3）点击图 3.7 界面中的【确定】按钮，得图 3.8 所示界面。然后在相应的地方输入功

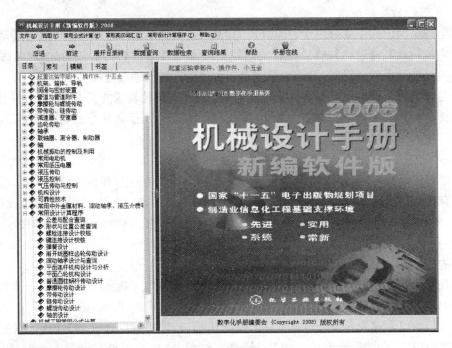

图 3.4

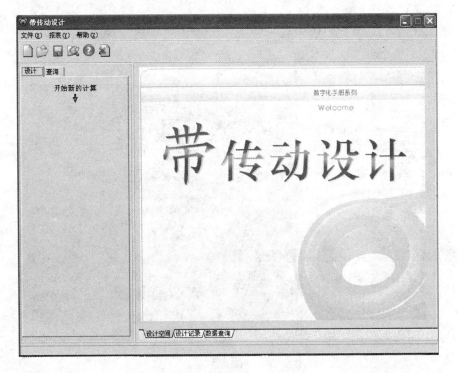

图 3.5

率、小带轮转速和传动比。在本例题中分别输入 5.5、960 和 2.679。

(4) 再点击图 3.8 界面中的【确定】后,得到另一个界面。在该界面右面设计功率部分,

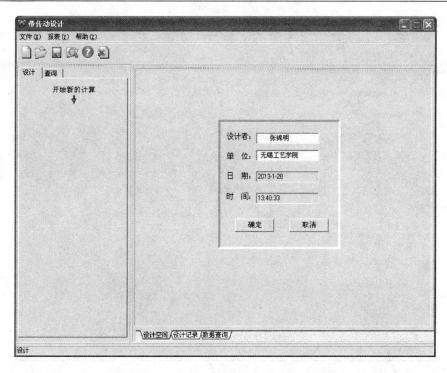

图 3.6

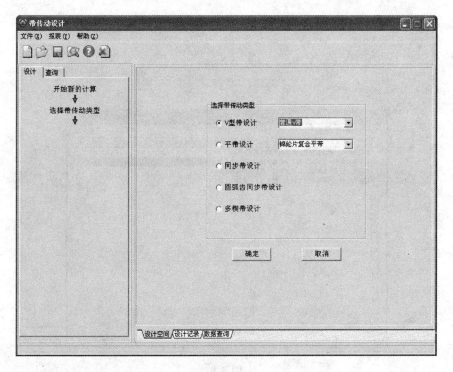

图 3.7

点击【查询】按钮,得到图 3.9 所示界面。通过查询后得到 K_A 值,再输入 K_A 值(这里输入 1.1)。再点击查询下面的【计算】按钮,得到计算功率 P_d 的值,如图 3.10 所示。

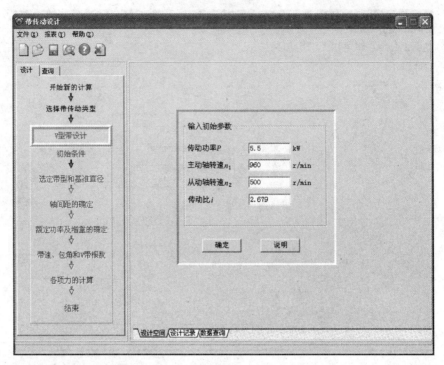

图 3.8

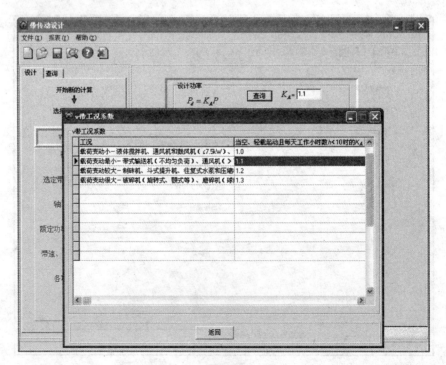

图 3.9

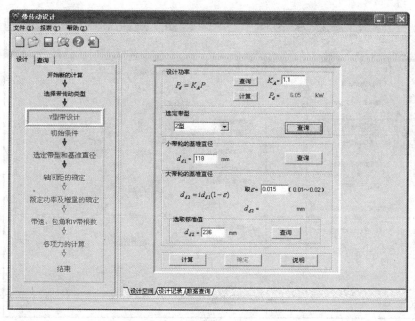

图 3.10

　　(5) 在图 3.10 的界面中,点击"选定带型"中的【查询】按钮,得到图 3.11 所示界面。在该界面中,根据计算功率 P_d、小带轮转速 n_1 选定 V 带型号（A 型）、小带轮基准直径 d_{d1} 后点击【返回】按钮返回到图 3.10 所示界面。然后在这个界面中选取带的型号,填入小带轮直径。再点击【计算】按钮算出大带轮直径 d_{d2},然后根据计算的大带轮直径 d_{d2},在"选取标准值"处输入圆整后的大带轮直径或通过点击【查询】按钮输入大带轮基准直径,得到图 3.12所示界面。再点击【确定】按钮得图 3.13 所示的界面。

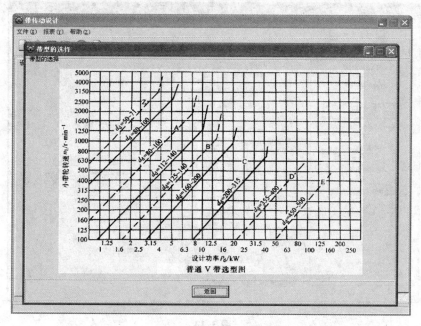

图 3.11

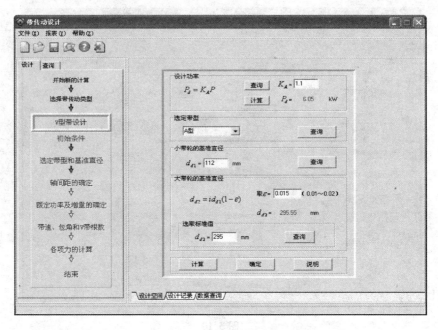

图 3.12

　　(6) 在图 3.13 界面中的"初定轴间距"里,选取"根据结构要求确定",根据题目要求输入 a_0 值(920)。再在所需基准长度部分中点击【计算】按钮,得到初算出的带的长度。再点击【查询】按钮,根据初算出的带的长度选取基准长度。接着在"实际轴间距"部分点击【计算】按钮,得到实际轴间距 a 的值。$a \approx 926\,\text{mm}$,满足题中带中心距 $a \geqslant 900\,\text{mm}$ 的要求,如图 3.14 所示。

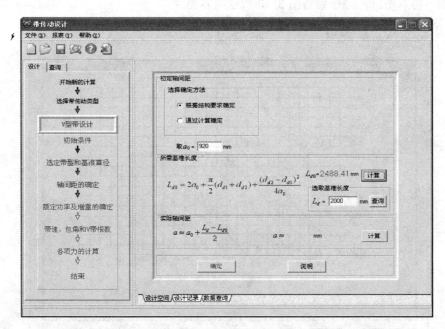

图 3.13

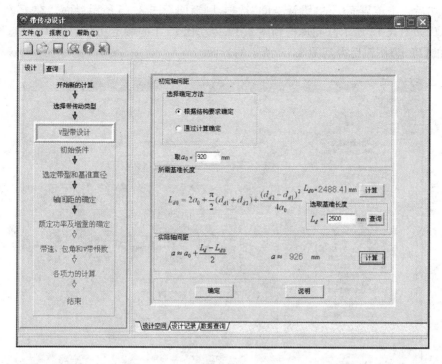

图 3.14

（7）点击图 3.14 界面中的【确定】按钮后得到图 3.15 所示界面。然后点击该界面下边的"数据查询"选项，得到如图 3.16 所示界面。在该图中查询单根 V 带传递的额定功率

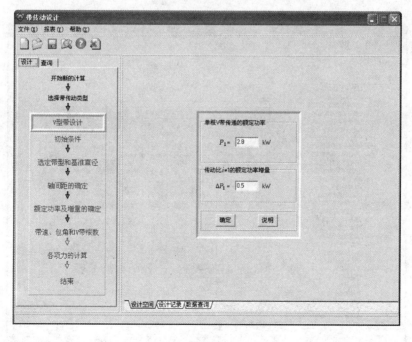

图 3.15

（1.15），然后点击该界面中的"设计空间"选项，则返回至图 3.15 所示界面。在 P_1 处填入查到的该值，如图 3.18 所示。同理得到图 3.17 传动比 $i \neq 1$ 的额定功率增量（0.11）。点击图 3.18 中的【确定】按钮后得到图 3.19 所示的界面。

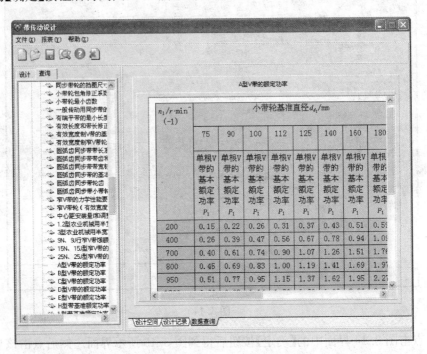

图 3.16

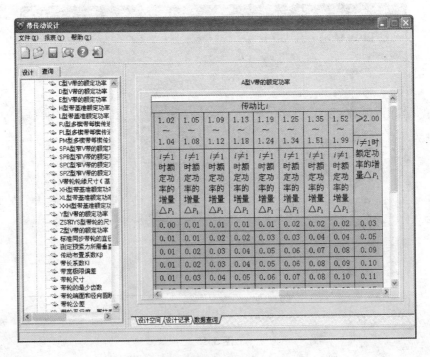

图 3.17

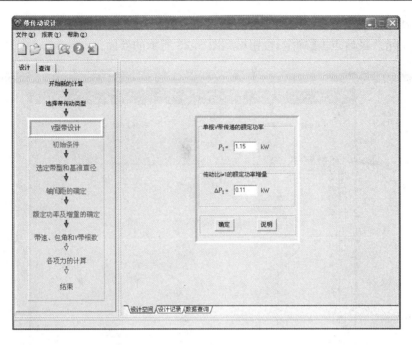

图 3.18

　　（8）点击图 3.19 界面中的【计算】按钮，得到带速度 v、小带轮包角 α 的值。如果 V 带的速度在 5～25 m/s 之间，小带轮包角 $\alpha \geqslant 120°$，则点击该界面下边的【数据查询】得图3.20、图 3.21 所示的界面。根据包角 α、带基准长度 L_d 的值查取小带轮包角修正系数K_α(0.98)和带长修正系数 K_L(1.09)。然后点击图中下边的"设计空间"选项返回至图 3.19 所示的界

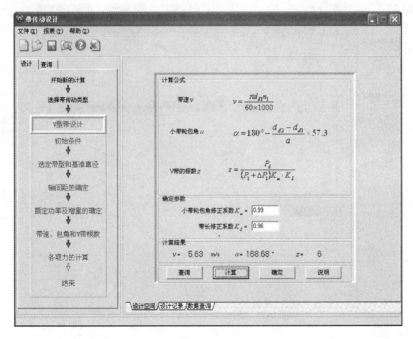

图 3.19

面,再将这些系数填入该界面的相应处。然后点击【计算】按钮得到带实际根数 $z(5)$ 的值,如图 3.22 所示。最后点击【确定】按钮得到图 3.23 所示的界面。

图 3. 20

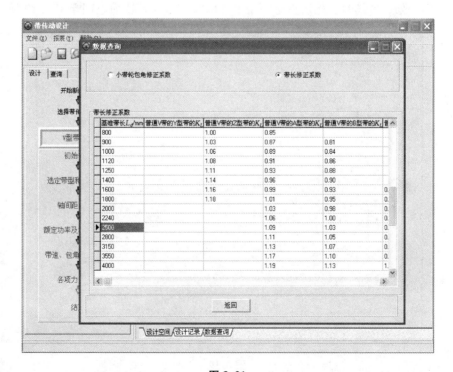

图 3. 21

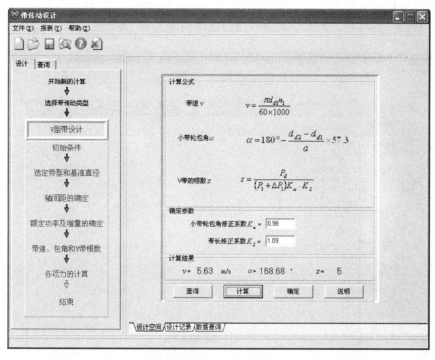

图 3.22

（9）通过点击图 3.23 界面中的【查询】按钮得图 3.24 所示的界面，则根据上面设计中得到的 V 带型号查得其每米长度的质量值(0.10)，然后点击"设计空间"选项返回至图 3.23

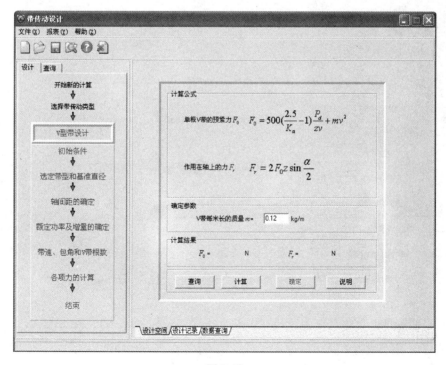

图 3.23

的界面,再将该值填入相应处,点击【计算】按钮,得到作用在轴上的力 F_r(1 096.12)等的值,如图 3.25 所示。然后单击该图中的【确定】按钮得到图 3.26 所示的界面。

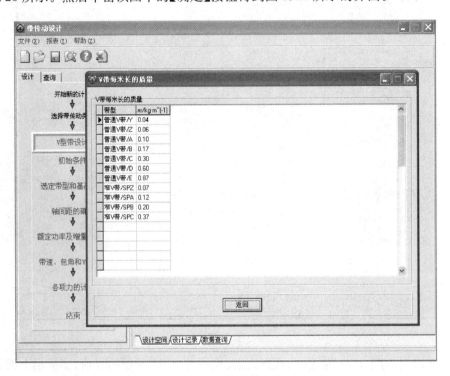

图 3.24

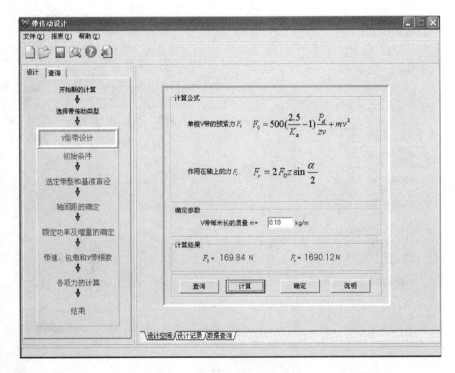

图 3.25

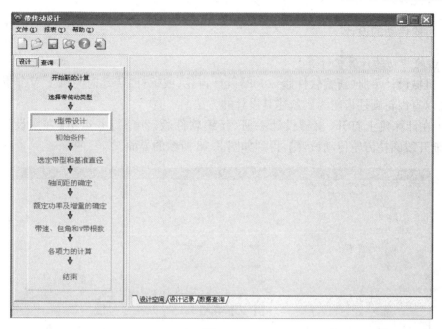

图 3.26

（10）点击图 3.26 界面下边的"设计记录"选项便得到图 3.27 界面中的输出数据。这些数据可以复制到 Word 文档的设计计算说明书中，从而在计算机上能方便地对它们进行编辑等操作。

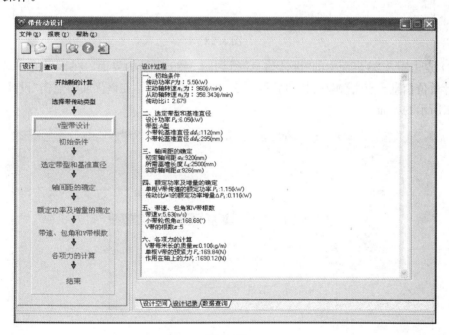

图 3.27

带轮结构及其尺寸的确定也是带传动设计中的一个重要内容，但由于机械设计课程设计一般不对减速器箱外传动零件进行详细结构设计，因此课程设计中如果需要用到带轮结构及其尺寸确定的地方，可以参考《机械设计》教材。

3.1.2 齿轮传动的设计

1. 齿轮传动的计算机计算

用《机械设计手册(新编软件版)2008》设计齿轮(或蜗杆)传动时与以上V带传动计算类似,现以直齿轮圆柱齿轮为例叙述其设计的方法。

(1) 在计算机上打开《机械设计手册(新编软件版)2008》,并点击【常用设计计算程序】→【渐开线圆柱齿轮传动设计】,得到如图3.28所示的界面。

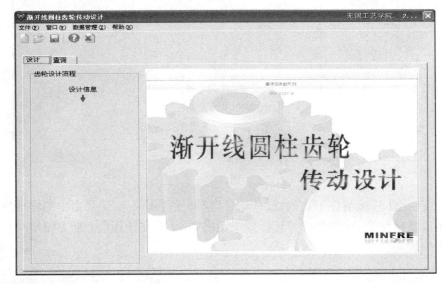

图 3.28

(2) 点击图3.28界面中的"设计信息"得到图3.29所示的界面。在该界面中填入设计者、设计单位信息。点击【确认】按钮后得图3.30所示的界面。在该界面中点击"设计参数"得图3.31所示的界面。

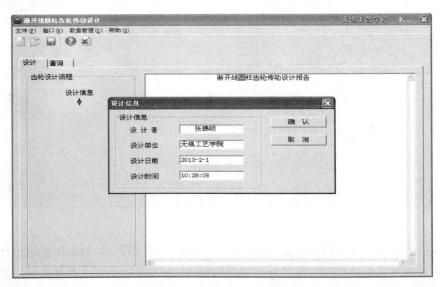

图 3.29

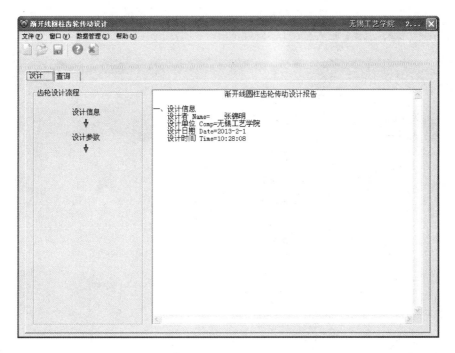

图 3.30

（3）在图 3.31 的界面内输入传递功率、转速、传动比及相关条件后，单击【确认】按钮得到图 3.32 所示的界面。

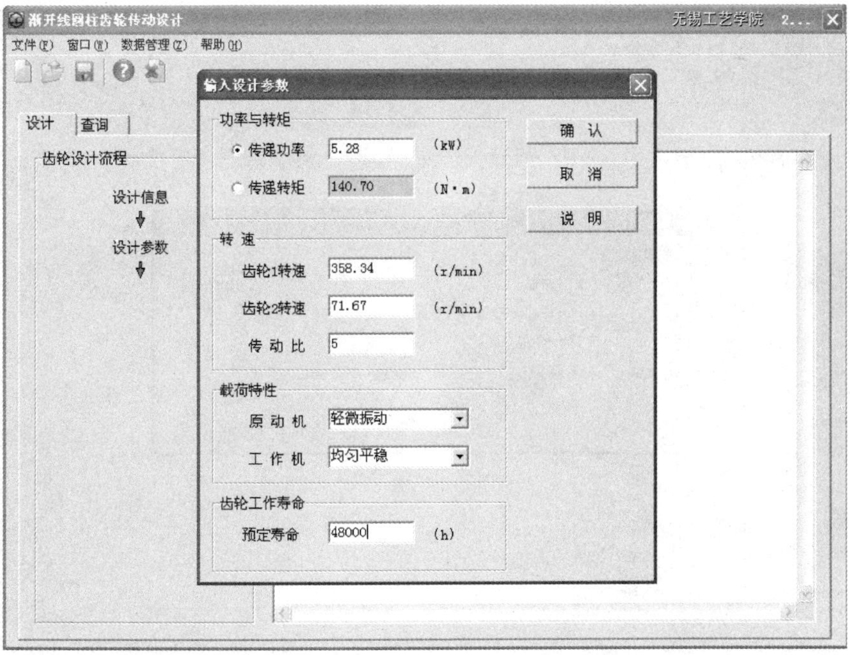

图 3.31

（4）点击图 3.32 左面的"布置与结构"，得到图 3.33 所示的界面。根据要求，选择齿轮的布置和结构形式，点击【确认】按钮后得到图 3.34 所示的界面。

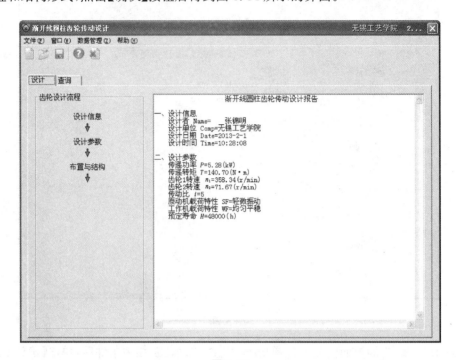

图 3.32

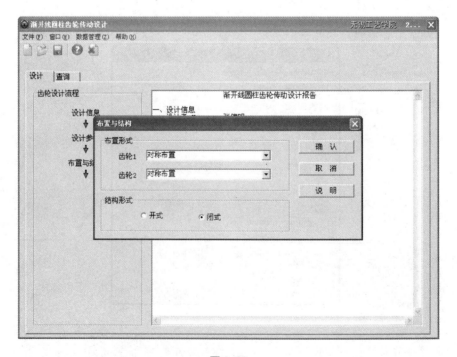

图 3.33

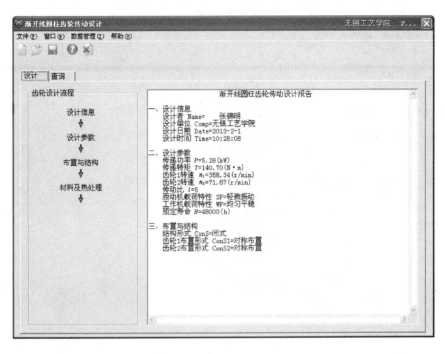

图 3.34

（5）点击图 3.34 界面左面的"材料及热处理"，得到图 3.35 所示的界面。在该界面的"工作齿面硬度"中选取"软齿面"、在"热处理质量要求"中选取"ML"。然后点击该界面中的【确认】按钮便得到图 3.36 所示的界面。

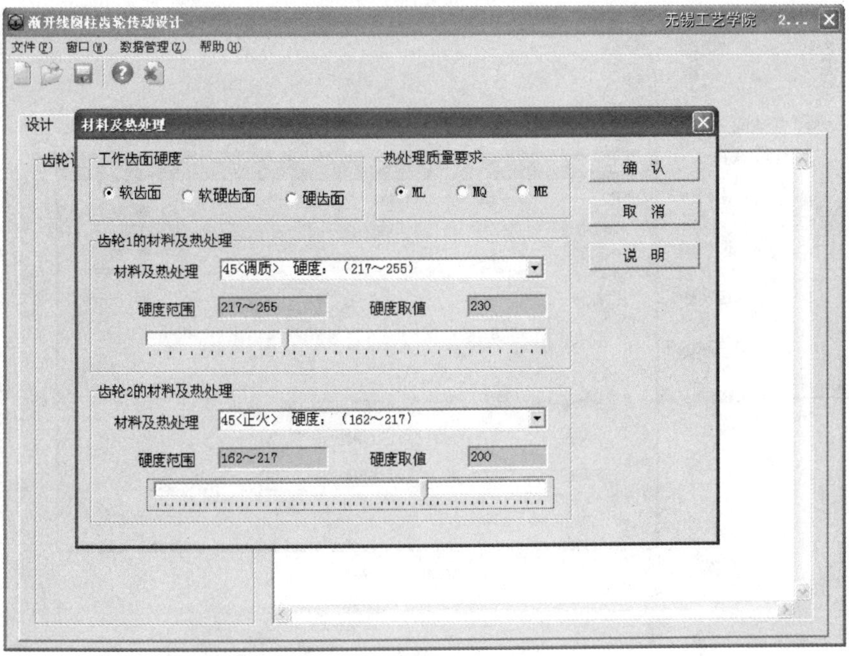

图 3.35

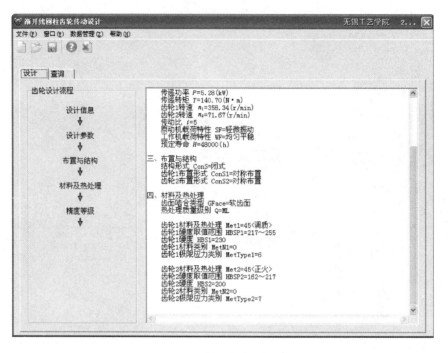

图 3.36

（6）点击图 3.36 界面中的"精度等级"得图 3.37 所示的界面。在这个界面中选择齿轮的精度等级、齿轮齿厚极限偏差代号（见表 6.6），再点击【确认】按钮后得图 3.38 所示的界面。

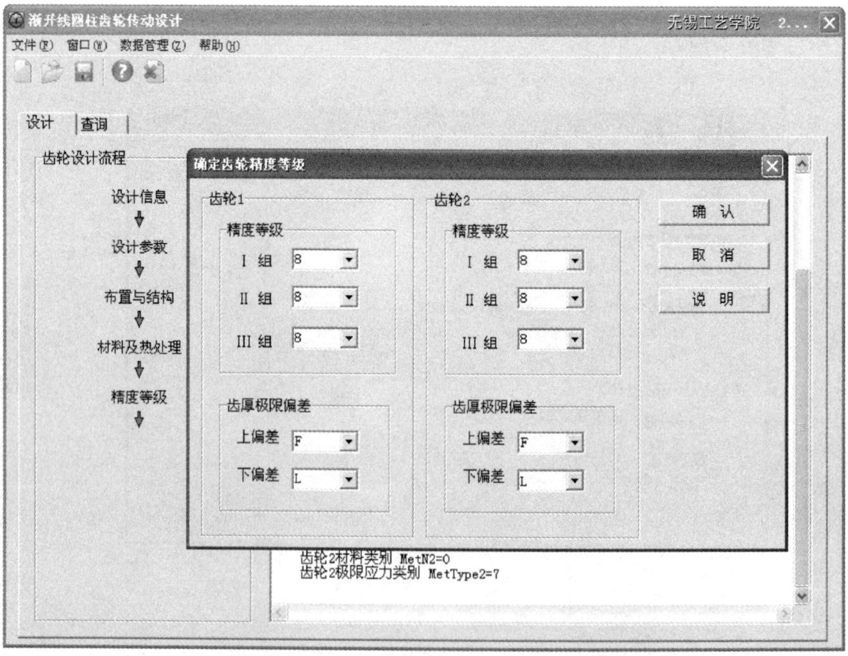

图 3.37

（7）点击图 3.38 界面中的"基本参数"，得到图 3.39 所示的界面。

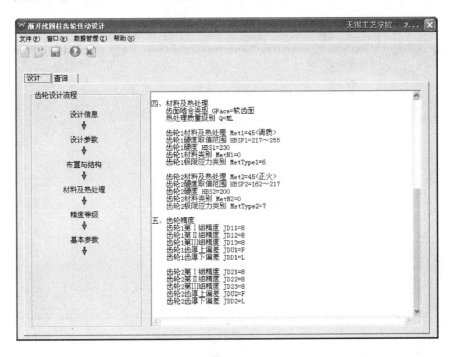

图 3.38

（8）点击图 3.39 界面中的【Yes】按钮，得到图 3.40 所示的界面。修改小齿轮的齿数、小齿轮的齿宽，使齿宽系数在 0.8～1.4 之间，得到图 3.41 所示的界面。

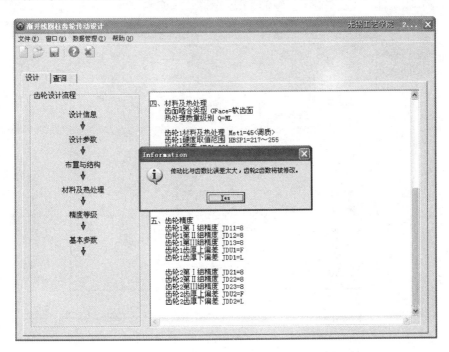

图 3.39

图 3.40

（9）点击图 3.41 界面中的【初算模数】按钮，得到图 3.42 所示的界面。在该界面中调整载荷系数 K，然后点击【确认】按钮得图 3.43 所示的界面。

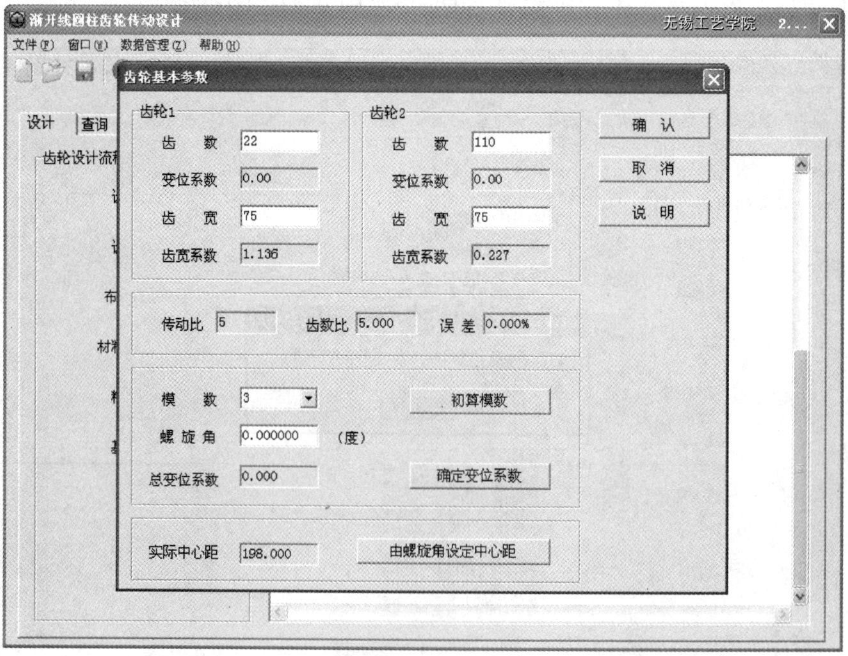

图 3.41

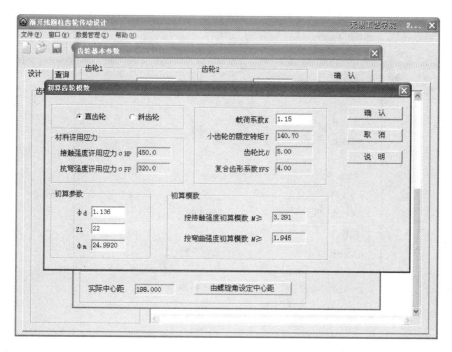

图 3.42

（10）在图 3.43 的界面中取模数为第一系列的标准值,再调整小齿轮齿宽,并确保其齿宽系数在 0.8～1.4 之间。调整后得到如图 3.44 所示的界面。

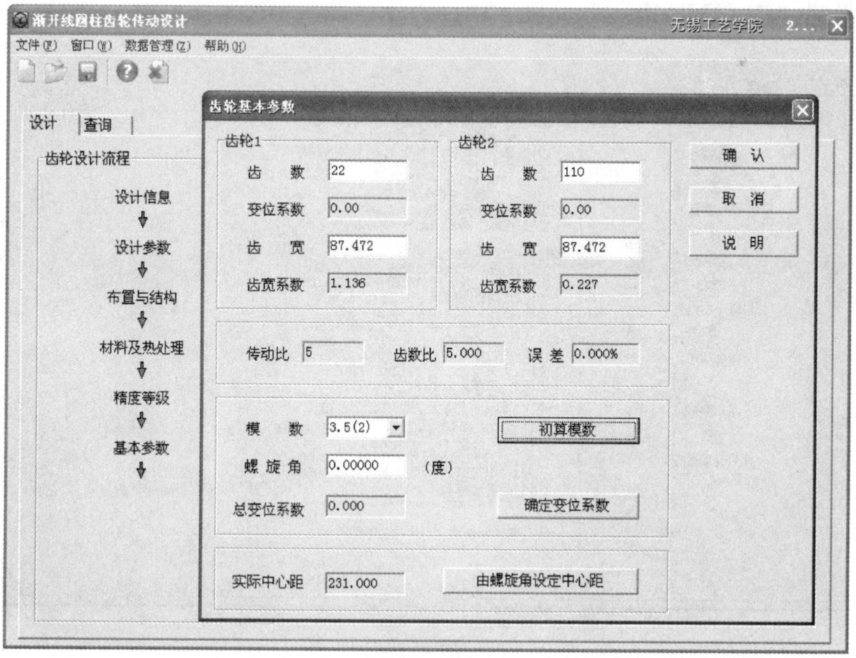

图 3.43

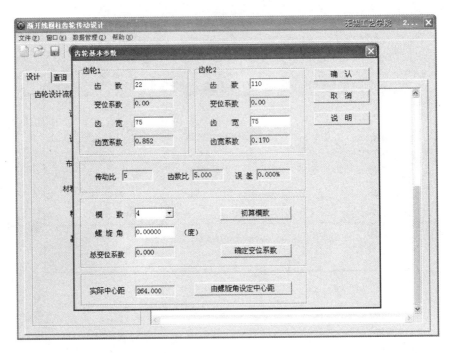

图 3.44

(11) 点击图 3.44 界面中的【确认】按钮,得到图 3.45 所示的界面。

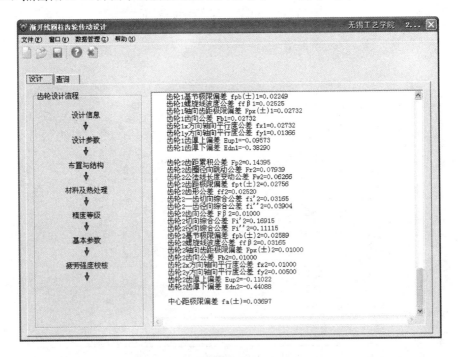

图 3.45

(12) 点击图 3.45 界面中左面的"疲劳强度校核",得到图 3.46 所示的界面。点击其右面的【重算系数】按钮,得到图 3.47 所示的界面。在该界面中调整强度校核中的安全系数。

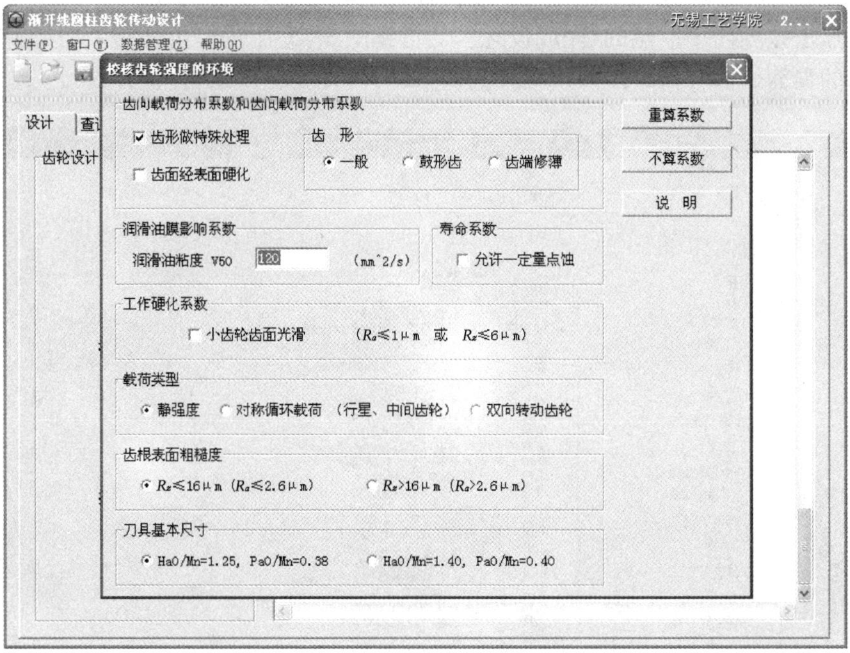

图 3.46

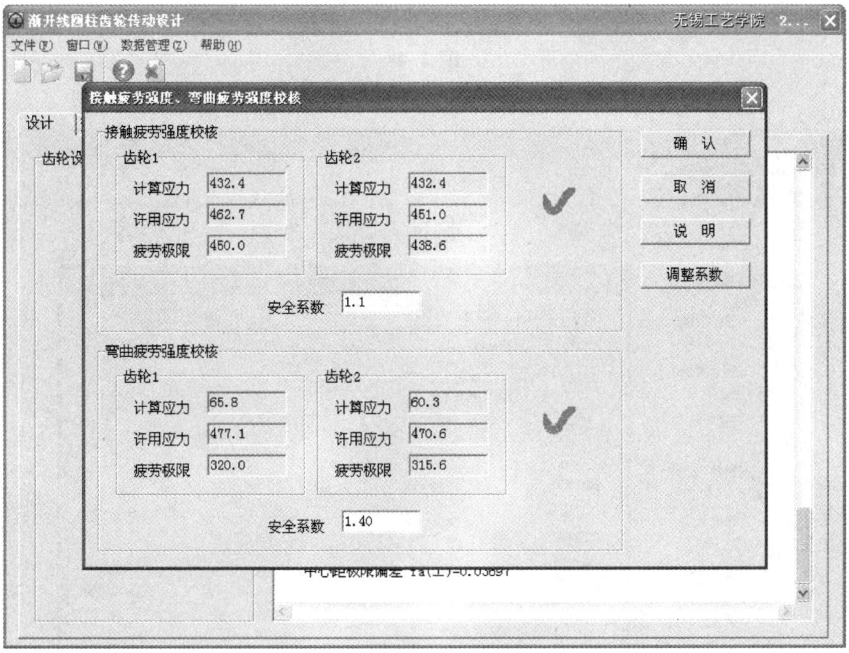

图 3.47

（13）从图 3.47 看出，所设计齿轮的接触疲劳强度、弯曲疲劳强度均足够，所以可点击图 3.47 界面中右侧的【确认】按钮。否则点击【调整系数】按钮或重新进行设计。点击【确认】按钮后得到图 3.48 所示的界面。图 3.48 界面右侧框中的数据即为齿轮传动设计所需

的内容。复制这些内容到 Word 文档的设计计算说明书中，从而方便地对它进行编辑等操作。或者点击该界面中左侧的"完成设计"，便得到图 3.49 所示将设计结果用文本文件形式进行存储的界面。储存这个渐开线圆柱齿轮传动设计的文件，以备后用。

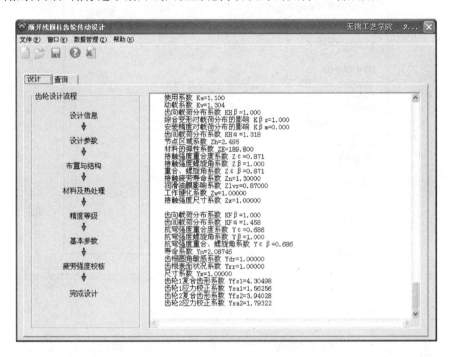

图 3.48

图 3.49

2. 齿轮结构

当齿轮(蜗杆、蜗轮)的模数、齿数、分度圆直径、齿顶圆直径等值计算出来后,可结合安装齿轮处轴的直径进行齿轮的结构设计。如果是齿轮,其结构与其尺寸的计算可参考表 3.1 进行。对于蜗杆、蜗轮的结构及其尺寸的计算,可参考表 3.2。

表 3.1 齿轮结构图

序号	齿坯	结 构 图	结构尺寸(mm)
1	圆柱齿轮轴		当 $d_a < 2d$ 或 $X \leqslant 2.5\,m$ 时,应将齿轮做成齿轮轴
2	锻造圆柱齿轮	$d_a \leqslant 200\,mm$	$D_1 = 1.6d_h$ $l = (1.2\sim1.5)d_h, l \geqslant b$ $\delta = (2.5\sim4)m_n$,但不小于 8～10 mm $n = 0.5m_n$ $D_0 = 0.5(D_1 + D_2)$ $D_0 = 10\sim29\,mm$,当 d_a 较小时不钻孔
3	锻造圆柱齿轮	$d_a \leqslant 500\,mm$	$D_1 = 1.6d_h$ $l = (1.2\sim1.5)d_h, l \geqslant b$ $\delta = (2.5\sim4)m_n$,但不小于 8～10 mm $n = 0.5m_n \quad r \approx 0.5C$ $D_0 = 0.5(D_1 + D_2)$ $d_0 = 15\sim25\,mm$ $C = (0.2\sim0.3)b$,模锻;0.3b,自由锻

续表 3.1

序号	齿坯	结　构　图	结构尺寸(mm)
4	圆锥齿轮轴	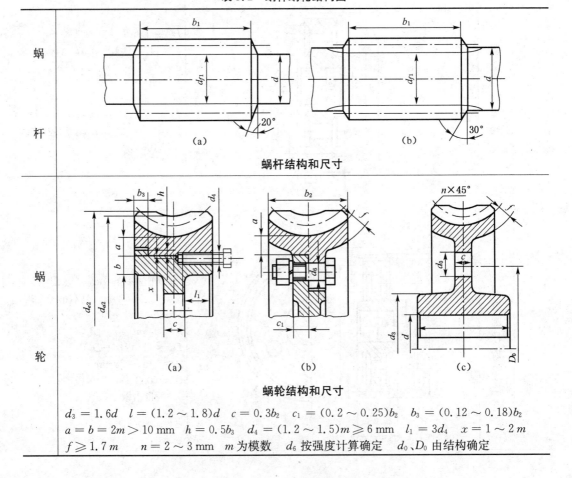(a)　　　　(b)	当小端齿根圆离键槽顶部的距离 $\delta < 1.6\,m$(m 为大端模数) 时(图 b),齿轮与轴做成整体(图 a)
5	锻造圆锥齿轮	模锻　　　自由锻	$D_1 = 1.6D, L = (1 \sim 1.2)D$, $\delta = (3 \sim 4)m$,但不小于 10 mm, $c = (0.1 \sim 0.17)R$, D_0, d_0 按结构确定

表 3.2　蜗杆蜗轮结构图

蜗杆结构和尺寸

(a)　　　　　　(b)

蜗轮结构和尺寸

(a)　　　　(b)　　　　(c)

$d_3 = 1.6d$　$l = (1.2 \sim 1.8)d$　$c = 0.3b_2$　$c_1 = (0.2 \sim 0.25)b_2$　$b_3 = (0.12 \sim 0.18)b_2$

$a = b = 2m > 10$ mm　$h = 0.5b_3$　$d_4 = (1.2 \sim 1.5)m \geqslant 6$ mm　$l_1 = 3d_4$　$x = 1 \sim 2\,m$

$f \geqslant 1.7\,m$　$n = 2 \sim 3$ mm　m 为模数　d_6 按强度计算确定　d_0、D_0 由结构确定

3.2 链传动的设计与联轴器的选择

链传动的设计主要是确定链条的节距、排数、链节数、传动中心距、链轮的材料和结构尺寸。其参数的选择和设计方法可按《机械设计》教材中所叙述的方法进行，也可参照 V 带传动、齿轮传动在计算机上设计一样，用《机械设计手册（新编软件版）2008》软件或者其他相关软件在计算机上完成。其结构尺寸可根据"[1]→【带传动和链传动】→【链传动】→【滚子链传动】→【链结构尺寸】"求得。

减速器常通过联轴器与电动机及工作机轴连接。联轴器的类型很多，其中许多已标准化，可从市场上直接购买。为此设计联轴器只要合理地选择其类型和型号即可，其选择的方法根据《机械设计》课程中所学的方法进行。其型号可在"[1]→【联轴器、离合器、制动器】→【联轴器】→【联轴器标准件、通用件】"或《机械设计手册》等相关手册中选取。但要注意的是，所选定的联轴器，其轴孔直径应与被连接两轴的直径相适应。还应注意减速器高速轴外伸端轴径与电动机的轴径不能相差太大，否则难以选到合适的联轴器。电动机选定后，其轴径一定，应注意调整减速器高速轴外伸端的直径与之相适应。

3.3 轴的设计计算

当减速器箱外传动零件和减速器箱内传动零件设计计算完成后，就可以对支承减速器箱内传动零件的轴进行设计。由于轴的设计不仅与传动零件有关，还与箱座、箱盖等的尺寸有关。而箱座、箱盖等尺寸的确定一方面与箱体的结构形式有关，另一方面还与齿轮、轴承等的润滑等有关，所以轴设计要比 V 带传动、齿轮传动等的设计复杂。轴的设计可按《机械设计》等教材上叙述的方法进行。一般说来轴设计的步骤是：①选择轴的材料和热处理；②初步估算轴的最小直径；③轴的结构设计；④轴的强度校核；⑤绘制轴的零件图。

适合做轴的材料很多，但在一般减速器中，轴的材料通常选用 45 号钢，并对它进行调质或正火处理。45 号钢正火处理后其硬度为 170～217 HBS，调质处理后其硬度为 217～255 HBS。对于减速器中重要一些的轴，轴的材料可选用 40Cr 等合金钢，并进行调质处理。40Cr 调质处理后其硬度为≤207 HBS（当毛坯直径≤25 mm 时），或 241～286 HBS（当毛坯直径≤100 mm 时）。

初步估算轴的最小直径可用以下公式：

$$d \geqslant C\sqrt[3]{\frac{P}{n}} \tag{3.1}$$

式中：P——轴传递的功率（kW）；

n——轴的转速（r/min）；

C——与轴所用材料有关的常数。

当轴的材料用 45 号钢时，$C = 118 \sim 106$；当轴的材料用 40Cr 钢时，$C = 106 \sim 98$。按

公式(3.1)计算出的直径,如果开有键槽时应考虑键槽对轴强度的削弱作用。当开一个键槽时,可将算得的直径增大 3% ~ 5%,如有两个键槽可增大 7% ~ 10%,然后进行圆整。

　　由于要使减速器各部分能协调地工作,轴的结构设计不仅仅要考虑轴的本身,而且与轴直接或间接相关的零件也要考虑进去。为此要计算出减速器箱座、箱盖等相关零件的尺寸,这些尺寸的计算可参考第 4 章 4.2 减速器箱体结构及设计。当这些尺寸算出来后,轴结构图可按照第 5 章 5.2 绘制减速器轴结构图中叙述的方法,用 AutoCAD、尧创 CAD 等机械绘图软件在计算机上进行绘制。

　　轴的结构设计完成后,可进行轴的强度校核。在轴的强度校核中,轴上各受力点间相互尺寸的确定,可以按《机械设计》课程轴一章中所讨论的那样,用计算的方法来确定,但这有一定的麻烦。由于设计时轴结构图是在计算机上用相关的绘图软件完成的,所以可以使用绘图软件中的捕捉及尺寸标注等功能,很方便地将这些尺寸确定出来。这些尺寸数值与用计算方法得到的数值是一样的。单级圆柱齿轮减速器在计算机上绘制完成并将受力点间尺寸确定出来的轴结构设计图如图 3.50 所示。

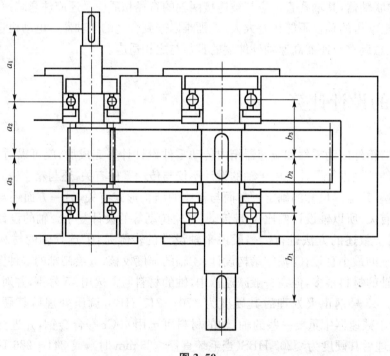

图 3.50

　　轴的结构设计完成并将受力点间尺寸确定出来后,轴的强度校核可按《机械设计》教材上叙述的轴强度校核方法进行。强度校核时所需的受力图、弯矩图、合成弯矩图、当量弯矩图也可用尧创 CAD 等机械绘图软件在计算机上绘制。绘制好后,可按第 7 章 7.2 设计说明书的模板及相关处理这一节叙述的方法,将这些图形插入设计计算说明书中,如图 3.51 所示。

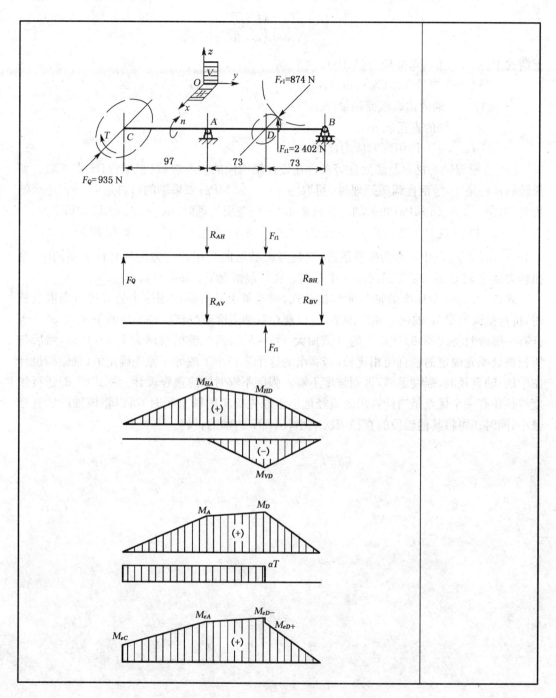

图 3.51

在对轴强度校核时,不同的《机械设计》教材,提供的校核方法不尽相同。其校核公式分别有:

$$\sigma_b = \frac{M_e}{W} \leqslant [\sigma_{-1}]_b \tag{3.2}$$

$$d \geqslant \sqrt[3]{\frac{M_e}{0.1\,[\sigma_{-1}]_b}}$$ (3.3)

上两式中：σ_b——当量弯曲应力(MPa)；

   M_e——当量弯矩(N·mm)；

   W——轴的抗弯截面模量(mm³)；

   d——轴的直径(mm)；

   $[\sigma_{-1}]_b$——许用弯曲应力(MPa)。

$[\sigma_{-1}]_b$根据轴的材料及热处理等条件在设计轴所用的参考教材《机械设计》中查取。如果轴的材料是 45 号钢且调质处理时，可取$[\sigma_{-1}]_b = 60\,\text{MPa}$；如果轴的材料是 45 号钢正火处理时，取$[\sigma_{-1}]_b = 55\,\text{MPa}$；如果轴的材料是 40Cr 钢调质处理时，取$[\sigma_{-1}]_b = 70\,\text{MPa}$。

在按《机械设计》教材中所叙述的方法计算当量弯矩 M_e 时，要用到公式 $M_e = \sqrt{M^2 + (\alpha T)^2}$。其中 α 称为折算系数，它是考虑到弯曲与扭转应力循环特性 r 不同时，将扭转力矩 T 转化为当量弯矩时的一个系数。在一般情况下，取 $\alpha = 0.6$。

式(3.2)为一个标准的轴强度校核公式，但当轴上开有键槽用这个公式进行强度校核时，抗弯截面模量 W 的确定相对困难，所以现在对轴强度时校核往往采用的是式(3.3)。当开有一键槽时将式(3.3)计算出的 d 值加大 3%～5%，两个键槽时增大 7%～10%，然后与所校核处原先确定的轴直径相比较，当算出的这个直径小于或等于原先确定的(轴结构设计图中的)轴直径时，强度足够，否则强度不够。强度不够时则应重新设计。用式(3.3)进行强度校核还有一个优点是当计算出的直径远小于原先确定的轴直径时，可以将该轴段的直径减小，同时还可将其他轴段的直径依次减小，从而节约轴的材料。

第 4 章　减速器结构与润滑

4.1　减速器结构概述

　　减速器结构因其类型、用途不同而异。但无论何种类型的减速器,其结构是由轴系部件、箱体和附件三大部分组成。图 4.1、图 4.2 和图 4.3 分别为圆柱齿轮减速器、圆锥齿轮减速器和蜗杆减速器的典型结构。图中标出了组成减速器的主要零件、附件的名称、相互关系及计算箱体尺寸时用到的部分代号。

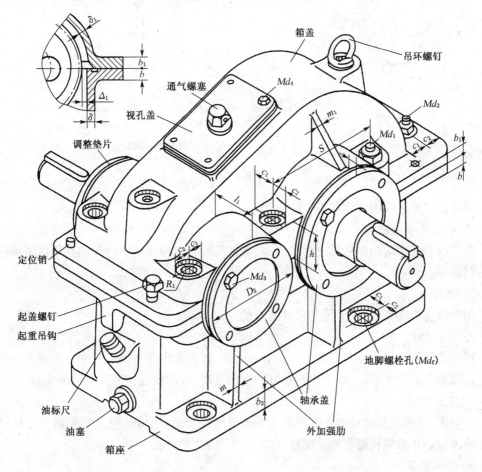

图 4.1

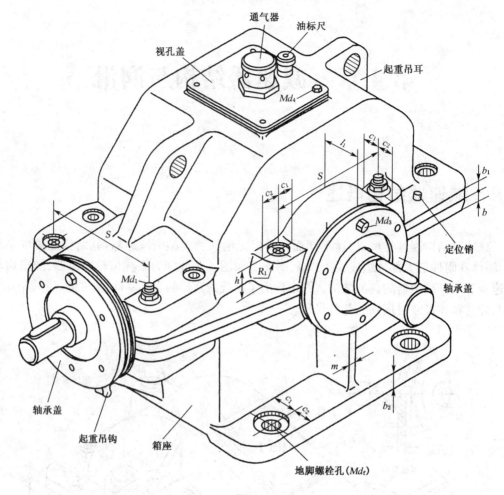

图 4.2

减速器主要附件的作用如下：

1. 放油孔和油塞

为了换油及清洗箱体时排出污油，在箱体底部设有放油孔。平时放油孔用油塞堵住，并配有封油圈。

2. 油标

用来检查油面高度，以保证有正常的油量。

3. 启盖螺钉

在箱盖与箱座接合面涂有密封胶或玻璃水时，接合面牢固地"粘接"在一起而不易分开。为此在箱盖凸缘上装有 1~2 个启盖螺钉。在启盖时，拧动此螺钉即可将箱盖顶起。

4. 定位销

在箱盖、箱座接合面经加工并用联接螺栓紧固联接后，箱体凸缘上安装两个定位销，以保证箱体轴承孔的镗孔精度和装配精度。

5. 起吊装置

用于吊运箱盖、箱座或整个减速器，包括吊环螺钉、吊耳、吊钩等。

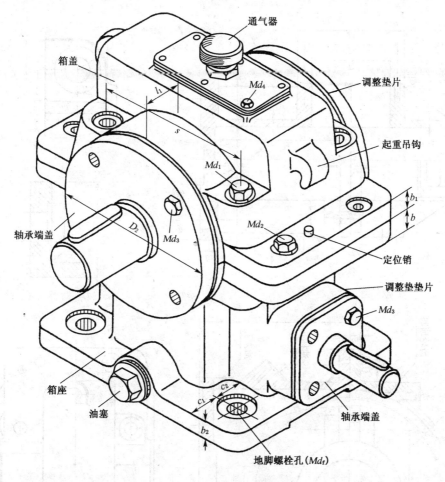

图 4.3

6. 窥视孔和窥视孔盖板

窥视孔用于检查传动件的啮合情况、润滑状态、接触斑点及齿侧间隙,润滑油也由此注入箱体内。窥视孔上要有盖板,以防止污物进入箱体内或润滑油飞溅出来。为了保证窥视孔与盖板良好的密封,它们之间需要装纸封油环。

7. 通气器

用来沟通箱体内、外的气流,使箱体内、外气压平衡,避免在运转过程中由于箱体内油温升高使内压增大,造成减速器密封处润滑油渗漏。

4.2　减速器箱体结构及设计

4.2.1　箱体的结构

箱体的主要作用是支承和固定轴系部件,保证在外载荷作用下传动件运动准确可靠,并具有良好的润滑和密封条件。箱体常采用灰铸铁铸造,特别是在批量生产中,铸造箱体具

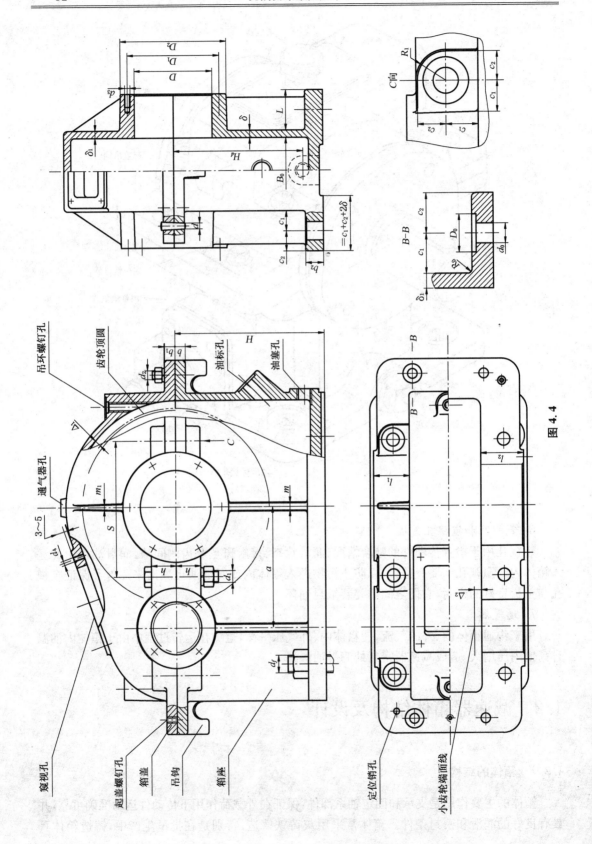

图 4.4

有良好的刚性和吸振性,易于加工,其缺点是质量较大。当承受重载或有冲击载荷时,可采用铸钢箱体。对于单件或小批量生产,特别是大型减速器,为了简化工艺和降低成本,可采用焊接箱体,它质量轻,生产周期短。但焊接中容易产生热变形,故要求有较高的焊接技术,并且在焊接后需要进行退火处理。箱体结构有剖分式和整体式两种结构形式,对于齿轮减速器,在没有特殊要求时,都采用剖分面沿齿轮轴线水平面的剖分结构。蜗杆减速器箱体既可以采用沿蜗轮轴线水平剖分的结构,也可以采用整体式结构。剖分式结构由于其安装维护方便,因此得到广泛应用。图 4.1、图 4.2、图 4.3 中箱体均为剖分式结构。

4.2.2　箱体结构尺寸

铸铁减速器箱体结构(图 4.1、图 4.2、图 4.3、图 4.4)尺寸及相关零件的尺寸关系经验值见表 4.1 和表 4.2,结构尺寸需要圆整。与标准件有关的尺寸,应符合相应的标准。

表 4.1　铸件减速器箱体结构尺寸计算表　　　　　　　　　(mm)

名　称	符号	减速器形式与尺寸关系			
			圆柱齿轮减速器	圆锥齿轮减速器	蜗杆减速器
箱座壁厚	δ	一级	$0.025a+1 \geqslant 8$	$0.025(d_1+d_2)+\Delta \geqslant 8$ d_1、d_2 小大圆锥齿轮分度圆直径(本列中与圆锥齿轮的同)。单级:$\Delta=1$;两级:$\Delta=3$	$0.04a+3 \geqslant 8$ 蜗杆在上:$\delta_1 \approx \delta$; 蜗杆在下:$\delta_1 =$ $0.85\delta \geqslant 8$
		二级	$0.025a+3 \geqslant 8$		
箱盖壁厚	δ_1	一级	$0.02a+1 \geqslant 8$		
		二级	$0.02a+3 \geqslant 8$		
		考虑铸造工艺,所有壁厚都不应小于 8			
箱座凸缘厚度	b	1.5δ			
箱盖凸缘厚度	b_1	$1.5\delta_1$			
箱座底凸缘厚度	b_2	2.5δ			
地脚螺钉直径	d_f	$0.036a+12$		$0.036(d_1+d_2)+12$	$0.036a+12$
地脚螺钉数目	n	$a \leqslant 250$ 时,$n=4$; $a>250 \sim 500$ 时,$n=6$; $a>500$ 时,$n=8$		$(d_1+d_2) \leqslant 250$ 时, $n=4$; $(d_1+d_2)>250$ 时, $n=6$	$n=4$
轴承旁联接螺栓直径	d_1	$0.75d_f$			
箱盖与箱座联接螺栓直径	d_2	$(0.5 \sim 0.6)d_f$;螺栓间距 $\leqslant 150 \sim 200$			
轴承端盖螺钉直径	d_3	见表 4.9			
窥视孔盖螺钉直径	d_4	见表 4.4			
起盖螺钉直径	d_5	与 d_2 相同			
定位销直径	d	$(0.7 \sim 0.8)d_2$			
d_f、d_1、d_2 至外箱壁等的距离	c_1	见表 4.2			
d_f、d_1、d_2 至凸缘边缘等的距离	c_2	见表 4.2			
轴承旁凸台半径	R_1	c_2			
凸台高度	h	根据低速级轴承座外径确定,以便于扳手操作为准			

续表 4.1

名　称	符号	减速器形式与尺寸关系		
		圆柱齿轮减速器	圆锥齿轮减速器	蜗杆减速器
外箱壁至轴承座端面距离	l_1	$l_1 = c_1 + c_2 + (5 \sim 8)$ mm(c_1、c_2 据 d_1 定)		
内箱壁至轴承座端面距离	l_2	$l_2 = \delta + l_1$		
箱座与箱盖长度方向接合面距离	l_3	$l_3 = \delta + c_1 + c_2$(c_1、c_2 据 d_2 定)		
大齿轮顶圆(蜗轮外圆)与内箱壁的距离	Δ_1	$\geqslant 1.2\delta$		
齿轮(锥齿轮或蜗轮轮毂)端面与内箱壁的距离	Δ_2	$\geqslant \delta$		
箱盖、箱座肋板厚度	m_1、m	$m_1 \approx 0.85\delta_1$；$m \approx 0.85\delta$		
轴承端盖外径	D_2	凸缘式端盖:见表 4.9;嵌入式端盖:$1.25D + 10$ mm D——轴承外径		
轴承旁联接螺栓距离	s	尽量靠近,以端盖处螺栓 d_1、d_3 互不干涉为准,一般取 $s \approx D_2$		
箱座底部外箱壁至箱座凸缘底座最外端距离	L	$L = c_1 + c_2$(c_1、c_2 据 d_f 定)		

注:多级传动时,a 取低速级中心距。对圆锥—圆柱齿轮减速器,按圆柱齿轮传动中心距取值。式中(5~8)mm 是考虑轴承旁凸台铸造斜度及轴承座端面与凸台斜度间的距离而给出的大概值。l_1、l_2、l_3、L 应圆整。

表 4.2　联接螺栓扳手空间 c_1、c_2 值和沉头座直径 D_0　　　　　　　　　(mm)

螺栓直径	M8	M10	M12	M14	M16	M18	M20	M22	M24	M27	M30
c_{1min}	13	16	18	20	22	24	26	30	34	36	40
c_{2min}	11	14	16	18	20	22	24	25	28	32	34
通孔直径 d_0(中等装配)	9	11	13.5	15.5	17.5	20	22	24	26	30	33
沉头座直径 D_0	20	24	26	30	32	36	40	42	48	54	60

4.2.3　箱体结构设计的基本要求

设计箱体结构,要保证箱体有足够的刚度、可靠的密封和良好的工艺性。

1. 箱体要有足够的刚度

箱体刚度不够,会在加工和工作过程中产生不允许的变形,从而引起轴承座中心线歪斜,在传动中使齿轮产生偏载,影响减速器正常工作。因此在设计箱体时,首先应保证轴承座的刚度。为此应使轴承座有足够的壁厚,并加设支撑肋板(图 4.5),当轴承座是剖分式结构时,还要保证箱体的联接刚度。

1) 轴承座应有足够的壁厚

轴承座孔采用凸缘式与嵌入式轴承盖时,都应使轴承座有足够的壁厚,从而保证有足够的刚度,如图 4.5 所示。其尺寸的确定参见图 4.4 和表 4.1 中轴承端盖外径 D_2。

2）加支撑肋板

为提高轴承座刚度，一般在箱体外侧轴承座附近加支撑肋板，如图 4.5、图 4.6 所示。

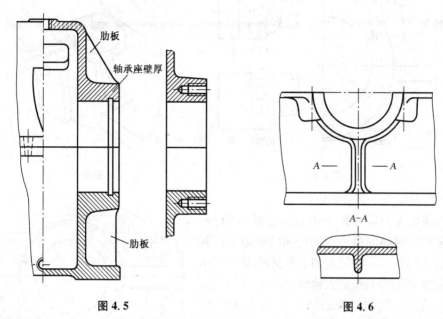

图 4.5　　　　　　　　　　　　　　　　图 4.6

3）提高剖分式轴承座刚度设置凸台

为提高剖分式轴承座的联接刚度，轴承座孔两侧的联接螺栓距离 s 应尽量靠近，为此轴承孔座附近应做出凸台（图 4.7（a））。在图 4.7（a）中由于 s_1 小且做出了凸台，所以轴承座的刚度大；而图 4.7（b）中由于 s_2 大且没有做出凸台，所以轴承座刚度小。

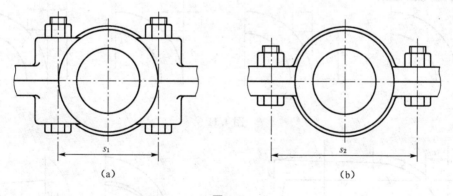

（a）　　　　　　　　　　　　　　　　　　（b）

图 4.7

（1）s 值的确定

从以上讨论中可知（图 4.7），s 值小时可以提高轴承座的刚度。但为了提高轴承座的刚度而使 s 值过小，则螺栓孔可能与轴承盖螺钉孔干涉，还可能与输油沟干涉（图 4.8）。并且还会为了保证扳手空间（图 4.9）将会不必要地加大凸台高度。为此轴承座孔两侧螺栓的距离一般取 $s \approx D_2$，D_2 为凸缘式轴承盖的外圆直径（图 4.10）。

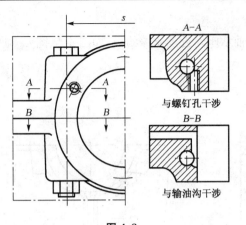

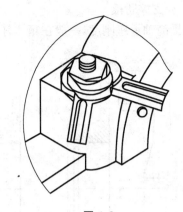

图 4.8　　　　　　　　　　　　　　图 4.9

（2）凸台高度 h 值的确定

凸台高度 h 由联接螺栓中心线位置（s 值）和保证装配时有足够的扳手空间（c_1 值）来确定。其确定过程见图 4.11。为制造加工方便，各轴承座凸台高度应当一致，并且按最大轴承座凸台高度确定。

凸台结构三视图的关系如图 4.12 所示。位于高速级一侧箱盖凸台与箱壁结构的视图关系如图 4.13 所示（凸台位置在箱壁外侧）。

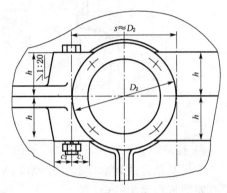

图 4.10

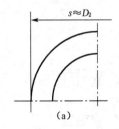 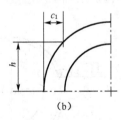 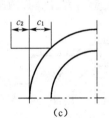 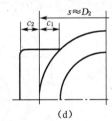

（a）　　　　　　（b）　　　　　　（c）　　　　　　（d）

图 4.11

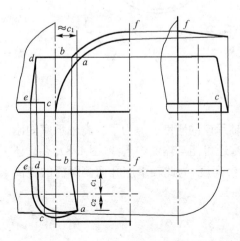

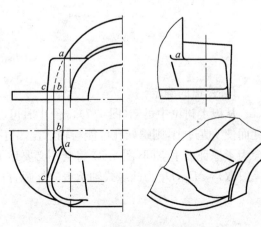

图 4.12　　　　　　　　　　　　　图 4.13

4) 凸缘应有一定厚度

为了保证箱座与箱盖的联接刚度,箱座与箱盖的联接凸缘应较箱壁 δ 厚些,约为 1.5δ,见图 4.14(a)。

箱体底座凸缘承受很大的倾覆力矩,为了保证箱体底座的刚度,取底座凸缘厚度为 2.5δ,箱座底凸缘宽度 B(图 4.14(b))应超过箱体的内壁,一般取 $B = c_1 + c_2 + 2\delta$。c_1、c_2 为地脚螺栓扳手空间尺寸。图 4.14(c)是不好的结构。

为了增加地脚螺栓的联接刚度,地脚螺栓孔的间距不应太大,一般距离为 $150 \sim 200$ mm。地脚螺栓的个数通常取 $4 \sim 8$ 个。

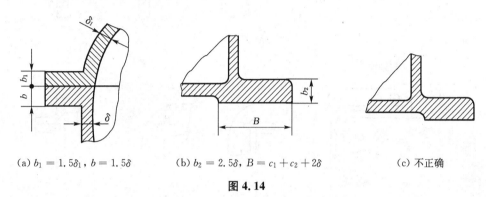

(a) $b_1 = 1.5\delta_1$, $b = 1.5\delta$　　　(b) $b_2 = 2.5\delta$, $B = c_1 + c_2 + 2\delta$　　　(c) 不正确

图 4.14

2. 箱盖与箱座间应有良好的密封性

为了保证箱盖与箱座接合面的密封,对接合面的几何精度和表面粗糙度应有一定要求,一般要精刨到表面粗糙度值小于 $R_a = 1.6\ \mu m$,重要的需刮研。凸缘联接螺栓的间距不宜过大,小型减速器应小于 $100 \sim 150$ mm。为了提高接合面的密封性,在箱座联接凸缘上面开出回油沟。回油沟上应开回油道,让渗入接合面缝隙中的油可通过回油沟及回油道流回箱座的油池内以增加密封效果,如图 4.15(a)所示。为了提高密封效果,还可在箱盖与箱体的接合面上涂密封胶(601 密封胶、7302 密封胶及液体尼龙密封胶等)或水玻璃。

为了保证轴承与座孔的配合要求,一般禁止用在接合面上加垫片的方法来密封。

当减速器中滚动轴承采用飞溅润滑时,常在箱座结合面上制出输油沟(图 4.15(b)),使飞溅的润滑油沿着箱盖壁汇入输油沟流入轴承室。

图 4.15(b)、(c)为不同加工方法得到的油沟形式及设计油沟时的参考尺寸。

3. 箱体结构要有良好的工艺性

箱体结构工艺性主要包括铸造工艺性和机械加工工艺性等方面,良好的工艺性对提高加工精度和生产率、降低成本、提高装配质量及检修维护等有重大影响,因此设计箱体时要特别注意。

1) 铸造工艺性

设计铸造箱体时应充分考虑铸造过程的规律,力求形状简单,结构合理,壁厚均匀,过渡平缓。保证铸造方便、可靠,尽量避免产生缩孔、缩松、裂纹、浇注不足和冷隔等各种铸造缺陷。为了保证液态金属流动畅通,以免浇注不足,铸造壁厚不能太薄。箱座壁厚 δ 和箱盖壁厚 δ_1 按表 4.1 中公式计算。砂型铸造圆角半径可取 $R \geqslant 5$ mm。当箱体由较厚部分过渡到较薄部分时,为了避免缩孔或应力裂纹,壁与壁之间应采用平缓的过渡结构,

其具体尺寸见表4.3。

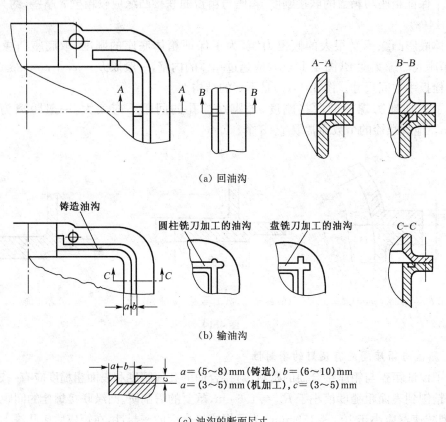

（a）回油沟

铸造油沟

圆柱铣刀加工的油沟　　盘铣刀加工的油沟

（b）输油沟

$a = (5 \sim 8)$ mm（铸造），$b = (6 \sim 10)$ mm
$a = (3 \sim 5)$ mm（机加工），$c = (3 \sim 5)$ mm

（c）油沟的断面尺寸

图 4.15

表 4.3　铸造过度部分尺寸　　　　　　　　　　　　　　　　（mm）

铸件壁厚 δ	x	y	R_0
$10 \sim 15$	3	15	5
$>15 \sim 20$	4	20	5
$>20 \sim 25$	5	25	5

　　铸造箱体外形设计应便于起模,沿起模方向有$1:10 \sim 1:20$的起模斜度。为了减小机加工面,窥视孔口部应制成图4.16所示的凸台。但在图4.16(a)中,窥视孔Ⅰ处的形状将影响拔模,如改为图4.16(b)中的形状,则拔模方便。箱体上应尽量避免活块造型,若需要活块造型的结构时,应有利于活块的取出,如图4.17所示。另外,箱体上还应尽量避免出现夹缝,否则砂型强度不够,在取模和浇注时易形成废品。图4.18(a)中两凸台距离太小,应将两凸台连在一起,做成图4.18(b)、(c)、(d)所示的结构,以便于造型和浇注。

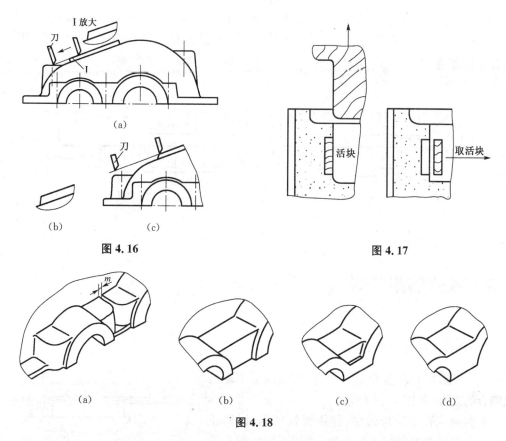

图 4. 16　　　　　　　　　　　　　　图 4. 17

图 4. 18

2) 机械加工工艺性

机械加工工艺性综合反映了零件机械加工的可行性和经济性。在进行机械结构设计时,为了获得良好的机械加工工艺性,应尽可能减少机械加工量,为此在箱体上需要合理设计凹坑或凸台,采用沉头座孔等以减少机械加工表面的面积,如图 4.19 所示。

螺栓联接支承面的沉头座孔经常用圆柱铣刀铣出,如图 4.20(a)所示。如果圆柱铣刀不能从下方进行加工时可采用图 4.20(b)所示的方法。

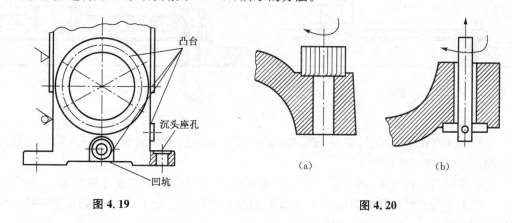

图 4. 19　　　　　　　　　　　　　　　图 4. 20

在图 4.16(a)中,刨刀刨削窥视孔凸台支承面时,刨刀将与吊环螺钉座相撞,为此因设计成图 4.16(c)的结构。

在机械加工时还应尽量减少工件和刀具的调整次数,以方便加工。如同一轴线上两轴承座孔的直径应相同,以便做一次装夹,用一把刀具完成两孔的加工。在同一方向的各轴承座处端面应在同一平面上,加工面与非加工面严格分开,以便加工,如图 4.21 所示。

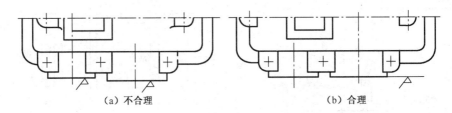

(a) 不合理   (b) 合理

图 4.21

4.3　减速器附件设计

4.3.1　窥视孔和窥视孔盖板

窥视孔应设在箱盖的上部,其位置应该位于两齿轮啮合的上部,如图 4.22 所示。

平时窥视孔用盖板盖住,并用螺钉紧固,以防止污物进入箱体和润滑油飞溅出来,盖板下面应加有防渗漏的纸质密封垫片,以防止漏油。盖板可用轧制钢板也可以用铸铁制成。由于轧制钢板的窥视孔盖板结构轻便,上下面无须机械加工,因此无论单件或成批生产均常采用(见图 4.23(a))。

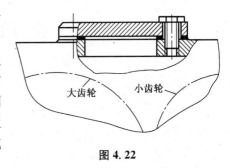

大齿轮　　　小齿轮

图 4.22

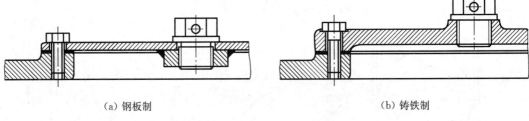

(a) 钢板制   (b) 铸铁制

图 4.23

窥视孔要有足够的尺寸,以便于观察传动件啮合区的位置和便于人手伸入箱体内进行检查操作,其参考尺寸见表 4.4。

而铸铁制窥视孔盖板(图 4.23(b)),需制木模,且有较多部位需进行机械加工,故应用较少。箱盖上安放窥视孔盖表面应进行刨削或铣削加工,为了便于加工,与盖板接触的表面窥视孔应凸起 3~5 mm,如图 4.16 所示。

表 4.4　窥视孔盖　　　　　　　　　　　　　　　　　　　（mm）

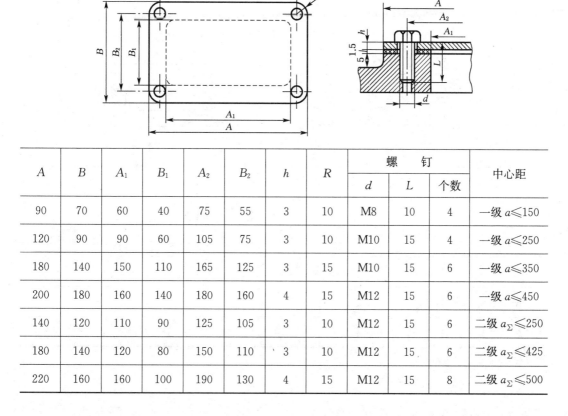

A	B	A_1	B_1	A_2	B_2	h	R	螺　　钉			中心距
								d	L	个数	
90	70	60	40	75	55	3	10	M8	10	4	一级 $a \leqslant 150$
120	90	90	60	105	75	3	10	M10	15	4	一级 $a \leqslant 250$
180	140	150	110	165	125	3	15	M10	15	6	一级 $a \leqslant 350$
200	180	160	140	180	160	4	15	M12	15	6	一级 $a \leqslant 450$
140	120	110	90	125	105	3	15	M12	15	6	二级 $a_\Sigma \leqslant 250$
180	140	120	80	150	110	3	10	M12	15	6	二级 $a_\Sigma \leqslant 425$
220	160	160	100	190	130	4	15	M12	15	8	二级 $a_\Sigma \leqslant 500$

4.3.2　通气器

　　通气器安装在机盖顶部或窥视孔盖上。常用的通气器有简易通气器（如通气螺塞）和网式通气器两种结构形式，如图 4.24 所示。简易的通气器常用带孔螺钉制成，但通气孔不直通顶端，以免灰尘进入，这种通气器用于比较清洁的场合。网式通气器有金属网，可以减少停车后灰尘随空气吸入箱体，它用于多尘环境的场合。通气器的尺寸规格有多种，应视减速器的大小选定。简易式通气器的尺寸见表 4.5。

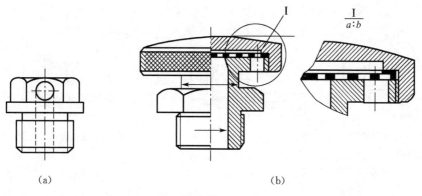

（a）　　　　　　　　　　　　（b）

图 4.24

表 4.5 简易式通气器 (mm)

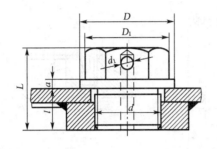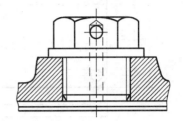

d	D	D_1	s	L	l	a	d_1
M12×1.25	18	16.5	14	20	10	2	4
M16×1.5	22	19.6	17	23	12	2	5
M20×1.5	30	25.4	22	28	15	4	6
M22×1.5	32	25.4	22	29	15	4	7
M27×1.5	38	31.2	27	34	18	4	8

注:s 在图中的位置参考表 4.6。

4.3.3 放油孔和放油油塞

为了将污油排放干净,放油孔应设置在油池的最低位置处(图 4.25),其螺纹小径应与箱体内底面取平。为了便于加工,放油孔处的箱体外壁应有凸台,经机械加工成为放油油塞头部的支承面。支承面处的封油垫片可用石棉橡胶或皮革制成。放油油塞采用细牙螺纹。为了便于放油,放油孔和放油油塞安置在减速器不与其他部件靠近的一侧,放油油塞及封油垫片的结构尺寸见表 4.6。

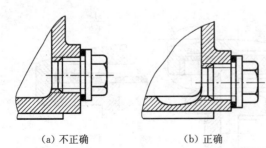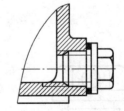

(a) 不正确   (b) 正确   (c) 正确(有半边孔攻螺纹工艺性较差)

图 4.25

表 4.6　放油油塞　　　　　　　　　　　　　　　　　　　　　　(mm)

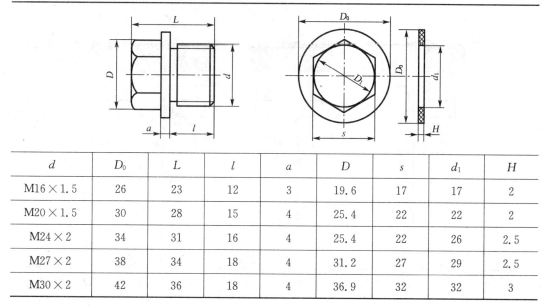

d	D_0	L	l	a	D	s	d_1	H
M16×1.5	26	23	12	3	19.6	17	17	2
M20×1.5	30	28	15	4	25.4	22	22	2
M24×2	34	31	16	4	25.4	22	26	2.5
M27×2	38	34	18	4	31.2	27	29	2.5
M30×2	42	36	18	4	36.9	32	32	3

4.3.4　油标

为了便于观察油池中的油量是否正常,一般把油标设置在箱体上便于观察且油面较稳定的部位。常见的油标有油尺、圆形油标、管状油标等,如图 4.26 所示。

油尺由于结构简单,在减速器中应用较多。为便于加工和节省材料,油尺的手柄和尺杆常用两个元件铆接或焊接在一起,见表 4.7。油尺在减速器上安装,可采用螺纹连接,也可采用 H9/h8 配合装入。检查油面高度时拔出油尺,以杆上油痕判断油面高度。在油尺上刻有最高和最低油面的刻度线,油面位置在这两个刻度线之间视为测量正常。如果需要在运转过程中检查油面,为避免因油搅动影响检查效果,可在油尺外装隔离套(图 4.26(b))。设计时,应注意到箱座油尺孔的倾斜位置便于加工和使用(图 4.27)。在不与机体凸缘相干涉,并保证顺利装拆和加工的前提下,油尺的设置位置应尽可能高一些,以防油进入油尺座孔而溢出,并与水平面夹角不得小于 45°。其主视图与左视图间的投影关系如图 4.28 所示。

在减速器离地面较高为了便于观察或箱座较低无法安装油尺的情况下,可采用圆形油标或管状油标,如图 4.26(c)、(d)所示。

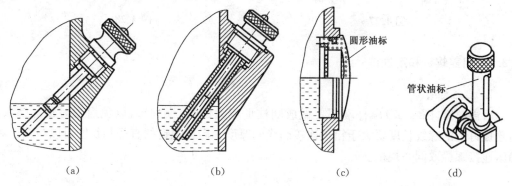

(a)　　　　　　　　　(b)　　　　　　　　　(c)　　　　　　　　　(d)

图 4.26

表 4.7   油尺   (mm)

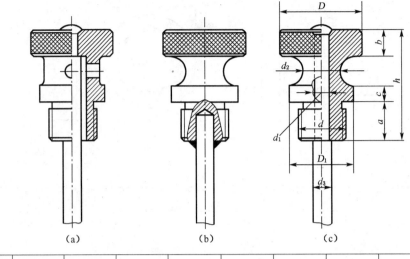

（a）   （b）   （c）

d	d_1	d_2	d_3	h	a	b	c	D	D_1
M12	4	12	6	28	10	6	4	20	16
M16	4	16	6	35	12	8	5	26	22
M20	6	20	8	42	15	10	6	32	26

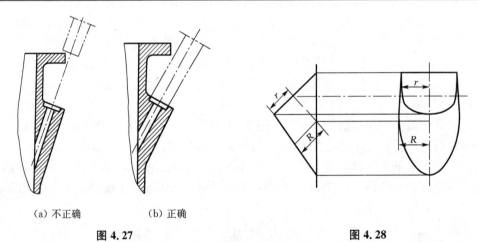

（a）不正确   （b）正确

图 4.27   图 4.28

4.3.5   启盖螺钉和定位销

1. 启盖螺钉

启盖螺钉(图 4.29)螺杆端部要做成圆柱形或大倒角、半圆形，以免启盖时顶坏螺纹。启盖螺钉上的螺纹长度要大于箱盖连接凸缘的厚度。启盖螺钉的直径和长度可以与箱盖和箱座连接螺栓取同一规格。

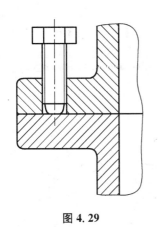
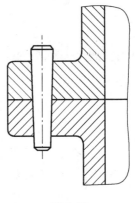

图 4.29　　　　　　　　　　　　　　　　　图 4.30

2. 定位销

定位销(图 4.30)通常采用两个圆锥销。为了提高定位精度,两个定位销的距离应尽量远一些。常安置在箱体纵向两侧联接凸缘上,并呈非对称布置,以保证定位效果。圆锥销孔加工分两道工序,先钻出圆柱孔,然后用 1∶50 锥度的铰刀铰配出圆锥孔。因此定位销的位置既要考虑到钻、铰孔的方便,又要与联接螺栓、吊钩、起盖螺钉等不发生干涉。定位销的直径一般取 $d = (0.7 \sim 0.8)d_2$,其中 d_2 为箱盖和箱座联接螺栓的直径。其长度应大于箱盖和箱座联接凸缘的总厚度,以利于装拆。圆锥销是标准件,设计时,可由[1]→【连接与紧固】→【键、花键和销连接】→【销连接】→【销的标准件】→【圆锥销】,按表中所给的圆锥销标准选用。在用尧创 CAD 机械绘图软件绘制装配图时,圆锥销可从菜单中的【机械(J)】→【机械图库(B)】→【标准件】→【销钉】→【圆锥销】按选定的大小,直接提取图符插入图形。

4.3.6　起吊装置

起吊装置中的吊环螺钉(图 4.31)、箱盖上的吊耳(图 4.33(a))、吊钩(图 4.33(b))用于拆卸箱盖,也允许用来吊运轻型减速器。当减速器的质量较大时,搬运整台减速器,只能用箱座上的吊钩(图 4.33(c)),而不允许用箱盖上的吊环螺钉或吊耳,以免损坏箱盖和箱座连接凸缘结合面的密封性。

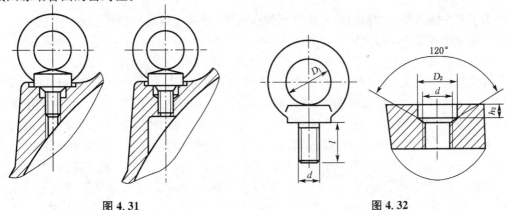

图 4.31　　　　　　　　　　　　　　　　　图 4.32

吊环螺钉是标准件,一般用材料为 20 号或 25 号钢制造。其公称直径 d 可根据减速器的重量 W 和所用的个数,结合图 4.32 参考表 4.8 选定。如果采用尧创 CAD 机械绘图软件

绘制减速器装配图,则箱盖上吊环螺钉处局部锪大的孔 D_2 等尺寸根据表 4.8 选定,而吊环螺钉可从菜单中的【机械(J)】→【机械图库(B)】→【标准件】→【螺钉】→【内六角螺钉及其他】→【吊环螺钉 A 型】(或【吊环螺钉 B 型】)按选定的大小,直接提取图符插入图形。

因为采用吊环螺钉机械加工工艺比较复杂,所以常在箱盖上直接铸出吊钩或吊耳,如图 4.33(a)、(b)所示。在箱座上的吊钩也是直接铸造出来的,如图 4.33(c)所示。图中所给的尺寸作为设计时参考,设计时可根据具体情况加以适当修改。

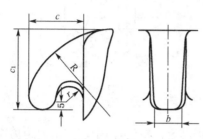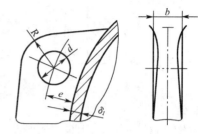

(a) $b = (1.8 \sim 2.5)\delta_1$ $c = (4 \sim 5)\delta_1$ (b) $d = b = (1.8 \sim 2.5)\delta_1$ $R = (1.0 \sim 1.2)d$
      $c_1 = (1.3 \sim 1.5)c$ $r = 0.2c$ $R \approx c_1$ $e = (0.8 \sim 1.0)d$ δ_1 为箱盖壁厚

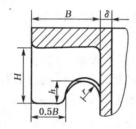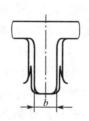

(c) $B = c_1 + c_2$ (c_1、c_2 值见表 4.2) $H = 0.8B$
      $h = 0.5H$ $r = 0.25B$ $b = (1.8 \sim 2.5)\delta$ δ 为箱座壁厚

图 4.33

4.3.7 轴承盖和调整垫片

1. 轴承盖

为了固定轴系部件的轴向位置并承受轴向载荷,轴承孔两端用轴承盖封闭,如图 4.34 所示。轴承盖有螺栓联接式轴承盖和嵌入式轴承盖两种(图 4.34(a)、(b))。每种形式中,按是否有通孔又分为透盖(图 4.34(a))和闷盖(图 4.34(b)、(c))两种。

螺栓联接式轴承盖利用六角螺栓固定在箱体上,便于装拆和调整轴承,密封性能好,所以用得较多。但与嵌入轴承盖相比,零件数目较多、尺寸较大、外观不平整。这种轴承盖多用铸铁铸造,当它的宽度 m 较大时(图 4.35(a)),为了减少加工量,可在端部铸出一段较小的直径 D',但必须保留足够的长度 e_1(图 4.35(b)),否则拧紧螺钉时容易使轴承盖倾斜,以致轴受力不均匀,可取 $e_1 = 0.15D$。图中端面凹进 a 值,也是为了减少加工量。

螺栓联接式轴承盖尺寸的计算根据[1]→【减速器、变速器】→【减速器】→【减速器设计一般资料】→【减速器附件结构尺寸】→【螺栓联接式轴承盖】中参考计算,或参考表 4.9 进行计算。由于透盖处常常要用毡封油圈,而毡封油圈是标准件,所以设计透盖时还须参考图 4.41、表 4.10 中的相关参数。

表 4.8　减速器重量与吊环螺钉　　　　　　　　　　　　　　　（mm）

减速器重量 W(kN)（供参考）

一级圆柱齿轮减速器					二级圆柱齿轮减速器				
a	100	160	200	250	315	a	100×140	140×200	180×250	200×280
W	0.26	1.05	2.1	4	8	W	1	2.5	4.8	6.8

吊环螺钉

	M8	M10	M12	M16	M20	M24	M30
$d(D)$	M8	M10	M12	M16	M20	M24	M30
l	16	20	22	28	35	40	45
D_{2min}	13	15	17	22	28	32	38
h_{2min}	2.5	3	3.5	4.5	5	7	8
最大起吊重量（kN）单螺钉起吊	1.6	2.5	4	6.3	10	16	25
最大起吊重量（kN）双螺钉起吊 45°(max)	0.8	1.25	2	3.2	5	8	12.5

嵌入式轴承盖不用螺钉连接,结构简单、紧凑,重量轻及外伸轴伸出长度短,有利于提高轴的强度和刚度。但座孔中须镗削环形槽,并且密封性能差。调整轴承游隙时需要打开箱盖,放置调整垫片,所以比较麻烦。故只宜用于深沟球轴承(不调游隙),以及要求重量轻、尺寸紧凑的场合。如果用嵌入式轴承盖固定圆锥滚子轴承时,应在端盖上增加调整螺钉,以便于调整。

嵌入式轴承盖与轴承座孔接合处有带 O 形橡胶密封圈和不带 O 形橡胶密封圈两种结构形式。后者密封性较差,用于脂润滑轴承;前者密封性较好,用于油润滑轴承。嵌入式轴承盖结构尺寸见表 4.10。

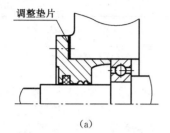

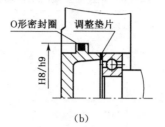

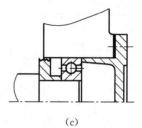

(a)　　　　　　　　　　　(b)　　　　　　　　　　　(c)

图 4.34

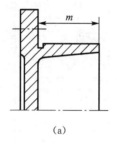

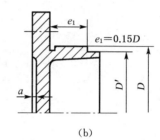

(a)　　　　　　　　　　　　　　(b)

图 4.35

表 4.9　螺栓联接式轴承盖的结构尺寸　　　　　　　　　(mm)

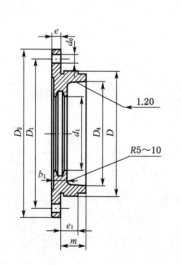

轴承外径 D	螺钉直径 d_3	端盖上螺钉数目
45~65	8	4
70~100	10	4
110~140	12	6
150~230	16	6

$d_0 = d_3 + 1\ \text{mm}$

$D_1 = D + 2.5d_3$

$D_2 = D_1 + 2.5d_3$

$e = (1 \sim 1.2)d_3$

$e_1 \geqslant e \approx 0.15D$

m 由结构确定

$D_4 = D - (10 \sim 15)\ \text{mm}$

　透盖的 b_1、d_1 由密封尺寸确定(见图 4.44 及表 4.12),闷盖的 $b_1 \approx e$

　材料:HT150

　高速轴、中速轴、低速轴轴承盖螺钉的直径 d_3 应一致,且取其中较大者

表 4.10　嵌入式轴承盖的结构尺寸　　　　　　　　　　　　　　（mm）

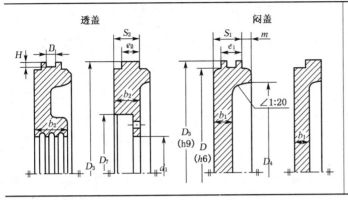

$S_1 = 15 \sim 20$
$S_2 = 10 \sim 15$
$e_1 = 8 \sim 12$
$e_2 = 5 \sim 8$
m 由结构确定
$D_3 = D + e_2$，装有 O 形密封圈时，按 O 形圈外径取整
$b_1 = 8 \sim 10$
其余尺寸由密封尺寸确定

注：轴承盖材料为 HT150。

2. 调整垫片

为了调整轴承游隙，在端盖与箱体之间放置由多片很薄的软金属组成的垫片，这些垫片称为调整垫片，如图 4.34 所示。垫片除了调整轴承游隙外还起密封作用，有的垫片还起调整整个传动零件（如蜗轮）轴向位置的作用。调整垫片通常由厚度不同但直径相同的若干垫片一起组成垫片组使用。使用时可根据调整需要做成不同的厚度。其材料为冲压钢片或 08F 钢抛光。调整垫片组的片数及厚度可参见表 4.11，也可自行设计。

表 4.11　调整垫片组

组　别	A 组			B 组			C 组		
厚度 δ（mm）	0.5	0.2	0.1	0.5	0.15	0.1	0.5	0.15	0.12
片　数	3	4	2	1	4	4	1	3	3

注：1. 凸缘式轴承端盖用的调整垫片，$D_3 = D + (2 \sim 4)$，D 轴承外径，D_1、D_2、n 和 d_0 由轴承端盖结构定，见表 4.9；
　　2. 嵌入式轴承端盖用的调整环 $D_2 = D - 1$，D 为轴承外径；
　　3. 建议准备 0.05 mm 垫片若干，以备调整微量间隙用

4.4　减速器的润滑

减速器的传动零件齿轮（蜗杆、蜗轮）与轴承必须有良好的润滑，以便减少摩擦、磨损，提高传动效率，同时还可以起到冷却、防锈、延长使用寿命等作用。减速器的润滑方式很多，有油脂润滑、浸油润滑、压力润滑、飞溅润滑等。下面分别介绍几种常见的润滑方式。

4.4.1　减速器内传动件的润滑

减速器的齿轮传动和蜗杆传动，当齿轮的圆周速度 $v \leqslant 12$ m/s 时，蜗杆的圆周速度

$v \leqslant 10$ m/s 时，常采用浸油润滑。采用浸油润滑时，为了满足润滑和散热的需要，箱体油池内必须要有足够的储油量。同时，为了避免浸油传动件回转时将油池底部沉积的污物搅起，大齿轮(或蜗杆)的齿顶圆到油池底面的距离应大于 $30 \sim 50$ mm，由此来确定减速器中心高 H 并圆整(图 4.36)。对于图 4.36(a) 的单级圆柱减速器，大齿轮浸入油中的深度 h 约为一个齿高，但不能小于 10 mm。对于图 4.36(b) 的两级或多级圆柱齿轮减速器，高速级大齿轮浸油深度 h_1 约为 0.7 个齿高，但不能小于 10 mm；低速级，当 $v = (0.8 \sim 1.2)$m/s 时，大齿轮浸油深度 h_2 约为 1 个齿高(不小于 10 mm) $\sim 1/6$ 齿轮半径；当 $v \leqslant (0.5 \sim 0.8)$m/s 时，$h_2 = (1/6 \sim 1/3)$ 齿轮半径。圆锥齿轮减速器(图 4.36(c))，整个圆锥齿轮的齿宽(至少半个齿宽)浸入油中。

在蜗杆减速器中，上置式蜗杆：蜗轮浸油深度 h_2 与低速级圆柱大齿轮的浸油深度 h_2 相同；下置式蜗杆(图 4.36(d))：蜗杆浸油深度 $h_1 \geqslant 1$ 个螺牙高度，但不高于蜗杆轴承最低滚动体中心线，以免影响轴承密封和增加搅油损失。

图 4.36 中所示的油面为最低油面。考虑到使用中油不断蒸发损耗，还应给出一个允许的最高油面。对于中小型减速器，其最高油面比最低油面高出 $10 \sim 15$ mm 即可。此外还应保证传动件浸油深度最多不得超过齿轮半径的 $1/3 \sim 1/4$，以免搅油损失过大。

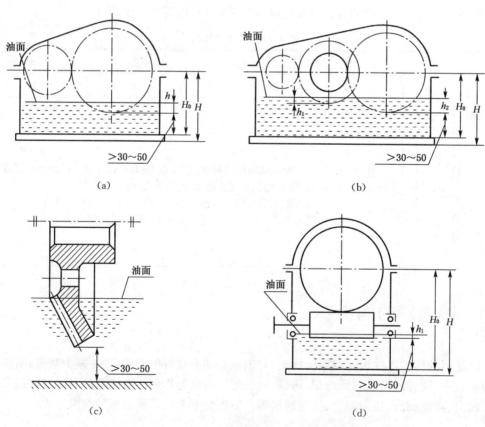

图 4.36

浸油深度决定后,即可定出所需油量。并按传递功率大小进行验算,以保证散热。油池容积 V 应大于或等于传动的需油量 V_0。对于单级传动,每传递 1 kW 需要油量 $V_0 =$ $(0.35 \sim 0.37)\mathrm{dm}^3$;对于多级传动,按级数成比例增加,如果不满足,则适当增加箱座的高度,以保证足够的油池容积。

浸油润滑的换油时间一般为半年左右,主要取决于油中杂质多少及油被氧化、污染的程度。

润滑油的牌号可参考《机械设计》教材、《机械设计手册》或[1]→【润滑与密封装置】→【润滑剂】→【常用润滑油的牌号、性能及应用】→【常用润滑油主要质量指标和用途】进行选取。

4.4.2　滚动轴承的润滑

为了支撑轴的旋转,减速器中通常采用滚动轴承。滚动轴承的润滑有油润滑或脂润滑。其常用的润滑方法有以下几种:

1. 润滑脂润滑

当轴颈径 $d(\mathrm{mm})$ 和转速 $n(\mathrm{r/min})$ 的乘积速度因素 $dn \leqslant (1.5 \sim 2) \times 10^5 \mathrm{mm \cdot r/min}$ 时,或减速器中浸油齿轮的圆周速度太低 $[v < (1.5 \sim 2)\mathrm{m/s}]$ 时,难以将油导入轴承内使轴承浸油润滑时,可采用润滑脂润滑。蜗轮轴承一般也采用润滑脂润滑。润滑脂选择主要根据工作温度和工作环境来确定。润滑脂的牌号、性质及用途可参考《机械设计》教材、《机械设计手册》或[1]→【润滑与密封装置】→【润滑剂】→【常用润滑脂】→【常用润滑脂主要质量指标和用途】。

润滑脂方式较简单,密封和维护方便,只需在初装时和每隔半年左右补充或更换润滑脂一次,将润滑脂填充到轴承室即可。但润滑脂黏性太大,高速时摩擦损失大,散热效果较差,且润滑脂在较高温度时易变稀而流失,故润滑脂只用于轴颈转速低、温度不高的场合。

填入轴承室中的润滑脂应适量,过多易发热,过少则达不到预期的润滑效果。通常的填充量为轴承室空间的 $1/3 \sim 1/2$。

采用润滑脂润滑时,为防止箱内的润滑油飞溅到轴承内使润滑脂稀释或变质,并防止润滑油带入金属屑或其他污物,应在轴承向着箱体内壁一侧安装甩油盘,如图 4.37、图 4.38 所示。

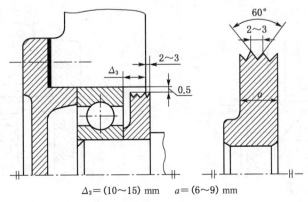

$\Delta_3 = (10 \sim 15) \mathrm{mm}$　　　$a = (6 \sim 9) \mathrm{mm}$

图 4.37

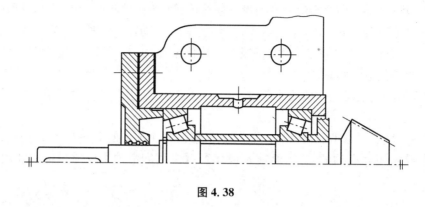

图 4.38

2. 润滑油润滑

1）飞溅润滑

减速器中只要有一个浸油齿轮的圆周速度 $v \geqslant$ (1.5～2) m/s 时，就可以采用飞溅润滑。为了使润滑可靠，常在箱座结合面上制出输油沟，使飞溅的润滑油沿箱盖经油沟通过轴承盖的缺口进入轴承对其进行润滑（图 4.15）。图 4.15（b）是用不同加工方法得到的油沟形式，其尺寸计算如图 4.15（c）所示。为了防止装配时轴承盖上的槽没有对准油沟而将油路堵塞，可将轴承盖的端部直径取小些，使轴承盖在任何位置油都可以流入轴承（图 4.39）。为了便于油液流入油沟，在箱盖内壁与其接合面相接触处须制出倒棱（图 4.15 *C—C* 截面）。

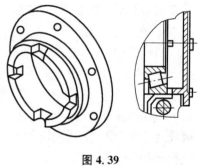

图 4.39

轴承采用油润滑时，如果轴承旁小齿轮的齿顶圆小于轴承的外径，为了防止齿轮啮合时（特别是斜齿轮啮合时）所挤出和热油大量冲向轴承内部，增加轴承的阻力，常设挡油盘，如图 4.40 所示。挡油盘可冲压制成（成批生产时），也可车制而成。

对于圆锥—圆柱齿轮减速器，小圆锥齿轮轴采用油润滑时，要在箱体剖分面上抽出导油沟，并将套杯适当部位的直径减小和设置数个进油孔（图 4.41），以便将油导入套杯润滑轴承。

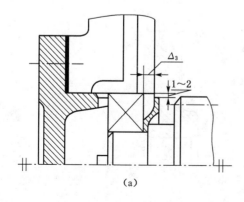

（a）

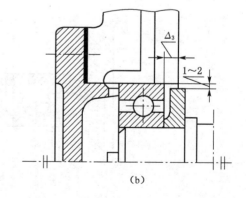

（b）

图 4.40

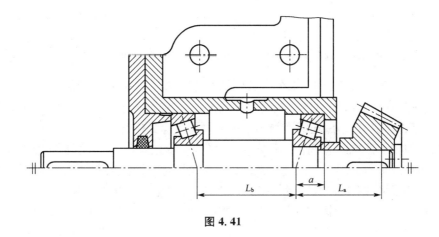

图 4.41

2）浸油润滑与刮板润滑

下置式蜗杆轴轴承一般采用浸油润滑。由于蜗杆浸油深度 $h_1 \geqslant 1$ 个螺牙高度，且最高油面还要比最低油面高出 $10 \sim 15$ mm，为了防止由于浸入油中蜗杆螺旋齿排油作用，迫使过量的润滑油冲入轴承，需在蜗杆轴上装挡油盘（图 4.42(a)）。挡油盘与箱座孔间留有一定间隙，既能阻挡冲来的润滑油，又能使适量的油进入轴承。

在油面高度满足轴承浸油深度，但蜗杆齿尚未浸入油中（图 4.42(b)），或浸入深度不足时（图 4.42(c)），则应在蜗杆两侧装溅油盘（图 4.41(b)），使传动件在飞溅润滑条件下工作。这时滚动轴承浸油深度可适当降低，以减少轴承搅油损耗。

蜗轮轴轴承、上置式蜗杆轴轴承除了用润滑脂润滑外，还可利用刮板将油从轮缘端面刮下来，经输油沟流入轴承。

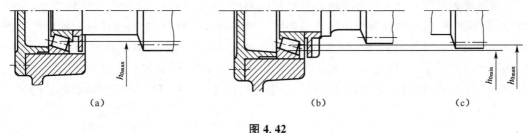

（a）　　　　　　　　　（b）　　　　（c）

图 4.42

3. 润滑油的选择

润滑油的选择与润滑脂一样，同样要考虑到传动类型、载荷性质、工作条件、转动速度等多种因素。减速器中齿轮、蜗杆、蜗轮和轴承大都依靠箱体中的油进行润滑，这时润滑油的选择主要考虑箱内传动零件的工作条件，适当考虑轴承的工作情况。润滑油的牌号、性质及用途可参考《机械设计》教材、《机械设计手册》或[1]→【润滑与密封装置】→【润滑剂】→【常用润滑油的牌号、性能及应用】→【常用润滑油主要质量指标和用途】→【工业闭式齿轮油（GB 9503—1995）】。

4.5　伸出轴与轴承盖间的密封

为了防止减速器外部灰尘、水分及其他杂质进入其内部,并防止减速器内润滑剂的流失,减速器应具有良好的密封性。减速器的密封除了前面所述的箱盖与箱座接合面、窥视孔、放油孔接合面的密封外,还需在箱伸出轴与轴承盖等处进行密封。

伸出轴与轴承盖之间有间隙,须安装密封件,使得滚动轴承与箱外隔绝,防止润滑油(脂)漏出和箱外杂质、水及灰尘等进入轴承室,避免轴承急剧磨损和腐蚀。伸出轴与轴承盖间的密封形式很多(图 4.43),密封件多为标准件,应根据具体情况选用。常见的密封形式有毡圈密封(图 4.43(a))、橡胶密封(图 4.43(b))和沟槽密封(图 4.43(c))。

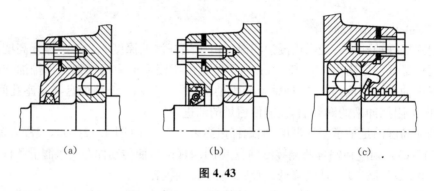

(a)　　　　　　　　(b)　　　　　　　　(c)

图 4.43

1. 毡圈密封

毡圈密封利用密封元件实现轴承与外界隔离(图 4.43(a))。这种密封结构简单,价格低廉,安装方便,对润滑脂润滑也能可靠工作。但密封效果较差,对轴颈接触面的摩擦较严重,毡圈寿命短,但适用于密封处轴表面圆周速度 3~5 m/s 以下,且工作温度小于 60℃的脂润滑场合。图 4.44 与表 4.12 列出了毡圈和槽的尺寸系列,其尺寸也可参考[1]→【润滑与密封装置】→【密封件、密封】→【油封与防尘密封】→【油封】→【毡圈油封和沟槽尺寸】。

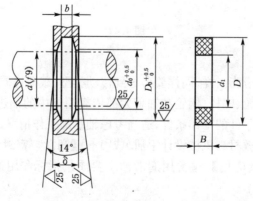

图 4.44

表 4.12　　　毡圈密封和沟槽尺寸　　　　　　　　　　（mm）

d （公称轴径）	毡 圈			沟 槽				
	D	d_1	B	D_0	d_o	b	δ_{min}	
							用于钢	用于铸铁
16	29	14	6	28	16	5	10	12
20	33	19	6	32	21	5	10	12
25	39	24	7	38	26	6	12	15
30	45	29	7	44	31	6	12	15
35	49	34	7	48	36	6	12	15
40	53	39	7	52	41	6	12	15
45	61	44	8	60	46	7	12	15
50	69	49	8	68	51	7	12	15
55	74	53	8	72	56	7	12	15
60	80	58	8	78	61	7	12	15
65	84	63	8	82	66	7	12	15
70	90	68	8	88	71	7	12	15
75	94	73	8	92	77	7	12	15

2. 橡胶密封

橡胶密封效果较好，所以得到广泛应用（图 4.43（b））。这种密封件装配方向不同，其密封效果也有差别，图 4.43（b）装配方法，对左边密封效果较好。如果用两个这样的橡胶密封件相对放置，则效果更好。其尺寸也可参考[1]→【润滑与密封装置】→【密封件、密封】→【油封与防尘密封】→【防尘密封】→【A 形防尘圈的形式和尺寸（摘自 GB/T 10708.3—2000）】。

在用尧创 CAD 机械绘图软件绘制装配图时，可从菜单中的【机械（J）】→【机械图库（B）】→【系列件】→【润滑与密封】→【密封件】→【J 形无骨架橡胶油封】（或【U 形无骨架橡胶油封】）按选定的大小，直接提取图符插入图形。

3. 沟槽密封

沟槽密封通过在运动构件与固定件之间设计较长的环状间隙（0.1 ～ 0.3 mm）和不少于 3 个的环状沟槽，并填满润滑剂来达到密封的目的（图 4.43（c）），这种方式适用于脂润滑和低速油润滑且工作环境清洁的轴承。

第 5 章　装配图的设计及绘制

装配图是反映各个零件的相互关系、结构以及尺寸的图纸。因此,设计通常上从绘制装配图着手,确定零件的位置、结构和尺寸,并以此为依据绘制零件工作图。装配图也是机器组装、调试、维护等的技术依据,所以装配图是设计过程中的重要环节,必须综合考虑对零件的材料、强度、刚度、加工、装拆、调整和润滑等要求,用足够的视图表达清楚。

5.1　减速器装配图设计的准备

在画减速器装配图之前,应翻阅有关资料(如附录 1),参观和装拆实际减速器,弄懂各零部件的功用,做到对设计内容心中有数。此外还应根据设计任务书上的技术数据,按前面所述的内容计算出轴的最小直径、有关零件和箱体的主要结构尺寸,具体的内容有:

(1) 确定各类传动零件的中心距、最大圆直径(如齿顶圆直径)和宽度(轮毂和轮缘),其他详细结构可暂不确定。

(2) 按工作情况和转矩选出联轴器的型号、两端轴孔直径、孔的宽度和有关装配尺寸的要求。

(3) 确定滚动轴承类型,如深沟球轴承或角接触球轴承,具体型号可暂不定。

(4) 确定箱体的结构方案。

(5) 按表 4.1 计算箱体主要结构和有关零件的尺寸,并列表备用。

做好上述准备工作后,可以开始绘图。根据设计具有计算与绘图交叉进行的特点,设计装配图可分为绘制轴结构图等几个阶段,下面分别叙述。

5.2　绘制减速器轴结构图

绘制减速器轴结构图的主要任务是确定箱体内外零部件的外形尺寸和相互位置关系,以确定轴受力点的位置及相互间的尺寸关系,为轴强度校核提供相关数据,并为绘制减速器的总装图做准备。绘制轴结构图时要注意轴伸出端的位置是否符合设计任务书中传动方案的要求,要考虑到轴承的润滑方式,轴承盖的结构,轴伸出端的密封方式等因素,这些因素的考虑参考第 4 章中所叙述的有关内容。另外,轴结构设计时不能只单独绘制轴而不绘制与轴相关的零件,也不能只画一根轴,而要同时将所设计减速器中的轴全部画出来。为此绘制轴结构图时要先绘制与轴结构有关系的主要零件,后绘制次要零件;先绘制箱体内的零件,然后逐步绘制向外的零件;先绘制零件的中心线及齿轮廓线,再绘制箱座的内壁线等。轴结

构设计时不必把零件的详细结构(如圆角、倒角、大齿轮的幅板厚度等)绘制出来。在绘制轴结构图时,如果能用一个视图(一般是俯视图)就能确定轴受力点的位置及相互间的尺寸关系时,就先绘制这一个视图;如果不行,则以绘制一个视图为主,再兼顾其他几个视图。

当要绘制圆柱齿轮、圆锥齿轮或蜗杆减速器轴结构图所需的尺寸计算出来后,零件间的尺寸及它们之间的相互关系,可参考图 5.1、图 5.2、图 5.3 和表 5.1 来确定。

圆柱齿轮、圆锥齿轮和蜗杆减速器轴结构设计所用的方法类似,下面以计算机上用尧创 CAD 机械绘图软件,结合拿掉箱盖等零件的单级直齿圆齿轮减速器三维图(图 5.6)及其在水平面上的投影图(图 5.7)为例,叙述轴结构图的绘制。

(1) 在计算机上打开尧创 CAD 机械绘图软件后,在 Center(中心线)层上,根据已计算出的齿轮中心距、大小齿轮的分度圆直径,按 1∶1 的比例(后面的绘图比例相同)绘制齿轮轴线(中心线)、对称线和分度线。在 Thick(粗实线)层上,根据已计算出的大小齿轮的齿顶圆直径、齿宽尺寸绘制齿轮轮廓,如图 5.8 所示。为了便于在装配图上将各零件及其相互间的关系表示清楚,小齿轮应画在大齿轮的左面。绘图步骤可参考图 5.8~图 5.14 中所标注顺序。

(2) 在 Thick(粗实线)层上(下面同),绘制箱座上与箱盖的结合面以及高速轴伸出端的轴头,如图 5.9 所示。

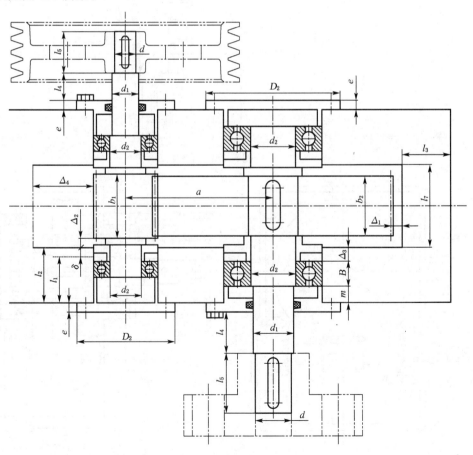

图 5.1

（3）据《机械设计》教材轴一章中的内容，或者打开[1]→【轴】→【轴的结构设计】→【零件在轴上的定位和固定】→【轴上零件轴向固定方法及特点】确定轴肩高度，然后绘制出轴身。接着选定轴承型号，再从尧创 CAD 菜单中的【机械（J）】→【机械图库（B）】→【标准件】→【轴承】→【深沟球轴承】→【深沟球轴承 60000 型】（该处用的是深沟球轴承 60000 型）提取选定轴承的图符插入图形，如图 5.10 所示。

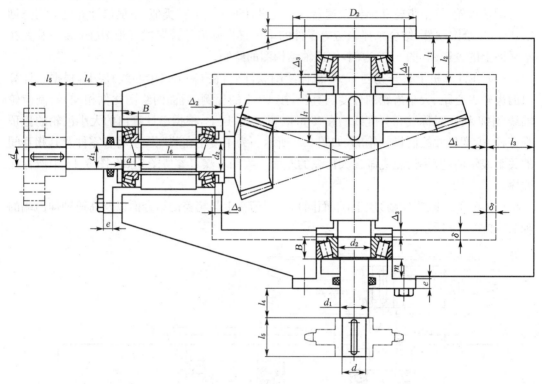

图 5.2

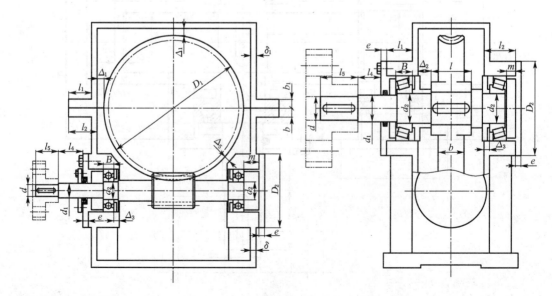

图 5.3

表 5.1　圆柱齿轮、圆锥齿轮、蜗杆蜗轮轴结构图相关尺寸

符　号	名　　称	尺寸确定及说明
h_1、h_2 b	小齿轮、大齿轮、蜗轮齿度	设计计算时确定
Δ_1	大齿顶圆或蜗轮外圆与箱体内壁的距离	齿轮：$\Delta_1 \geqslant 1.2\delta$（$\delta$ 为箱座壁厚，见表 4.1） 蜗轮：$\Delta_1 = 15 \sim 30$
Δ_2	转动零件或轮毂端面与箱座内壁的距离	$\Delta_2 \geqslant \delta$（$\delta$ 为箱座壁厚，见表 4.1）或取 $\Delta_2 = (10 \sim 15)$ mm
Δ_3	箱体内壁至轴承端面的距离	轴承用脂润滑，装甩油盘时，$\Delta_3 = (10 \sim 15)$ mm（见图 4.37）。轴承油润滑，装挡油盘时 $\Delta_3 = (5 \sim 10)$ mm；不装挡油盘时 $\Delta_3 = (3 \sim 5)$ mm（见图 4.40）
Δ_4	小齿轮齿顶圆与箱体内壁的距离	在绘制主视图时由箱盖结构投影确定
Δ_5	蜗轮外圆与轴承座的最小间隙	$\Delta_5 \geqslant 10 \sim 12$
B	轴承宽度	插入轴承时，尧创 CAD 自动生成，或查[1]→【轴承】
l_1	箱体外箱壁至轴承座端面距离	对剖分式箱体，应考虑壁厚和联接螺栓扳手空间位置，$l_1 = c_1 + c_2 + (5 \sim 8)$ mm（c_1、c_2 根据轴承旁联接处所用的螺栓直径 d_1 查表 4.2）
l_2	箱体内壁至轴承座端面距离	$l_2 = \delta + l_1$（δ 为箱座壁厚，见表 4.1）
l_3	箱座与箱盖长度方向接合面距离	对剖分式箱体，$l_3 = \delta + c_1 + c_2$（δ 为箱座壁厚，见表 4.1，c_1、c_2 根据箱座与箱盖联接处所用的螺栓直径 d_2 查表 4.2）
l_4	外伸轴端上回转零件轮毂等的内端面与轴承端盖外端面的距离	要保证轴承端盖螺钉的装拆空间（图 5.4），联轴器柱销的装拆空间（图 5.5）及防止回转零件与螺钉头或轴承盖相碰。一般 $l_4 \geqslant 25$ mm；对于嵌入式端盖 $l_4 \geqslant 15$ mm
l_5	外伸轴装回转零件轴段长度	带轮、链轮：$l_5 = (1.5 \sim 2)d$；联轴器：据其型号查[1]→【联轴器、离合器、制动器】→【联轴器】
l_6	小圆锥齿轮轴轴承支点距离	$l_6 = (2.5 \sim 3)d_2$（d_2 为轴颈直径）
a	圆锥滚子轴承端至支点距离	据型号查[1]→【轴承】→【滚动轴承】→【圆锥滚子轴承】
l_7	箱内宽度	单级圆柱齿轮减速器，$l_7 = b_1 + 2\Delta_2$
d_1	轴身直径	用密封件时应符合标准尺寸，毡圈密封时见表 4.12
d_2	轴颈直径	应符合所选轴承内径尺寸
m	轴承端盖定位圆柱面长度	根据轴承结构确定
e	轴承端盖凸缘厚度	见表 4.9
D_2	轴承端盖外径	由轴承尺寸及轴承盖结构型式决定，见表 4.9、表 4.10
D_1	蜗轮外圆直径	由蜗轮结构设计确定

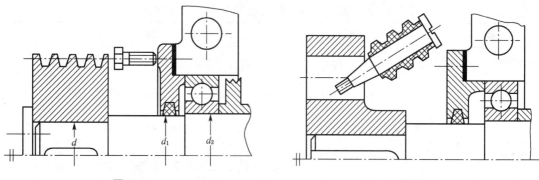

图 5.4　　　　　　　　　　　　　　　　　　图 5.5

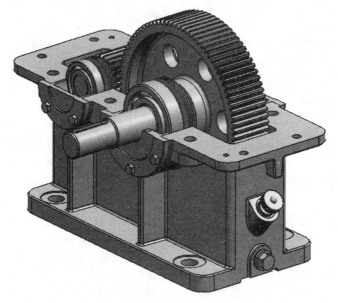

图 5.6

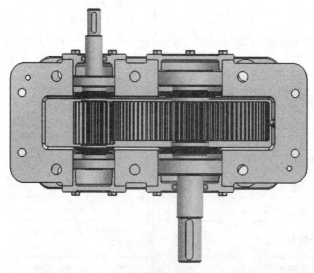

图 5.7

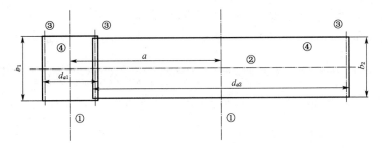

图 5.8

① 画小齿轮和大齿轮中心线；② 画对称线；③ 画小齿轮和大齿轮分度线；④ 画小齿轮和大齿轮。

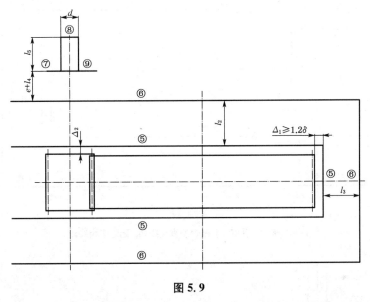

图 5.9

⑤ 画箱座内壁线；⑥ 画箱座与箱盖接合面外线；⑦ 画轴头与轴身间的线；⑧ 画轴头外线；⑨ 画轴头直径线。

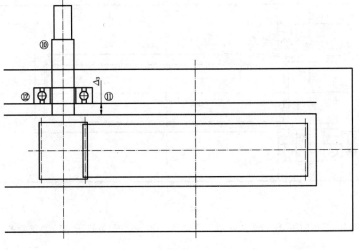

图 5.10

⑩ 确定轴身直径，画出轴身；⑪ 画出轴承到箱座内壁的定位线；⑫ 选择轴承型号，插入该轴承。

（4）绘制箱座轴承孔线及轴颈直径线并删除多余线段，如图 5.11 所示。

（5）绘制甩油盘、轴环，并用镜像命令复制高速轴另一端轴承等结构，并删除图上多余的线段，如图 5.12 所示。

（6）据表 4.9 螺栓联接式轴承盖尺寸，绘制高速轴处轴承盖。并用绘制高速轴时相同的方法，绘制低速轴伸出端轴头、轴身、轴承，如图 5.13 所示。

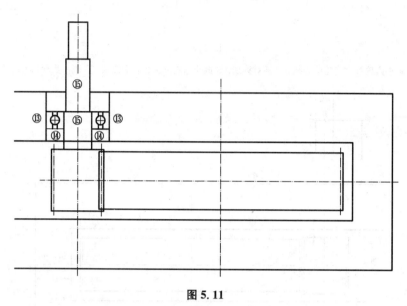

图 5.11

⑬ 画箱座轴承孔线；⑭ 画轴颈直径线；⑮ 删除多余线段。

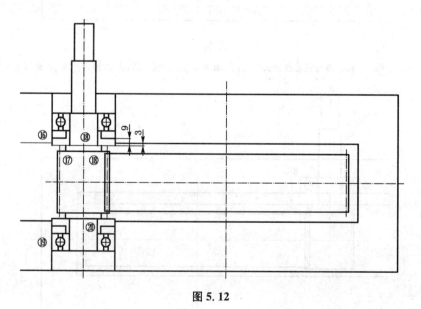

图 5.12

⑯ 画甩油盘；⑰ 画轴环；⑱ 删除多余线段；⑲ 用镜像命令画轴承等部分结构；⑳ 删除多余线段。

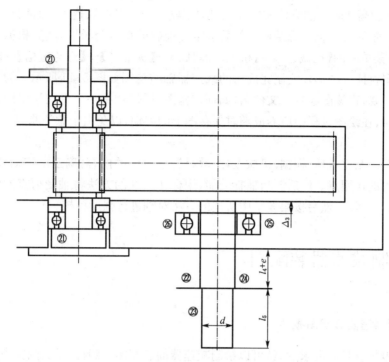

图 5.13

㉑ 据表 4.9 画轴承端盖;㉒ 确定轴头与轴身界线;㉓ 画轴头;
㉔ 画轴身;㉕ 画轴承定位线;㉖ 选择轴承型号并插入该轴承。

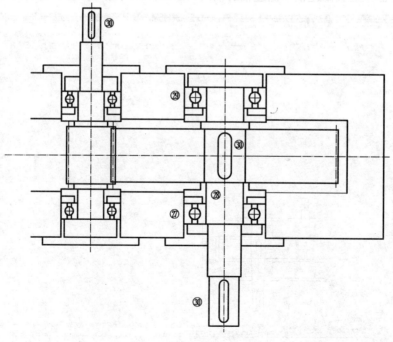

图 5.14

㉗ 用与高速轴中同样的方法处理轴承及透盖部分;㉘ 画甩油盘;
㉙ 用镜像命令等画甩油盘、轴承、闷盖等部分;㉚ 画键槽。

（7）与绘制高速轴时的方法相同，绘制出低速轴伸出端轴承、透盖、甩油盘，并用镜像等命令绘制低速轴另一端轴承等结构。最后选定各处键的型号与长度，然后根据轴的直径再从尧创 CAD 菜单中的【机械(J)】→【机械图库(B)】→【标准件】→【键与键槽】→【键】提取选定各处键的图符插入图形。绘制完成后的减速器轴结构图如图 5.14 所示。为了后面绘制装配图等的需要，将该图起一个文件名（如轴结构图）后保存在一个专门用于课程设计的文件夹内。同时，在绘图过程中应养成随时保存图形的习惯，以免由于意外原因而使所绘制的图形丢失。

轴结构图绘制完成后，根据《机械设计》教材轴一章中的内容，确定出传动零件、轴承等零件对轴上力的作用点。然后开启捕捉功能，用标注尺寸的方法将轴受力点间的尺寸确定出来，如图 3.50 所示，然后按第 3 章中所述的方法对轴进行强度校核。

5.3　绘制减速器装配图

5.3.1　绘制减速器装配图概述

当轴强度校核满足要求后，就可以绘制减速器的装配图。圆柱齿轮、圆锥齿轮和蜗杆减速器绘制装配图的方法相似。下面还是以上面所述的单级圆柱齿轮为例，叙述装配图的绘制。打开原先保存的图 5.14 轴结构图，然后将它复制到新建的装配图文件中。调整好原来轴结构图的位置，延长高速轴和低速轴的轴线；在 Center（中心线）层上适当的位置，绘制减

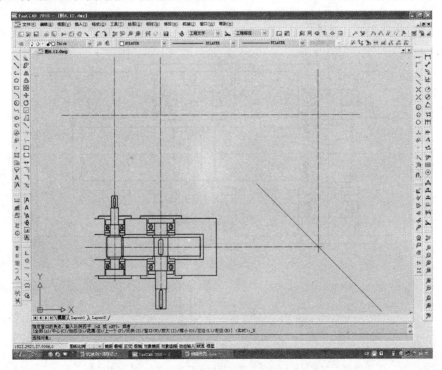

图 5.15

速器主视图及左视图的中心线；为了便于减速器左视图的绘制，在 thin(细实线)层上绘制引导线，如图 5.15 所示。接着根据大小齿轮尺寸，根据表 4.1 中算出的箱体结构尺寸，根据第 4 章图 4.36(a)要求的大齿轮齿顶圆到油池底面的距离，并考虑到第 4 章中所述对箱体结构设计应满足的基本要求和按机械制图的要求可绘制出图 5.16 所示的减速器主视图、左视图和俯视图中相关零件的主要轮廓形状。

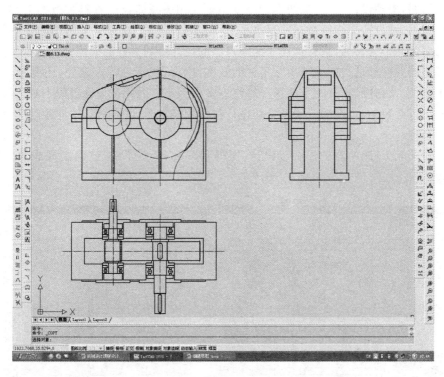

图 5.16

当减速器主视图、左视图和俯视图中相关零件的主要轮廓形状确定后，开始在减速器中适当的位置绘制如吊环螺钉、窥视孔盖等一些附件，并对零件进行具体的结构设计，如确定轴的倒角、齿轮轮辐等的尺寸。在这一设计中，减速器附件的确定可参考第 4 章 4.3 减速器附件设计。齿轮的结构设计可参考第 3 章表 3.1 圆柱齿轮结构图，或者打开 [1]→【常用设计计算程序】→【齿轮传动】→【渐开线圆柱齿轮传动】→【结构】→【圆柱齿轮的结构】。铸造圆角半径可查取 [1]→【零件设计结构工艺性】→【铸件结构工艺性设计】→【合金铸造性能对铸件结构工艺性的要求】→【铸造内圆角半径 R 值】；倒角、圆角的尺寸查取 [1]→【零件结构设计工艺性】→【金属切削件加工件结构工艺性】→【金属切削件加工件的一般标准】→【零件倒圆与倒角】；螺栓处的通孔直径由 [1]→【连接与紧固】→【螺纹和螺纹连接】→【螺纹连接结构设计】→【螺纹零件的结构要素】→【螺栓和螺钉通孔】选取；地脚螺钉通孔直径等由 [1]→【连接与紧固】→【螺纹和螺纹连接】→【螺纹连接结构设计】→【地脚螺栓孔和凸缘】选取。对于中等装配要求的螺栓、螺钉(含地脚螺钉)处的通孔直径也可按表 4.2 选取。

由于尧创 CAD 机械绘图软件提供了大量标准零件图形的图库，因此在这一绘图过程中遇到需要的标准零件可以直接从图库中提取。吊环螺钉可从尧创 CAD 菜单中的【机

械(J)→【机械图库(B)】→【标准件】→【螺钉】→【内六角螺钉及其他】→【吊环螺钉A型】或【吊环螺钉B型】按表4.8选定的大小,直接提取。同样零件螺栓、螺母弹簧垫圈等标准也可以从图库中提取,这为减速器的设计带来了方便,缩短了设计时间,加快了设计进度。

由于一般的设计都属于改进型设计,所以在设计过程中要养成查找相关资料的习惯,这样能少走弯路,提高设计效率,加快设计进度。查找相关减速器的资料进行参考,但决不要完全照抄。因为照抄,只能停留在原有水平上,得不到提高。对资料上所用的一些零件、设计的结构多问几个为什么,只有这样才能使自己的设计得到更好的锻炼。

在减速器的设计过程中除了考虑零件的强度、刚度、稳定性等因素外,还要考虑到零件的加工工艺性、密封性、零件的干涉情况等许许多多因素。因此在设计过程中对已绘制好的一些零件进行必要的、合理的改动也是在设计过程中经常遇到的事情,这样改动的目的是使设计更加合理。

通过对图5.16减速器的进一步设计,便得到图5.17所示的、已绘制完成的减速器三视图。

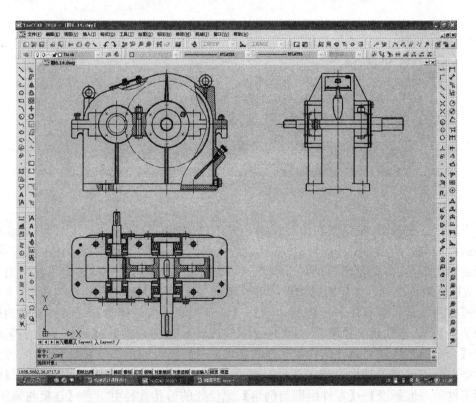

图 5.17

5.3.2　绘制减速器装配图步骤

为了便于学习绘制减速器装配图,在图5.15的基础上结合减速器三维图图5.18、图5.6及其在水平面上的投影图图5.7,叙述减速器主视图、左视图和俯视图的绘制。

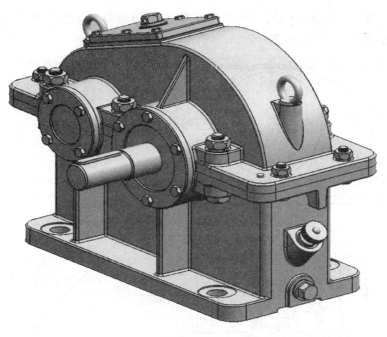

图 5.18

（1）在主视图上绘制大、小齿轮的分度圆，大齿轮齿顶圆和箱盖部分，如图 5.19 所示。绘图步骤可参考图 5.19～图 5.22 中所标注的顺序。为了表达清楚零件在视图中的投影关系，图中绘制了双点划线，这些双点划线在绘制装配图时不必画出。

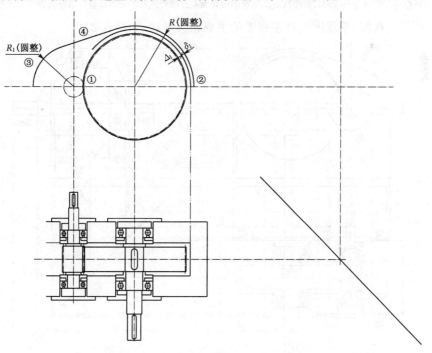

图 5.19

① 绘制大、小齿轮分度圆，大齿轮齿顶圆；② 绘制箱盖右边内壁与外壁圆弧；
③ 绘制箱盖左边外壁圆弧；④ 连接箱盖左右外壁圆弧。

（2）在主视图上绘制箱座底凸缘、箱座左右两侧、箱盖与箱座凸缘，在俯视图上绘制箱盖与箱座的结合面，如图 5.20 所示。

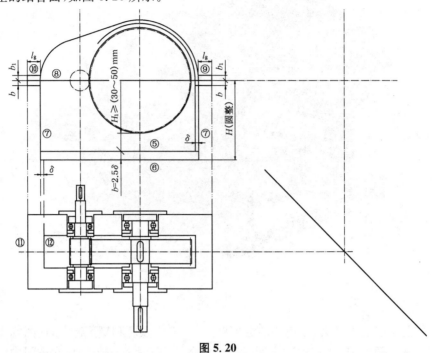

图 5.20

⑤ 绘制箱座底内线；⑥ 绘制箱座底线；⑦ 绘制箱座壁线；⑧ 绘制箱盖与箱座面分界线；⑨ 绘制箱盖与箱座右凸缘线；
⑩ 绘制箱盖与箱座左凸缘线；⑪ 绘制箱盖与箱座接合面左凸缘外线；⑫ 绘制箱盖与箱座接合面左内壁线。

（3）根据主视图、俯视图绘制左视图的主要轮廓形状，如图 5.21 所示。

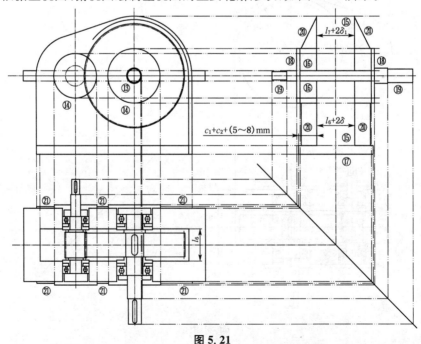

图 5.21

⑬ 绘制轴；⑭ 绘制轴承盖；⑮ 绘制箱盖；⑯ 绘制箱盖、箱座凸缘线；
⑰ 绘制箱座的凸缘线；⑱ 绘制大、小轴承盖；⑲ 绘制轴；⑳ 绘制肋板；㉑ 绘制底座。

（4）在主视图上绘制肋板，参考图 4.10、图 4.11 绘制箱盖与箱座的凸台。参考图 4.23、表 4.4 绘制窥视孔，并删除多余线条，如图 5.22、图 5.16 所示。

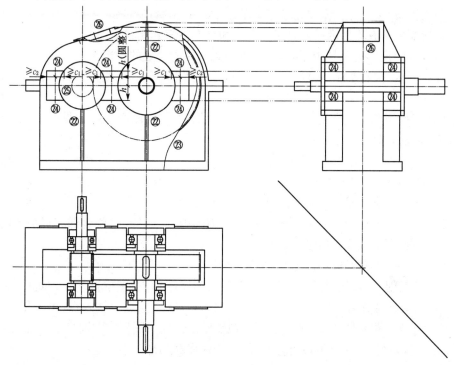

图 5.22

㉒ 绘制肋板；㉓ 绘制波浪线并删除齿顶圆等多余的线条；㉔ 绘制箱盖与箱座的凸台；
㉕ 删除箱盖与箱座结合面的多余线条；㉖ 绘制窥视孔。

（5）参考表 3.1 绘制齿轮的轮毂、轮辐和轮缘，并据前所述再绘制吊环螺钉、窥视孔盖等一些附件及相关零件，再对其余部分进行具体的结构设计，画上剖面线。这样就完成了减速器三视图的绘制，绘制好的减速器三视图如图 5.17 所示。

二级圆柱齿轮减速器、圆锥齿轮减速器、蜗杆减速器装配图主视图、左视图和俯视图的绘制可参考上述单级圆柱齿轮装配图绘制的方法进行。

5.3.3　绘制完整的减速器装配图

当减速器三个主要视图绘制完成后，需要对它进行认真的检查，以使设计的减速器正确、无误，从而便于后面的设计。主要检查内容可从结构、工艺和制图几个方面考虑。

1. 结构、工艺方面

1）装配图布置与传动方案的布置是否一致，特别要注意装配图上伸出端的位置是否符合设计任务书中传动方案的要求。

2）轴上零件沿轴向能否固定。

3）轴上零件沿轴向能否顺利装配及拆卸。

4）轴承轴向间隙和轴承组合位置（蜗轮的轴向位置）能否调整。

5）润滑和密封是否能保证。

6）箱体结构的合理性及工艺性、附件的布置是否恰当，结构是否正确。

7) 重要零件(如传动件、轴及箱体等)是否满足强度、刚度等要求,其计算方法和结果是否正确。

2. 制图方面

1) 减速器中所有零件的基本外形及相互位置是否表达清楚。

2) 各零件的投影关系是否正确,应特别注意零件配合处的投影关系。

3) 螺纹联接、弹簧垫圈、键联接、啮合齿轮以及其他零件的画法是否符合机械制图标准规定画法。

为了便于检查和修改装配图,本章 5.4 节中列举了装配图中一些常见的错误画法和改进后的正确画法,以供参考。

将图 5.17 所示的减速器三个视图检查正确后,还应加上用来表示减速器规格、性能,以及装配、安装、检验、运输等方面所需的尺寸;用文字或代号说明减速器在装配、检验、调试时需达到的技术条件和要求及使用规范等技术要求;用来记载零件名称、序号、材料、数量及标准件规格、标准代号的明细表,同时填写标题栏中的内容。只有这些全部完成后,才能成为一张完整的减速器装配图,如图 5.24 所示。

将图 5.17 中的三视图绘制成完整的装配图,可采用以下办法:

(1) 打开尧创 CAD 机械绘图软件,点击插入图框图标,在图框标题栏内选图幅 A1、比例 1∶2,填写设计者姓名等内容,再点击【确定】按钮,选取原点为插入点,单击鼠标左键便完成图框的建立。再把图 5.17 的减速器三视图复制到这个图框中,并将三个视图各自移动到适当的位置,如图 5.23 所示,并作为一个新文件保存起来。

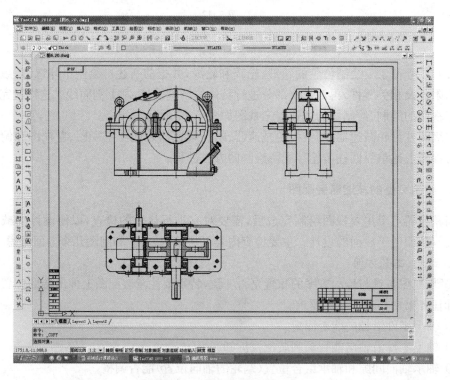

图 5.23

（2）标注减速器的性能尺寸、装配尺寸、安装尺寸、外形尺寸。

（3）标注零件序号，填写明细表、标题栏，写上减速器特性与技术要求，并用移动命令将视图、序号、技术要求等移动到适当的位置，这样就完成了一张如图 5.24 所示的完整的减速器装配图。

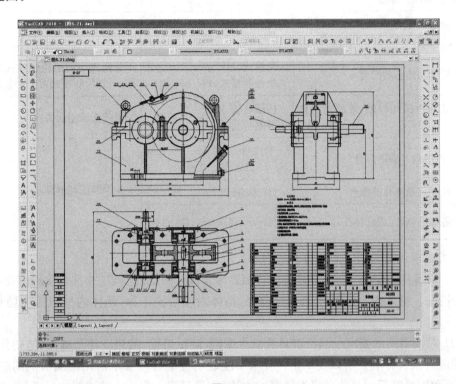

图 5.24

在装配图中，要标注的轴承与轴、轴承与箱座、箱盖的配合代号可按《机械设计》课程滚动轴承这一章所讲述的内容选择，齿轮与轴的配合可以根据《公差与配合》课程的内容选择。这些配合代号的选取还可参考[1]→【零部件设计基础标准】→【公差与配合】→【极限与配合】→【常用数据】→【优先及常用配合的特征及应用】，也可参考其他减速器装配图中相关处的配合代号，或者根据表 5.2 选取。

齿轮中心距极限偏差可选自用软件设计该对齿轮传动所得的中心距极限偏差，也可从[1]→【齿轮传动】→【渐开线圆柱齿轮传动】→【精度】→【中心距偏差】中选取。在装配图中要用相关齿轮传动精度方面的一些数据均可从这些地方获取。在装配图中还有一些配合代号的标注，如端盖与箱座之间的配合，除了参考同类减速器设计外，也可从[1]→【零部件设计基础标准】→【公差与配合】→【极限与配合】→【常用数据】→【优先及常用配合的特征及应用】适当选取。

减速器的特性可以以表格形式将这些参数列出，也可以直接用文字写出，其目的是标明设计的减速器的各项运动和动力参数。

由于装配、调整、检验、维护等方面的设计要求是无法用符号、数据表达清楚的，所以在装配图上要用文字加以说明，以保证减速器的各种性能，这些设计要求就是技术要求。

表 5.2 减速器主要零件的推荐用配合

配合零件	推荐用配合	装拆方法
一般情况下的齿轮、蜗轮、带轮、链轮、联轴器与轴的配合	H7/r6；H7/n6	用压力机
小圆锥齿轮及经常拆卸的齿轮、蜗轮、带轮、链轮、联轴器与轴的配合	H7/m6；H7/k6	用压力机或手锤打入
蜗轮轮缘与轮芯的配合	轮箍式：H7/s6 螺栓联接式：H7/h6	轮箍式用加热轮缘或用压力机推入，螺栓联接式可徒手装拆
滚动轴承内圈孔与轴、外圈与机体孔的配合	内圈与轴：j6；k6 外圈与孔：H7	温差法或用压力机
轴套、甩油盘与轴的配合	D11/k6；F9/k6；F9/m6；H8/h7；H8/h8	徒手装配与拆卸
轴承套环与箱体孔的配合	H7/js6；H7/h6	
轴承盖与箱体孔(或套杯孔)的配合	H7/d11；H7/f8；H7/h8	

技术要求通常包括下面几方面的内容：

(1) 对零件的要求 所有零件的配合都要符合设计图纸的要求，并且在使用前要用煤油或汽油清洗。箱体内不许有任何杂物存在，箱体内应清洗干净，箱体内壁应涂上防侵蚀的涂料。

(2) 对润滑剂的要求 润滑剂具有减少摩擦、降低磨损、散热冷却及减振、防锈作用，对传动性能有很大影响。所以技术条件要求中应表明传动件和轴承所用的润滑剂的牌号、用量、补充和更换时间。具体选择润滑剂的方法、型号见第 4 章 4.4 减速器的润滑。

(3) 对密封的要求 在试运转过程中，减速器所有的连接面和密封处都不允许漏油。剖分面允许涂以密封胶水或水玻璃，但不允许使用任何垫片。

(4) 对滚动轴承轴向游隙的要求 当两端固定的轴承结构中采用不可调间隙的轴承(如深沟球轴承)时，可在端盖与轴承外圈端面间有适当的轴向间隙 Δ，以允许轴的热伸长，一般取 $\Delta = (0.2 \sim 0.4)$ mm。当轴的支点间距离较大，运转温度升高时，取大值。间隙的大小可以用垫片调整。调整垫片可采用一组厚度不同的软钢(通常用 08F)薄片组成，其总厚度在 $1.2 \sim 2$ mm 之间(详见 4.3.7 轴承盖和调整垫片)。

(5) 对传动副的侧隙与接触斑点的要求 在安装齿轮或蜗杆蜗轮时，为了保证传动副的正常运转，必须保证必要的侧隙及足够多的齿面接触斑点。所以在技术要求中必须提出这方面的具体数值，供安装后检验用。侧隙和接触斑点的数值由传动精度确定，可从[1]→【齿轮传动】→【渐开线圆柱齿轮传动】→【精度】中查取。

传动侧隙的检查可以用塞尺或铅片塞进相互啮合的两齿面间，然后测量塞尺厚度或铅片变形后的厚度。

以上要求可视具体情况填写，也可参考同类减速器中的技术要求并结合所设计减速器的特点来填写。

尧创 CAD 机械绘图软件的优点之一，是在图幅中比例设置好后，标注尺寸时可以不去

考虑比例,该软件可以根据设计中所确定的实际尺寸,把它标注出来。另外序号的标注、序号的对齐、明细表、标题栏的填写等都特别方便。

5.4　减速器装配图常见的错误分析

初次设计时常会出现这样那样的错误,这是很正常的事。以下是学生在绘制装配图中一些常见的错误。为了便于在设计中尽量减少错误,最好是在绘图之前先认真分析一下这些例子,同时在设计过程中也能经常与这些例子进行对照,以防自己在绘图中出现类似的情况。

5.4.1　圆柱齿轮减速器装配图常见的错误分析

在图 5.25 的圆柱齿轮减速器中,标注数字处是设计中常出现的错误,现对这些错误说明如下:

1. 轴承用润滑油,但油不能导入油沟。
2. 螺栓杆与被联接件的螺栓孔表面应有间隙。
3. 观察孔设计得太小,不便于检查齿轮的啮合情况,并且没有设计垫片密封。
4. 箱盖与箱座接合面应画成粗实线。
5. 启盖螺钉设计得过短,无法启盖。
6. 油尺位置不够倾斜(或设计得太靠上),使得油尺孔座难以加工,且油尺无法装拆。
7. 油塞孔端处的箱体没有设计凸起,油塞与箱体之间没有封油圈,且油塞位置设置过高,很难排干净箱体内的残油。
8.、16. 轴承座孔的端面应设计成凸起的加工面,减少箱体表面的加工面积。
9. 垫片的孔径太小,端盖不能装入。
10. 轴套太厚,高于轴承内圈,不能通过轴承的内圈来拆卸。
11. 输油沟中的油很容易直接回到箱体内,不能很好地润滑轴承。
12. 齿轮宽度相同,不能保证齿轮在全齿宽上啮合,且齿轮的啮合画法不对。
13. 轴与齿轮轮毂段同长,轴套不能可靠地固定齿轮。
14. 键槽的位置紧靠轴肩,加大了轴肩处的应力集中。
15. 键槽的位置离轴段端面太远,齿轮轮毂上的键槽在装配时不易对准轴上的键。
17. 轴承盖在周向应对称开设多对缺口,以便在安装时其缺口容易与油沟对齐。
18. 透盖不能与轴接触。
19. 螺钉杆与轴承盖螺钉孔应有间隙。
20. 外接零件端面与箱体端面距离太近,不便于轴承盖螺钉的拆卸。
21. 轴承座孔应设计成通孔。
22. 轴段太长,应设计成阶梯轴,以便于轴的加工和轴上零件的装拆。

图 5.25 中还有一些没有用字母标注出的错误,请自行找出并分析其错误原因。

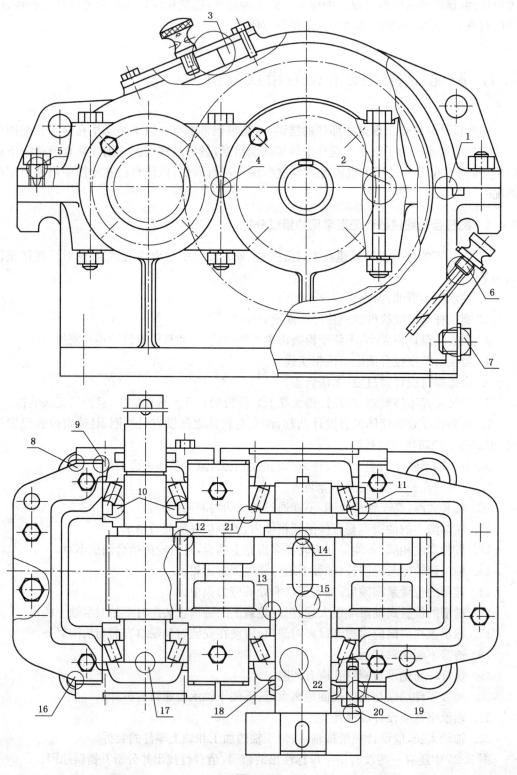

图 5.25

5.4.2 圆锥齿轮减速器中轴系图常见的错误分析

在图 5.26～图 5.31 的圆锥齿轮减速器轴系图中,标注数字处是设计中常出现的错误,现对这些错误说明如下:

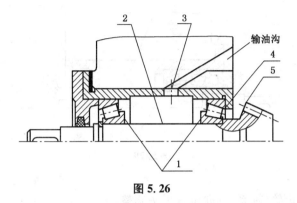

图 5.26

在图 5.26 中:

1. 轴承内圈未轴向固定,整个轴系有可能轴向移动。
2. 右端轴承内圈的装拆所经距离过长,装拆不方便,且轴的精加工表面过长。
3. 输油沟与套杯进油孔装配时不一定会对准,油路有可能不通。
4. 套杯挡肩过高,轴承外圈拆卸困难。
5. 齿轮外径大于套杯挡肩内孔直径,轴承需要在套杯内装拆,比较麻烦。

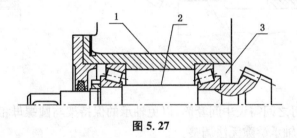

图 5.27

在图 5.27 中:

1. 配合面过长。
2. 右端轴承无法装入,轴承游隙无法调整。
3. 若为脂润滑,则应设甩油盘。

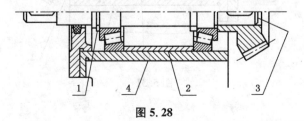

图 5.28

在图 5.28 中:

1. 采用弹性挡圈,无法调整轴承游隙。

2. 采用套筒,整个轴系不能轴向定位和固定。

3. 齿轮无轴端挡圈。

4. 配合面过长。

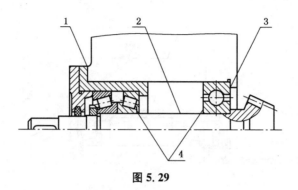

图 5.29

在图 5.29 中:

1. 无调整垫片,齿轮(轴系)轴向位置无法调整。

2. 右端轴承的装拆距离及精加工表面过长。

3. 外圈固定,轴承无法向右游动;有孔肩,箱体镗孔不方便,此处无需挡肩。

4. 两端轴承内圈均需轴向固定。

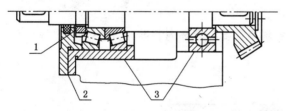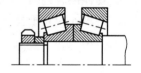

图 5.30

在图 5.30 中:

1. 内圈与圆螺母之间需设中间套筒,以免轴承的保持架与圆螺母相碰。

2. 无调整垫片,轴承游隙无法调整。

3. 两端轴座孔的直径不同,镗孔不方便,不易保证精度。

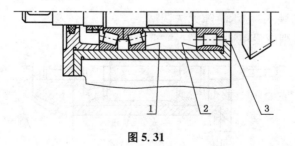

图 5.31

在图 5.31 中:

1. 此处应轴向固定,以固定轴系的轴向位置。

2. 该轴承外圈需轴向双向固定。

3. 挡肩太高,外圈拆卸困难,若把此挡肩改为弹性挡圈或采用轴与齿轮分开制造的结构,则轴承可在套杯外拆卸。

5.4.3　蜗杆减速器中轴系图常见的错误分析

在图 5.32～图 5.36 的蜗杆减速器轴系图中,标注数字处是设计中常出现的错误,现对这些错误说明如下:

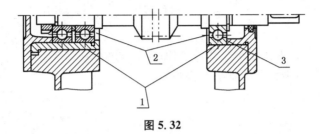

图 5.32

在图 5.32 中:

1. 两端轴孔直径不等,镗孔不方便,不易保证精度。
2. 无挡油盘。
3. 外圈被顶紧,轴承不能轴向游动。

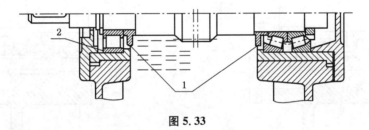

图 5.33

在图 5.33 中:

1. 改用溅油盘,因蜗杆浸油深度不够。
2. 外圈需要轴向固定。

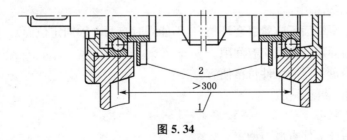

图 5.34

在图 5.34 中:

1. 蜗杆支承距离大于 300 mm,一般不采用两端固定支承,而采用一端固定、一端游动支承。
2. 挡油盘直径大于轴承座孔径,无法装入箱体。

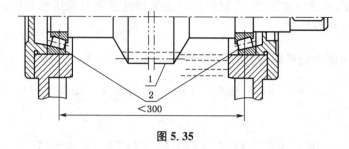

图 5.35

在图 5.35 中：

1. 蜗杆齿顶圆直径大于轴承座孔径直径，无法装入箱体。

2. 轴承浸不到油，需要解决轴承润滑问题。

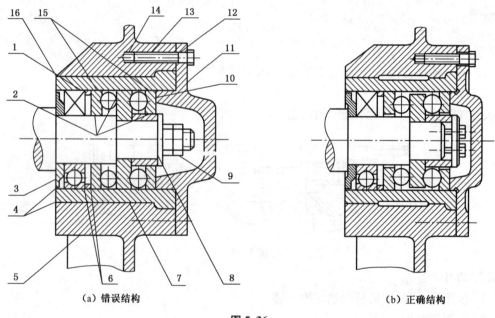

（a）错误结构　　　　　　　　　　　　　　（b）正确结构

图 5.36

在图 5.36(a)错误结构中：

1. 深沟球轴承端面不应紧靠套环挡肩(不能同时有两个轴向定位面)。

2. 转动件与固定件之间应有间隙。

3. 车制挡油盘不及冲压件价格便宜。

4. 没有倒角，装配不便。

5. 应有铸造斜度。

6. 结构转角处最好有退刀槽。

7. 不应同时存在两个精确配合面，图中主要配合面过长。

8. 轴端压板不能压紧套筒。

9. 双螺母占空间位置较大。

10. 轴向接触轴承游隙无法调整。

11. 加工面太大。

12. 应留有间隙。

13. 螺钉过长。

14. 螺纹孔画错。

15. 应留有间隙。

16. 不应设计成尖边结构。

对(a)图改正后为正确的结构,如(b)图所示。

第6章 零件图的绘制

6.1 零件图绘制要求与方法

在装配图完成之后,可绘制装配图中非标准零件的工作图(以下简称零件图)。零件图是零件制造、检测和制定工艺规程的基本文件。所以零件图除了反映设计者的设计意图外,又必须具备制造、使用的可能性和合理性。因此零件图必须保证图形、尺寸、技术要求和标题栏等基本内容的完整、无误、合理。对零件图的基本要求如下:

(1) 每个零件图应单独绘制在一个标准图幅中,结构和主要尺寸与装配图一致。

(2) 合理安排视图,以便清楚地表达结构形状及尺寸数值。主要视图必须是最能反映零件结构特征的,且以零件的工作位置、安装位置绘制,或者以零件的加工位置绘制,局部结构可以另行放大绘制。

(3) 正确标注零件图的尺寸,选好基准面,重要尺寸直接标出,尺寸应标注在最能反映零件结构特征的视图上。对要求精确的尺寸和配合尺寸,必须标注尺寸极限偏差。标注尺寸应做到完整,便于加工,避免重复、遗漏、封闭及数值差错。

(4) 运用符号或数值表明制造、检验、装配的技术要求。如表面粗糙度、形位公差等。对于不便使用符号和数值表明的技术要求,可用文字列出,如材料、热处理、安装要求等。

(5) 所有表面都必须注明表面粗糙度,重要表面可以单独标注,当数量较多的表面具有相同表面粗糙度时,可以统一标注。粗糙度的数值根据表面作用及制造经济性原则选取。

(6) 尺寸公差和形位公差都必须根据表面的作用和必要的制造经济精度确定。

(7) 对齿轮、蜗轮等传动零件,必须列出主要几何参数、精度等级及项目的啮合特性表。

(8) 零件图右下角必须画出标题栏,格式和尺寸可按国家标准规定的格式绘制,也可采用《机械制图》等资料上推荐的格式。当采用尧创 CAD 等机械绘图软件时,标题栏可直接插入。

在计算机把装配图绘制完成后,计算机上绘制零件图除了遵守上述要求之外,它还有与手工绘制零件图不同的特点。这些不同的特点使得绘制零件图更加方便、更加快捷。当然,在计算机上把装配图绘制完成以后,在计算机绘制不同的零件图所用的方法有所差异,但它们有一些共性的地方。下面以图 5.24 单级圆柱齿轮减速器装配图中的箱座为例,叙述用尧创 CAD 机械绘图软件绘制零件图时一些共性的做法,具体为:

(1) 新建一个有边框、有标题栏的 GBA1 幅面的文件,将绘图比例设置为 1∶1.5,并在标题栏内填入相关内容,如图 6.1 所示。绘图比例可以和装配图中的比例一样,也可以不同,也可以按 1∶1 设置。绘图比例的设置完全是根据需要设置。装配图中的比例是 1∶2,这里取比例 1∶1.5 是考虑到这样设置后,箱座的几个视图(包括标注的尺寸、技术要求)在

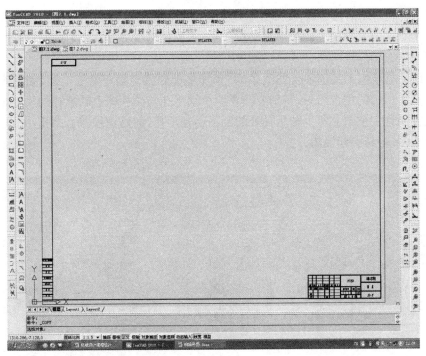

图 6.1

图中显得较为饱满,看起来更为清晰。

(2) 打开原先用尧创 CAD 机械绘图软件绘制完成的图 5.24 减速器装配图,然后关闭 DIM(尺寸线)层、Hatch(剖面线)层、Text(文本)层,如图 6.2 所示。

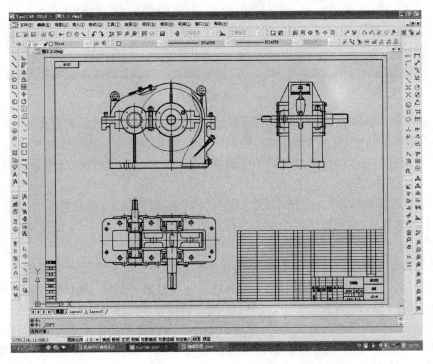

图 6.2

（3）用复制与粘贴命令，将图 6.2 中与箱座有关的部分复制到新建的文件中并保存，如图 6.3 所示。这时复制进去的图形自动按 1∶1.5 的比例生成。在以后的尺寸标注、距离测量等中不受该比例的影响。

（4）删除与箱座无关的零件与线条，并稍加整理后得到箱座的三视图，如图 6.4 所示。在整理图 6.4 所示的主视图时，特别要注意两个轴承孔与俯视图上轴承孔的尺寸是否一致。因为原先复制到主视图上两个轴承孔处的圆不是轴承孔，而是轴承盖上的孔，并且它与轴承孔尺寸差不多，容易引起混淆。

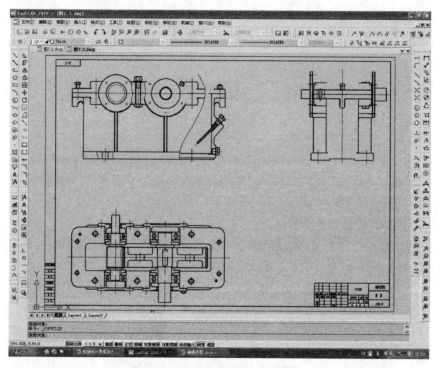

图 6.3

（5）绘制箱座如倒角、小圆角、螺纹等的细部结构，并绘制剖视图、向视图等一些局部视图，作一些必要的修改，并画上剖面线，得到如图 6.5 所示完全反映箱座结构的全部视图。因为这一过程进一步反映所画零件图的正确性，所以一定要认真对待，仔细分析，避免出现错误。

（6）最后在图中标注尺寸、尺寸公差、形位公差、表面粗糙度、剖切符号、向视图符号及名称，写上技术要求，补写标题栏中相关内容。图 6.6 为完成后图 5.24 装配图中箱座的零件图。

标注与其他零件配合处的尺寸公差，是根据装配图中相应配合处所确定的公差代号进行的。如图 5.24 中低速轴处轴承与箱座配合的尺寸代号为 $\phi110H7$，则在标注尺寸时取该圆两端点，取前缀 ϕ 后，点击【公差带…】选中 H7，则计算机自动将这个尺寸标注为 $\phi110_{0}^{+0.035}$。

除了配合处需要标注尺寸公差外，减速器中一些零件在某些非配合处（如箱座高度）也要求标注尺寸公差，这些尺寸公差的标注可以参考本章下面几节中所述的内容，也可以参考[1]→【零部件设计基础标准】→【公差与配合】。

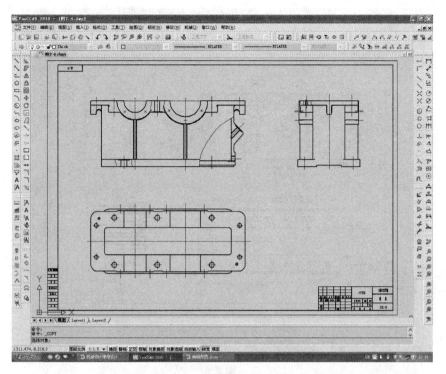

图 6.4

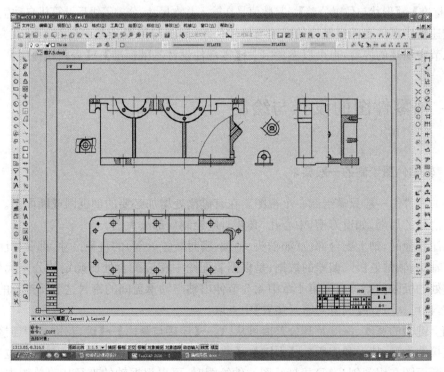

图 6.5

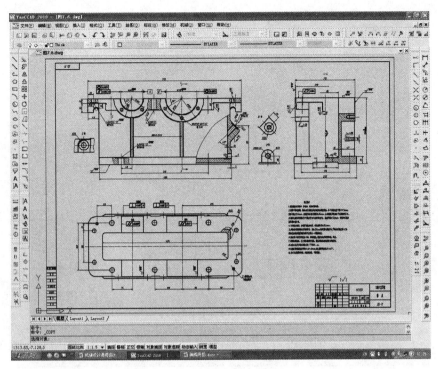

图 6.6

减速器中零件形位公差的标注,也可以参考本章下面几节中所述的内容或[1]→【零部件设计基础标准】→【形状与位置公差】。其数值是在输入基本尺寸、公差等级后计算机自动生成的。

减速器中零件表面粗糙度的标注与尺寸公差、形状与位置公差一样除了可以参考本章下面几节中所述的内容,也可以参考[1]→【零部件设计基础标准】→【表面粗糙度】。

6.2　轴零件图的设计与绘制

6.2.1　轴零件图绘制的一般要求

轴的零件图一般只需绘制一个视图。在有键槽处增加必要的剖视图或断面图。对于不易表达清楚的局部,如退刀槽、中心孔,必要时应绘制局部放大图。

标注直径时,轴上配合部位(如轴头、轴颈、密封装置处等)的直径尺寸,都要标注出极限偏差。轴头、轴颈处极限偏差的数据,是根据装配图中相应配合处所确定的公差代号来的。而密封处的极限偏差可根据第 4 章中 4.5 节伸出轴与轴承盖间的密封这节所推荐的极限偏差而定,也可从[1]→【润滑与密封装置】中查取。

轴上键槽的宽度、深度及其公差值可从[1]→【连接与紧固】→【键、花键和销连接】→【键和键连接的类型、特点和应用】→【平键】→【普通平键】中查取。另外,轴上键槽的宽度、深度包括其断面图在用尧创 CAD 机械绘图软件绘图时,可以根据轴的直径从菜单栏中的【机械(J)】→【机械图库(B)】→【参数化零件库】→【键与键槽】→【普通平键槽(轴)】直接提取。也

可点击尧创 CAD 机械绘图软件图标【标准件】→【键与键槽】→【键槽】→【普通平键槽（轴）】据轴的直径直接提取。但在提取图形时,应在相应轴直径的范围内输入绘制该键槽处的直径。为了检验方便,键槽深度一般标注 $d-t$ 值及公差。键槽对轴中心线的对称度公差其精度按 7~9 级选取。

  轴上的各重要表面,应标注形位公差,以保证减速器的装配质量和工作性能。轴形位公差标注时推荐的项目及精度见表 6.1、表 6.2。

表 6.1   轴的形位公差推荐项目

内 容	项 目	符 号	对工作性能的影响
形状公差	配合表面的圆度、圆柱度	○ ⌭	影响传动零件、轴承与轴的配合性质及对中
位置公差	配合表面相对于基准轴线的径向圆跳动、全跳动、同轴度	↗ ⌰ ◎	影响传动零件或轴承的运转偏心
	齿轮、轴承的定位端面对其配合表面的端面圆跳动、全跳动	↗ ⌰	影响齿轮、轴承的定位精度及受载的均匀性
	键槽相对轴中心线的对称度	═	影响键受载的均匀性及装拆的难易程度

表 6.2   轴加工表面的形位公差推荐用值

内容	轴的加工表面	相配合的零件	形 位 公 差				
圆柱度	轴颈、轴头	滚动轴承、齿轮、蜗轮	取配合表面直径公差的 1/4,或取圆柱度公差等级为 6~7 级				
		带轮、联轴器	取配合表面直径公差的 0.6~0.7 倍,或取圆柱度公差等级为 7~8 级				
径向跳动	轴颈	滚动轴承	IT6（滚动轴承）、IT5（滚子轴承）,或取径向跳动公差等级为 6~7 级				
	轴头	圆柱齿轮 圆锥齿轮	第 I 公差组精度等级	6	7、8	9	
				2IT3	2IT4	2IT5	
		蜗杆、蜗轮			2IT5	2IT6	
		联轴器、链轮	轴的转速 n(r/min)	300	600	1 000	1 500
			(mm)	0.08	0.04	0.024	0.016
		橡胶油封	轴的转速 n(r/min)	≤500	>500~1 000	>1 000~1 500	
			(mm)	0.1	0.07	0.05	
端面跳动	轴肩	滚动轴承	(1~2)IT5（球轴承）,(1~2)IT4（滚子轴承）				
		齿轮、蜗轮（毂孔长径比<0.8）	第 II 公差组精度等级	6	7、8	9	
				2IT3	2IT4	2IT5	
对称度	键槽侧面	平键	按 IT7~IT9 级查取				

　　轴的各表面一般都要进行加工,其表面粗糙度值按表 6.3 选取。若较多表面具有同一粗糙度值,可在标题栏附近标出。

　　凡在零件图上不便使用图形或符号,而在制造时又必须遵循的要求和条件,可在技术要求中用文字说明。轴类零件图的技术要求包括:

　　(1) 对材料的机械性能、化学成分的要求及允许的代用材料。

　　(2) 对材料表面机械性能的要求,如热处理方法、热处理后的硬度、渗碳深度、淬火深度等。

　　(3) 对机械加工的要求,如是否要保留中心孔。若要保留中心孔,应在零件图上画出或按国标加以说明。

　　(4) 对于未注明的圆角、倒角的说明,个别部位的修饰加工要求,以及对较长的轴要求毛坯校直等。

　　轴零件图图例见图 6.8。

表 6.3　轴加工表面的粗糙度推荐用值　　　　　　　　　　　　　　　　(μm)

加工表面	表面粗糙度(R_a)		
与传动零件、联轴器等零件毂孔配合表面	3.2～0.8		
与普通级滚动轴承内圈配合的表面	1.6～0.8(轴承内径 $d \leqslant 80$ mm) 3.2～1.6(轴承内径 $d > 80$ mm)		
与传动零件、联轴器基准端面配合的轴肩表面	6.3～3.2		
与滚动轴承面配合的轴肩表面	3.2～1.6		
平键槽表面	6.3～3.2		
与密封件相接触的表面	毡圈油封	橡胶油封	间隙或迷宫油封
	接触处轴的线速度(m/s)		3.2～1.6
	≤3	＞3～5	＞5～10	
	3.2～1.6	0.8～0.4	0.4～0.2	
螺纹加工表面	0.8(精密精度螺纹),1.6(中等精度螺纹)		
其他表面	6.3～3.2(工作面),12.5～6.3(非工作面)		

6.2.2　轴零件图在计算机上的绘制

　　由于减速器的装配图是在计算机上绘制完成的,所示轴零件图的绘制与前面所述的箱座零件图绘制方法类似,具体操作为:

　　(1) 新建一个有边框及有标题栏的 GBA3 幅面的文件,绘图比例设置为 1∶1,并在标题栏内填入相关内容,其界面与图 6.1 基本一样。

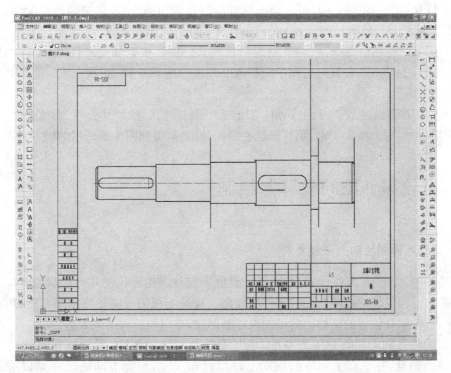

图 6.7

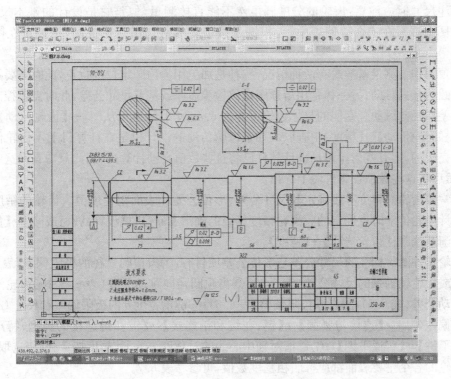

图 6.8

（2）打开原先用尧创 CAD 机械绘图软件绘制完成如图 5.24 的减速器装配图,然后关闭 DIM(尺寸线)层、Hatch(剖面线)层、Text(文本)层,如图 6.2 所示。

（3）用复制与粘贴命令,将轴复制到新建的文件中。根据轴类零件"以零件的加工位置"绘制零件图的原则,在复制过程中应把在装配图中的轴旋转 90°或 −90°,使其处于水平位置,如图 6.7 所示。

（4）剪切掉多余的线条,画上圆角,移出断面图,标注尺寸、尺寸公差、形位公差、表面粗糙度、剖切符号,写上技术要求,填写标题栏中相关内容,得到图 6.8 所示的轴零件图。

6.3　齿轮零件图的设计与绘制

6.3.1　齿轮零件图绘制的一般要求

齿轮的零件图一般需一个或两个视图,就能完整地表达齿轮的几何形状与各部分尺寸和加工要求。齿轮轴的视图与轴的零件图相似。齿轮主视图可将轴线水平布置,用剖视表达孔、轮毂、轮辐和轮缘的结构。键槽的尺寸和形状,亦可用断面图来表达。

齿轮的轴孔和端面既是工艺基准,也是测量和安装的基准,所以标注尺寸时以轴孔的中心线为基准,在垂直于轴线的视图上注出径向尺寸,齿宽方向的尺寸则以端面为基准标出。

标注尺寸时应注意:齿轮的分度圆虽然不能直接测量,但是它是设计的基本尺寸,应标注在图上或写在啮合特性表中,齿根圆是按齿轮参数切齿后形成的,按规定在图上不标注。

齿顶圆作为测量基准时有两种情况:一种是加工用齿顶圆定位或找正,此时需要控制齿坯齿顶圆的径向跳动;另一种是用齿顶圆定位检验齿厚或基节尺寸公差,此时需要控制齿坯顶圆公差和径向跳动。它们的具体数值可查表 6.4、表 6.5,也可从[1]→【齿轮传动】→【渐开线圆柱齿轮传动】→【精度】中查取。如果齿轮传动的设计也是在计算机上用齿轮传动设计软件完成的,则有些齿轮传动设计软件已将这些数值自动计算出,因此只需查阅这些数值就可,然后将这些数值在零件图上标出。

通常按齿轮的精度等级确定其尺寸公差、形位公差和表面粗糙度值。齿轮的精度等级是在设计齿轮传动时就确定的。齿轮精度等级的确定参阅《机械设计》教材或[1]→【齿轮传动】→【渐开线圆柱齿轮传动】→【精度】。

齿轮零件图需标注的尺寸公差与形位公差项目有:①齿顶圆直径的极限偏差(表 6.4);②轴孔或齿轮轴轴颈的尺寸公差(表 6.4);③齿顶圆径向跳动公差(表 6.5);④齿轮端面的端面跳动公差(表 6.5);⑤齿厚极限偏差(表 6.6);⑥键槽宽度 b 的极限偏差和尺寸 $(d+t_1)$ 的极限偏差([1]→【连接与紧固】→【键、花键和销连接】→【键和键连接的类型、特点和应用】→【平键】→【普通平键】);⑦键槽对轴中心线的对称度公差,其精度按 7～9 级选取。

齿轮的各个主要表面都应标明粗糙度数值,可参考表 6.7。

表 6.4　圆柱齿轮轮坯公差

齿轮精度等级		6	7	8	9
孔	尺寸、形状公差	IT6	IT7		IT8
轴	尺寸、形状公差	IT5	IT6		IT7
顶圆直径公差			IT8		IT9

注：① 齿轮的 3 个公差组的精度等级不同时，按最高的精度等级选取；
　　② 当顶圆作为基准面时，必须考虑顶圆的径向跳动，见表 6.5。

表 6.5　齿坯基准面径向和端面跳动公差

分度圆直径（mm）		精度等级		
大于	到	5 和 6	7 和 8	9 到 12
—	125	11	18	28
125	400	14	22	36
400	800	20	32	50

表 6.6　齿厚极限偏差代号

分度圆直径（mm）		法面模数（mm）								
		>1～3.5			>3.5～6.3			>6.3～10		
		Ⅱ组精度等级								
大于	到	7	8	9	7	8	9	7	8	9
—	80	HL	GK	FH	GJ	FH	FH	GJ	FH	FH
80	125	HL	GK	GJ	GJ	GJ	FH	GJ	FH	FH
125	180	HL	GK	GJ	GJ	GK	FH	FH	FH	FH
180	250	HL	HL	GJ	HK	GK	FH	GJ	GJ	FH
250	315	JL	HL	GJ	HL	GK	GJ	HK	GJ	FH
315	400	KM	HL	HK	HK	GK	GJ	HK	GJ	GJ
400	500	JL	HL	JL	JL	HL	HK	HK	GK	GJ
500	630	KM	HL	JL	JL	HL	HK	HK	GK	GJ

表 6.7　圆柱齿轮主要表面粗糙度　　　　　　　　　　　　　　　　　　（μm）

加　工　表　面		粗糙度值（R_a）				
		齿轮第 Ⅰ 组精度等级				
		6	7	8	9	10
轮齿工作表	法向模数≤8	0.4	0.8	1.6	3.2	6.3
	法向模数>8	0.8	1.6	3.2	6.3	6.3
齿轮基准孔（轮毂孔）		0.8	1.6～0.8	1.6	3.2	3.2

续表 6.7

加 工 表 面		粗糙度值(R_a)				
		齿轮第Ⅰ组精度等级				
		6	7	8	9	10
齿轮基准轴颈		0.4	0.8	1.6	1.6	3.2
齿轮基准端面		1.6	3.2	3.2	3.2	6.3
齿顶圆	作为基准	1.6	3.2~1.6	3.2	6.3	12.5
	不作为基准	6.3~12.5				
平键键槽		3.2(工作面),6.3(非工作面)				

倒角、圆角和铸(锻)造斜度应逐一标注在图上或写在技术要求中,尺寸公差、形位公差、表面粗糙度应标注在视图上。

齿轮零件图上的啮合特性表可从尧创CAD机械绘图软件中直接插入,且安置在图纸的右上角,该表中包括齿轮的主要参数及测量项目。原则上齿轮的啮合精度等级、齿厚极限偏差代号、齿坯形位公差等级应按齿轮运动及负载性质等因素,结合制造工艺水准决定。具体检测项目及数值的确定见[1]→【齿轮传动】→【渐开线圆柱齿轮传动】→【精度】,或者从软件设计齿轮传动中已得的相关数据取得。齿轮啮合特性表的格式见图6.10。

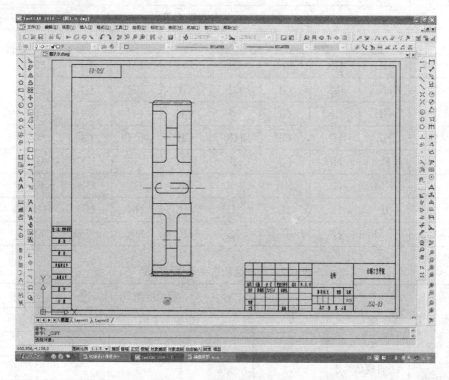

图 6.9

6.3.2 齿轮零件图在计算机上的绘制

齿轮零件图在计算机上的绘制与轴零件图在计算机上的绘制基本相同,也是新建一个带有边框及标题栏文件后,将装配图中的齿轮复制后旋转 90°粘贴到新文件中,如图 6.9 所示。然后对该齿轮进行整理,如画上圆角、倒角。再画上局部视图以表达键槽形状,插入并填写特性表,标注尺寸、尺寸公差、形位公差、表面粗糙度,写上技术要求,填写标题栏中相关内容。最后得到如图 6.10 所示的齿轮零件图。

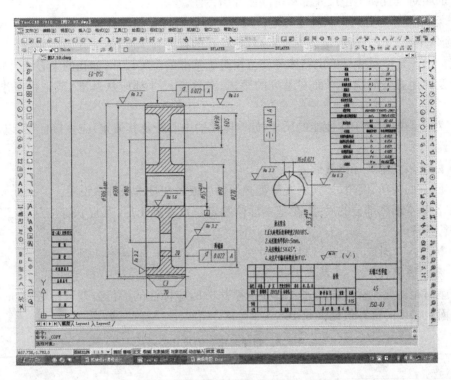

图 6.10

从以上所述的内容中可以看出,绘制的齿轮零件图实际上是圆柱齿轮的零件图。对于齿轮轴、圆锥齿轮、蜗杆、蜗轮的零件图也可以参照圆柱齿轮零件图绘制的方法进行。

6.4 箱体零件图的设计与绘制

6.4.1 视图的安排

铸造箱体通常设计成剖分式,由箱座及箱盖组成。因此箱体零件图应按箱座、箱盖两个零件分别绘制。箱座、箱盖的外形及结构均比轴、齿轮等零件复杂。为了正确、完整地表明各部分的结构形状及尺寸,通常采用三个主要视图外,还应根据结构、形状的需要增加一些必要的局部视图、向视图及局部放大图。

6.4.2　标注尺寸与形位公差

1. 标注尺寸

箱体的尺寸标注要比轴、齿轮复杂得多。标注时应注意以下几点：

1) 选好基准。最好采用加工基准作为标注尺寸的基准，这样便于加工和测量。如箱座和箱盖高度方向的尺寸最好以剖分面（加工基准面）或底面为基准，箱体长度方向的尺寸可取轴承座孔中心线为基准，箱体宽度方向尺寸应采用宽度对中心线作为基准。基准选定后，各部分的相对位置和定位尺寸都从基准面开始标注。

2) 箱体尺寸可分为形状尺寸和定位尺寸。形状尺寸是箱体各部位形状大小的尺寸，如壁厚、圆角半径、箱的深度、箱体的长宽高、各种孔的直径和深度、螺纹孔的尺寸等，这类尺寸应直接标出。定位尺寸是确定箱体各部位相对于基准的位置尺寸，如孔的中心线、轴线的中心位置及其他有关部位的平面与基准的距离，对这类尺寸都应从基准（或辅助基准）直接标注。

3) 对于影响机械工作性能的尺寸（如箱体孔的中心距及其偏差）应直接标出，以保证加工正确性。

4) 配合尺寸都要标出其偏差。

5) 所有的圆角、倒角、拔模斜度等都必须标注或者在技术条件中说明。

6) 各基本形体部分的尺寸，在基本形体的定位尺寸标出后，其形状都应从自己的基准出发进行标注。

7) 标注尺寸时应避免出现封闭尺寸链。

2. 尺寸公差、形位公差及表面粗糙度

箱座与箱盖上应标注的尺寸公差可参考表6.8，应标注的形位公差可参考表6.9，箱体加工表面粗糙度的推荐值见表6.10。

表 6.8　箱座与箱盖的尺寸公差

名　称	尺寸公差值	
箱座高度	h11	
两轴承孔外端面之间的距离 L	有尺寸链要求时	(1/2)IT11
	无尺寸链要求时	h14
箱体轴承座孔中心距偏差 ΔA_0	$\Delta A_0 = (0.7 \sim 0.8)f_a$	f_a 为中心距极限偏差

表 6.9　箱体形位公差推荐项目及数值

内容	项　目	符号	推荐等级精度（或公差值）	对工作性能的影响
形状公差	轴承座孔圆柱度	⌭	普通级轴承选6～7级	影响箱体与轴承的配合性能及对中
	箱体剖分面的平面度	▱	7～8级	

续表 6.9

内容	项　　目	符号	推荐等级精度(或公差值)	对工作性能的影响
位置公差	轴承座孔的中心线对其箱面的垂直度	⊥	普通级轴承选 7 级	影响轴承固定及轴向受载的均匀性
	轴承座孔的中心线对箱体剖分面在垂直平面上的位置度	⊕	公差值≤0.3 mm	影响镗孔精度和轴系装配,影响传动件的传动平衡性及载荷分布的均匀性
	轴承座孔中心线相互间的平行度	//	以轴承支点跨距代替齿轮宽度,根据轴线平行度公差数值查出	影响传动件的传动平稳性及载荷分布的均匀性
	圆锥齿轮减速器及蜗轮减速器的轴承孔中心线相互间的垂直度	⊥	根据齿轮和蜗轮精度确定	
	两轴承座孔中心线的同轴度	◎	7~8 级	影响减速器的装配及传动件载荷分布的均匀性

表 6.10　减速器箱体主要表面粗糙度值　　　　　　　　　　　　(μm)

加工表面	表面粗糙度值(R_a)
减速器剖分面	3.2~1.6
与普通精度滚动轴承配合的孔表面	1.6(孔≤80 mm),3.2(孔>80 mm)
轴承座外端面	6.3~3.2
减速器底面	12.5
油沟及窥视孔平面	12.5
螺栓孔及沉头座	12.5
圆锥销孔	3.2~1.6

3. 技术要求

减速器箱座、箱盖的技术要求可包括以下内容:

1) 箱座铸成后应清砂,修毛刺,进行时效处理。

2) 铸件不得有裂缝,结合面及轴承孔内表面应无蜂窝状孔,单个缩孔深度不得大于 3 mm,直径不得大于 5 mm,其位置距外缘不得超过 15 mm,全部缩孔面积应小于总面积的 5%。

3) 轴承孔端面的缺陷尺寸不得大于加工表面的 15%,深度不得大于 2 mm,位置应在轴承盖的螺钉孔外面。

4) 装观察孔的支承面,其缺陷深度不得大于 1 mm,宽度不得大于支承面宽度的 1/3,

总面积不大于加工面的 5%。

5）与箱盖合箱后，分箱面边缘应对齐，每边错位不大于 2 mm。

6）应检查与箱盖结合面的密封性，用 0.05 mm 塞尺塞入深度不大于结合面宽度的 1/3，用涂色法检查接触面积达每平方厘米一个接触斑点。

7）剖分面上的定位销孔加工时，应将箱盖、箱座合起来进行配钻、配铰。

8）与箱盖连接后，打上定位销进行镗孔，镗孔时结合面处禁放任何衬垫。

9）未注公差尺寸的公差按 GB/T 1804－m。

10）加工后应清除污垢，内表面涂漆，不得漏油。

11）形位公差中不能用符号表示的要求，如轴承座孔轴线间的平行度、偏斜度等。

12）铸件的圆角及斜度。

以上要求不必全部列出，可视具体设计列出其中重要项目即可，如图 6.6。

6.4.3　箱体零件图的绘制

在计算机上绘制箱体零件图的方法，可按本章 6.1 节中所述的方法进行。

6.5　减速器中其他零件图的设计与绘制

减速器中除了箱座、齿轮、轴等这些非标准件外，还有如轴承端盖、甩油盘等一些非标准件。为了将这些非标准件加工出来，也应当绘制其零件图。这些零件图在计算机上的绘制方法除了与前面所述的箱座、齿轮等有相同的地方外，它们还有一些不同的地方。由于这些非标准件品种较多，所以尺寸公差、形位公差、粗糙度的标注除了与上面所述相同的地方可以参考外，不同的地方可以用在《公差与配合》课中所学的知识，然后查阅[1]→【零部件设计基础标准】→【公差与配合】、[1]→【零部件设计基础标准】→【形状与位置公差】、[1]→【零部件设计基础标准】→【表面粗糙度】进行标注。下面以图 5.24 装配图中零件序号为 1 的低速轴轴承端盖和零件序号为 7 的低速轴轴承透盖为例，叙述这些零件的绘制。

图 6.11 为图 5.24 减速器中的俯视图，从该图中可以看出零件序号为 1 的端盖和零件序号为 7 的透盖形状基本一样，尺寸基本一致。所不同的是序号为 7 的透盖里面装有密封圈，并且装密封圈处的厚度比零件序号为 1 的端盖相应处的厚度要大。同样，零件序号为 13 的高速轴轴承端盖与零件序号为 17 的高速轴轴承透盖形状和尺寸也基本一致。利用它们之间这些相同之处来绘制其各自的零件图，会极大地提高绘图效率。

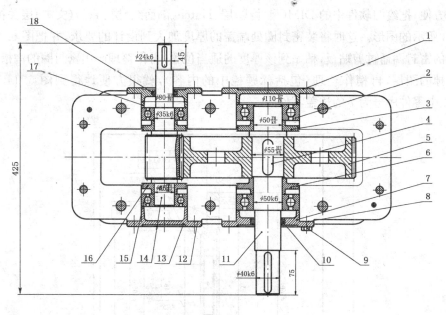

图 6.11

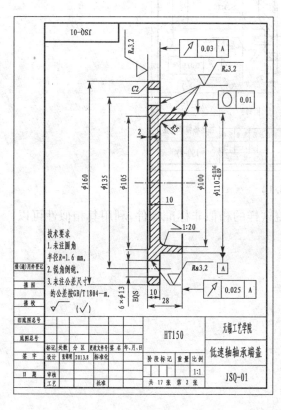

图 6.12

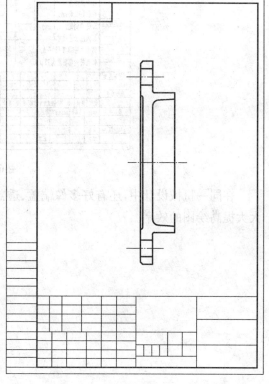

图 6.13

如预先取 GBA4 幅面图纸按 1∶1 的比例,采用与前面绘制零件图类似的方法绘制好零件序号 1 端盖的零件图并单独保存后,再将它另存为一个新的文件,如图 6.12 所示。为

了绘图方便,把绘图软件中的 DIM(尺寸线)层、Hatch(剖面线)层、Text(文本)层关掉,得如图 6.13 所示的图形。这时将装密封圈处端盖的厚度加大到设计的要求,并把图 6.11 中低速轴处的密封圈通过剪贴板,粘贴到该厚度的适当位置,再作整理画出密封圈的沟槽。然后打开关掉的图层,再稍作整理(包括标题栏中的内容),就很方便地得到图 6.14 所示的图 6.11 中零件序号为 7 的透盖零件图。

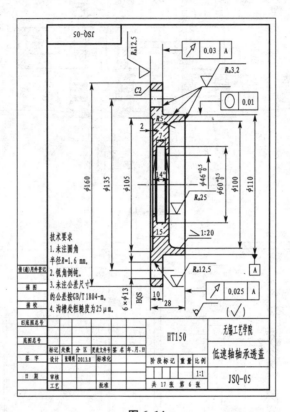

图 6.14

在同一机械设计中,还有好多像端盖、透盖这样的相似非标准零件,利用其相似性可以大大提高绘图的效率。

第7章 设计说明书编写与答辩准备

设计说明书主要是阐明设计者思想,是全部设计计算的整理和总结,是设计计算方法与计算数据的说明资料,也是为以后设计同类机器的参考文献,而且是审核设计的技术文件之一。通过设计说明书的编写过程可以培养学生综合运用本专业的基础理论和专业技术知识,运用计算、绘图、试验等基本技能,解决工程技术问题的能力。

7.1 设计说明书的内容与要求

设计说明书的内容视设计对象而定,对于减速器传动装置的设计,大致包括以下内容:①目录(标题、页次)。②设计任务书(设计题目)。③传动方案的拟订或传动方案的分析。④电动机的选择(包括计算电动机所需的功率,选择电动机,分配各级传动比,计算各轴的转速、功率和转矩)。⑤传动零件的计算。⑥轴的设计(初算轴的直径、结构设计和强度校核)。⑦键联接的选择和计算。⑧滚动轴承的选择。⑨联轴器的选择。⑩减速器的润滑与密封。⑪设计小结(设计优缺点,改进设想及课程设计中的体会)。⑫参考资料(资料的编号、作者名称、书名、出版地、出版者、出版年月)。

设计说明书应简要说明设计中所考虑的主要问题和全部计算项目,且满足下面的要求:①计算部分只列出公式,代入有关数据,略去演算过程,直接得出计算结果。有时要有简短的结论(如强度足够、取直径 $d = 25\,\text{mm}$ 等)。②为了清楚地说明计算内容,应附必要的插图(如轴结构设计图、轴的受力图等)。③对所引用的计算公式和数据,要标出来源,即参考资料的编号和页次。对所选的主要参数、尺寸和规格及计算结果等,可写在每页的主要结果一栏内,或集中写在相应的计算处,或采用表格形式列出。④全部计算中所使用的参量符号和脚标,必须前后一致,不要混乱。⑤各参量的数值应标明单位,且单位要统一,写法要一致(即全用符号或全用汉字,不要混用)。⑥计算正确完整,文字精练通顺,论述清楚明了,书写字号、字体相应处一致,插图大小合适、简明。⑦字数 5 000~8 000 字,并采用统一的封面格式,装订成册。

7.2 设计说明书的模板及相关处理

由于对课程设计的计算、绘图是在计算机上完成的,所以编写设计说明书也可在计算机上完成。如果学校对设计说明书的编写有统一要求的,则按学校的要求进行,否则设计说明书纸张可选用 A4 纸,页面设置上下边距各为 2 厘米、左右边距各为 2.5 厘米。设计说明书封面格式,字体和字体的大小参考图 7.1。

　　为了方便与统一起见,在计算机书写文字的软件(如 Word)中建立一个如图 7.2 所示的模板(图 7.2 外边的框为 A4 纸的边,下面相关的图类同)。将它分为两栏,两栏宽度为 43 个 5 号宋体字,在右面取较窄的一栏,其宽度为 8 个 5 号宋体字。在这两栏中,左面比较宽的一栏中填写计算与说明的内容,右面较窄的一栏中填写一些计算的主要结果,以便一目了然地查取主要数据,为设计等带来方便,图 7.3、图 7.4 为其示例。

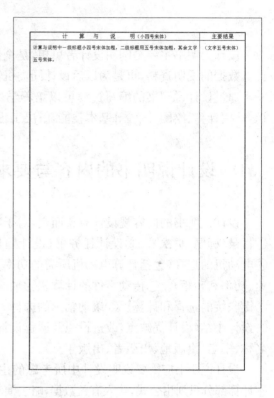

图 7.1　　　　　　　　　　　　　　　　图 7.2

　　图 7.3 是设计说明书内容中的第一页,由于这页中要放置设计的题目,因此与图 7.4 的不完全一样。这一页是在图 7.2 的基础上稍加改动得到的。在这页中,设计题目用四号宋体加粗图,其字体一律采用 5 号宋体书写。这样就使得设计说明书的布局比较合理。同理,在设计小结、参考资料这两部分内容的格式也可参考它来进行。

　　为了使设计说明书内容清晰、完整,在填写内容时要用到在绘图软件中绘制的部分图形。如果将这些图形直接从绘图软件中复制过去,则图形的线条、图形中的文字可能不会清晰,还会破坏设计说明书原有的格式。为了避免这种情况,可将在 CAD 中已绘好图形的线条、剖面线等转换成白色后复制到计算机操作系统自带的"画图"软件的"画图板"中。但这时在画图板中出现了白线条、黑底色的图形。这与设计说明书中需要黑线条、白底色的情况相反,这显然是不合理的。为此把 CAD 中图形放置到"画图板"中后,可同时按"Ctrl"、"Shift"和"I"键,这时图形转换成黑线条,白底色。然后将画图板中的图形框选好后复制到设计说明书中去,如图 7.5 所示。但由于所复制进去的图形相对太大,这时会把右面的一栏破坏得变窄,这显然是不合理的。为此可选中图 7.5 中的图形,点击该图后出现【图片工具】→【大小】,得到图 7.6 所示的"设置对象格式"对话框。在该对话框中,将其中的宽度比例、

长度比例改为同一、小于 100％的值（如 70％），点击【确定】按钮后得到所需的右栏中大小合适的图形，如图 7.7 所示。如果所改的比例一次不成功，则可多进行几次，直到满意为止。

图 7.3

图 7.4

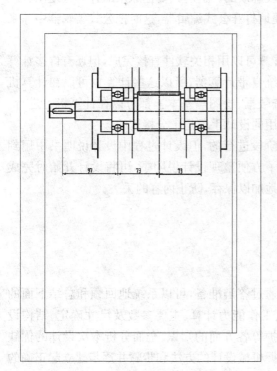

图 7.5

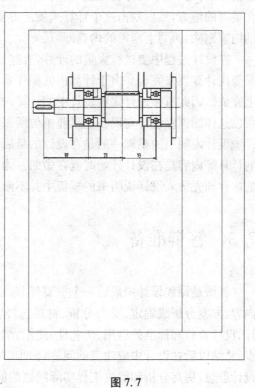

图 7.7

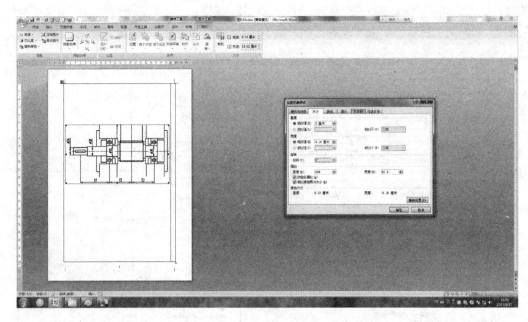

图 7.6

在计算或编写设计说明书中,要使用大量的计算式。这时可打开书写文件软件中的公式编辑器,然后将公式、数据、结果填写进去。如果所用的是 Word 07 软件,则公式编辑器可这样来打开:【插入】→【对象】→【新建(C)】→【对象类型】→【Microsoft 公式 3.0】→【确定】。但每写一个计算式都这样做的话,是比较麻烦的。这时只要把原来的计算式复制到现在要写的地方,然后双击这个计算式就能方便地打开公式编辑器,这时把公式编辑器中原来的内容删除,再写上所需的内容即可。

在设计过程中要进行大量的计算,有些计算可以用相关软件直接完成,但还有许多计算需要用计算器来完成。由于计算机的操作系统自带计算器,所以这些计算也可以在计算机上完成。因此机械设计课程设计中的计算、查数据、绘图等基本上都可以在计算机上进行,所以这样的课程设计与现在企事业单位所采用的设计手段是十分接近的。

设计说明书的整理一般是在设计的最后阶段进行的,但设计过程中设计说明书中用到的计算等内容是在设计开始时就在做的。为了方便整理设计说明书,可将设计开始时完成的内容预先放入设计说明书的模板中并不断地加以保存,防止内容的丢失。

7.3　答辩准备

答辩是课程设计中最后一个重要环节。通过答辩准备,可以系统地回顾和总结下面的内容:方案分析或确定、受力分析、材料选择、工作能力计算、主要参数及尺寸确定、结构设计、设计资料和标准的运用、工艺性、使用、维护等各方面的知识;全面分析本次设计的优缺点,总结以后在设计中应注意的问题;初步掌握机械设计的方法和步骤并逐步建立起正确的设计思想,提高分析和解决工程实际问题的能力。答辩也是老师检查学生实际掌握设计知

识、设计成果和评定成绩的重要方面。答辩前,学生应做好以下工作:①认真检查设计说明书和绘制的图形,对设计内容、绘制的图形要胸有成竹。②完成规定的设计任务,打印说明书(设计说明书的第一页封面、第二页课程设计任务书、第三页目录、第四页起为设计计算等的内容)并装订成册,打印设计任务书中规定打印的图纸并折叠好。把装订好的设计说明书与折叠好的图纸一起装入资料袋内。③把在计算机上设计的资料归类整理,或做成 PPT 保存在 U 盘中。

　　总之,通过答辩达到系统地分析课程设计的优缺点,发现应注意的问题,总结掌握设计方法,增加分析和解决工程实际问题的能力,并为评定课程设计成绩提供依据。

附录 1 减速器参考图例

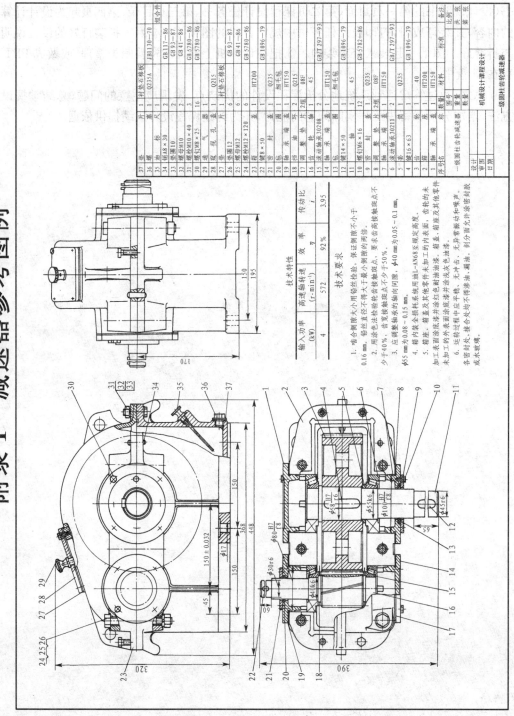

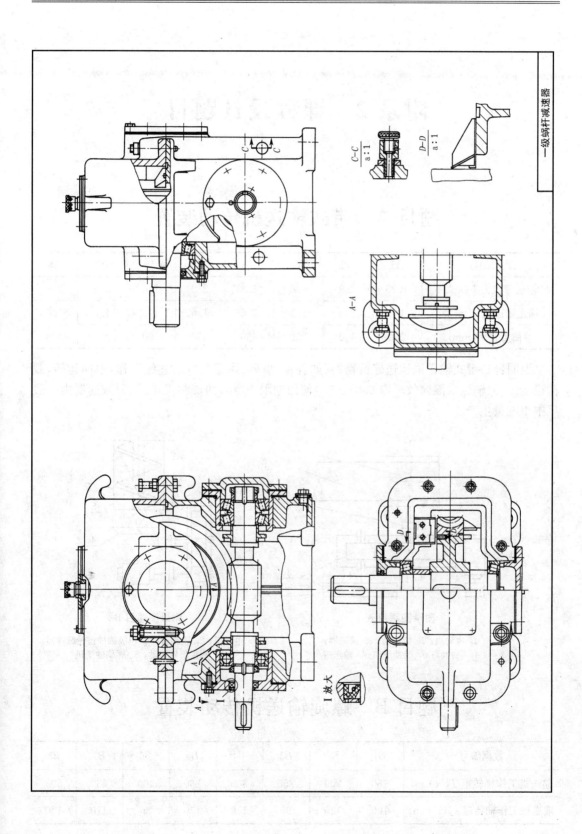

$\dfrac{C-C}{a:1}$

$\dfrac{D-D}{a:1}$

A—A

一级蜗杆减速器

I 放大

附录 2　课程设计题目

题目 A　带式输送机传动装置

数据编号	A1	A2	A3	A4	A5	A6	A7	A8
输送带拉力 F(kN)	1.25	2.9	1.8	1.8	2.2	1.8	3.0	2.6
输送带速度 v(m/s)	1.3	1.4	1.2	1.5	1.6	1.3	1.2	1.6
滚筒直径 D(mm)	250	400	220	350	350	200	350	400

说明:(1)带式输送机运送碎粒物料(如谷物、型砂、煤等)。(2)连续工作,单向运转,载荷稳定。(3)输送带滚筒效率取 0.97。(4)使用期限 10 年,两班制工作。(5)减速器由一般厂中小批量生产。

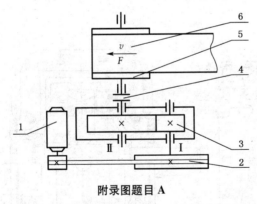

附录图题目 A

1. 电动机;2. 带传动;3. 减速器;
4. 联轴器;5. 驱动滚筒;6. 输送带

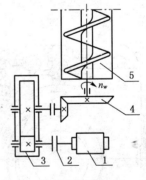

附录图题目 B

1. 电动机;2. 联轴器;3. 单级圆柱齿轮减速器;
4. 圆锥齿轮传动;5. 螺旋输送机

题目 B　螺旋输送机传动装置

数据编号	B1	B2	B3	B4	B5	B6	B7	B8
输送机工作轴转矩 T(N·m)	180	200	250	300	360	400	430	500
输送机工作轴转速 n_w(r/min)	100	125	95	115	130	80	110	120

工作条件：(1)螺旋输送机运送粉状物料(如面粉、灰、砂、糖、谷物)，运转方向不变，工作载荷稳定。(2)使用寿命 8 年，单班制工作。(3)减速器由一般厂中小批量生产。

题目 C　螺旋输送机传动装置

数据编号	$C1$	$C2$	$C3$	$C4$	$C5$	$C6$	$C7$	$C8$
输送机工作轴转矩 $T(\text{N} \cdot \text{m})$	180	200	250	300	350	380	430	500
输送机工作轴转速 $n_w(\text{r/min})$	140	130	95	110	150	100	160	115

工作条件：

(1)螺旋输送机运送粉状物料(如面粉、灰、砂、糖、谷物)，运转方向不变，工作载荷稳定。(2)使用寿命 8 年，单班制工作。(3)减速器由一般厂中小批量生产。

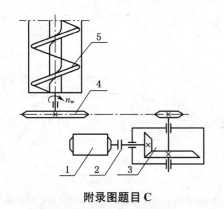 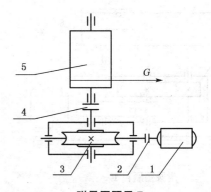

附录图题目 C

1. 电动机；2. 联轴器；3. 蜗杆减速器；
4. 联轴器；5. 滚筒

附录图题目 D

1. 电动机；2. 联轴器；3. 蜗杆减速器；
4. 联轴器；5. 卷筒

题目 D　缆索起重机传动装置

数据编号	$D1$	$D2$	$D3$	$D4$	$D5$	$D6$	$D7$	$D8$
起重量 $F(\text{kN})$	2	2.5	3	2.8	3.2	2.6	1.5	2.2
起升速度 $v(\text{m/s})$	1	0.7	0.6	0.8	0.75	0.6	1.1	0.5
卷筒直径 $D(\text{mm})$	315	300	280	335	315	320	330	280

说明：(1)JC 值 15%。(2)使用期限 10 年，两班制工作。(3)减速器由一般厂中小批量生产。

题目 E　带式输送机传动装置

数据编号	E1	E2	E3	E4	E5	E6	E7	E8
输送带拉力 F(kN)	2.4	2.8	1.8	1.8	2.2	8	12	15
输送带速度 v(m/s)	1	1.25	1.2	1.5	1.6	1.2	1	0.8
滚筒直径 D(mm)	250	400	320	350	350	280	350	360

说明:(1)带式输送机运送包装箱类物品。(2)连续工作,单向运转,载荷稳定。(3)输送带滚筒效率取 0.97。(4)使用期限 10 年,两班制工作。(5)减速器由一般厂中小批量生产。

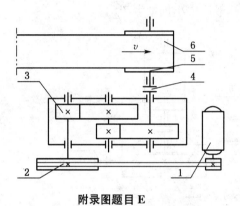

附录图题目 E

1. 电动机；2. 带传动；3. 两级圆柱齿轮减速器；
   4. 联轴器；5. 驱动滚筒；6. 输送带

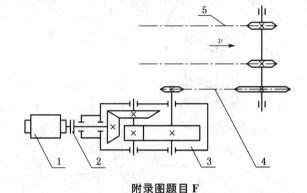

附录图题目 F

1. 电动机；2. 联轴器；3. 圆锥圆柱齿轮减速器；
   4. 链传动；5. 链式输送机

题目 F　链式运输机传动装置

数据编号	F1	F2	F3	F4	F5	F6	F7	F8
曳引链拉力 F(kN)	2.5	2.4	2.3	2.2	10.5	11	11.5	12
曳引链速度 v(m/s)	0.8	0.84	0.9	0.96	0.35	0.36	0.38	0.4
曳引链齿数 z	10	10	10	10	12	12	15	15
曳引链节距 P(mm)	60	60	60	60	80	80	80	80

说明:(1)运输机工作平稳,经常满载,不反转。(2)两班制工作,使用期限 8 年。(3)曳引链容许速度误差 5%。(4)减速器由一般厂中小批量生产。

附录 3　答辩参考题

1. 试述你设计题传动方案的特点,并说说是否还有其他传动方案可以采用。试加以举例。

2. 在传动方案中,为什么带传动放在第一级,并首先对其进行计算?

3. 在传动方案中,为什么链传动放在其最后一级,并在对轴进行结构设计前对它进行计算?

4. 传动装置设计中,为什么首先计算传动零件?

5. 工作机所需的功率、电动机的输出功率及电动机的额定功率有何区别? 在设计中用哪种功率作为设计功率?

6. 如何确定电动机的类型和型号? 确定时主要考虑哪些因素?

7. 不同转速的电动机对传动方案、结构尺寸及经济性有何影响?

8. 为什么各级传动比不能过大? 否则会对减速器的设计产生什么影响?

9. 在设计的圆柱齿轮减速器中,为什么选用斜齿轮传动? 各个齿轮旋向的确定应考虑哪些因素?

10. 斜齿圆柱齿轮传动的中心距调整为 5 的倍数时,应如何调整模数、齿数和螺旋角而达到目的?

11. 说明各个传动轴之间的传动比、转速、转矩、功率、效率间的相互关系。

12. 谈谈你所选择轴、齿轮材料的理由。

13. 满足什么条件的齿轮和轴可以制造成齿轮轴?

14. 你设计的减速器,箱体采用的是焊接结构还是铸造结构? 试谈谈你选择这种结构的理由。

15. 轴的结构设计中应重点考虑哪些问题? 阶梯轴各段的直径和长度是如何确定的?

16. 简述你所设计的减速器轴,以及轴上零件在减速器上安装顺序和过程。

17. 轴在进行校核时,若强度不够时应如何调整? 若强度富裕大多时应如何调整?

18. 减速器滚动轴承的间隙调整是如何进行的?

19. 如何考虑蜗杆轴系热伸长所需间隙的保证和调整?

20. 剖分式减速箱体上的轴承孔是如何进行加工的? 定位销有什么作用? 为什么要设凸台或沉孔?

21. 为什么要在箱体轴承孔两侧螺栓连接处设计凸台?

22. 试比较嵌入式轴承盖和凸缘式轴承盖的优缺点。

23. 为什么要对减速器中的传动零件进行润滑?

24. 你所设计的减速器中的传动件及轴承是如何进行润滑的?

25. 你设计的轴承采用的是什么润滑方式? 为什么采用这样的润滑方式?

26. 减速器油池中油量和油面高度是怎样确定的?

27. 为什么轴承处要装甩油盘或挡油盘?

28. 减速器内为什么要有最高油面和最低油面的限定?

29. 减速器中哪些部位要考虑密封? 各采用什么密封形式? 各种密封结构有何特点? 箱体接合面处为何不允许加垫片?

30. 设计减速器时,为什么在轴承座处要有支撑肋板?

31. 凸台高度是怎样确定的?

32. 设计减速器时,在箱盖上为什么要有窥视孔及盖板?

33. 试述通气器、油塞和油标的作用。

34. 试述启盖螺钉、定位销、起吊装置的作用。

35. 在绘制减速器装配图时箱体内壁线的位置是如何确定的? 箱体接合面轴承孔长度是怎样确定的?

36. 对轴承、联轴器的选型是如何考虑的?

37. 铸件的结构设计应注意哪些问题?

38. 机加工件的结构设计应注意哪些问题?

39. 怎样保证剖分式箱体上轴承孔的同心度?

40. 你所设计的减速器配合部位有哪些? 配合形式和配合精度是如何确定的?

41. 减速器装配图上应标注哪些尺寸和技术要求?

42. 齿轮零件图上为什么必须填写参数表?

43. 如何在计算机上进行开三次方计算? 怎样进行斜齿轮分度圆直径计算?

44. 在计算机上软件进行齿轮传动设计时,小齿轮齿数是计算机自动生成的,还是人工输入的?

45. 在计算机上绘制减速器装配图时,绘图比例是一开始就设定的吗?

46. 齿轮传动、V 带传动的效率是如何在机械设计手册(新编软件版)2008 中查取的?

47. 在设计减速器时,能否先将齿轮、轴、箱座、箱盖等零件图画好后,再根据它们的尺寸绘制减速器装配图? 为什么?

48. 怎样处理后才能将图片放入设计计算说明书中?

49. 怎样保证剖分式箱体上轴承孔的同心度?

50. 通过对减速器的设计,你有哪些体会、收获、经验和教训?

附录4 设计计算示例

附录4.1 带式输送机单级圆柱齿轮减速器

设计说明书

设计题目:带式输送机传动装置

原始数据:输送带拉力 $F = 2\,kN$,输送带速度 $v = 1.6\,m/s$,驱动滚筒直径 $D = 300\,mm$

说明:①带式输送机运送碎粒物料(如谷物、型砂、煤等);②连续工作,单向运转,载荷稳定;③输送带驱动滚筒效率取 0.97;④使用期限 10 年,两班制工作;⑤减速器由一般厂小批量生产。

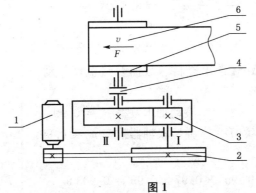

1. 电动机
2. 带传动
3. 减速器
4. 联轴器
5. 驱动滚筒
6. 输送带

图1

计 算 与 说 明	主要结果

1 传动方案的分析

    带式输送机由电动机通过带传动使减速器中的圆柱齿轮传动,再经过联轴器使驱动滚筒转动带动输送带运送碎粒物料。根据原始数据经初算可知该传动装置属于小功率传动,因此齿轮传动可采用直齿圆柱齿轮传动而非斜齿圆柱齿轮传动。由于 V 带传动传递载荷的能力相对于其他带传动大且较平带紧凑,再加上输送机运送碎粒物料不必保证严格的传动比,所以带传动采用工厂中应用最广的 V 带传动。传动方案中,带传动放传动链中的第一级是合理的,因为这样可减少 V 带传动的根数。由于 V 带传动比一般在 3 左右,一级圆柱齿轮减速器传动比一般小于或等于 5,即总传动比在 15 左右。所以选用结构简单、工作可靠、不易燃、市场供应最多,且价格低廉的,同步转速 $1\,500\,r/min$ 的 Y 系列三相异步电动机能满足该传动比的

要求,也能满足传递功率的要求。

通过以上分析及选择,该传动方案可行。且 V 带传动还具有良好的吸振缓冲性能,结构简单,成本低廉,使用维护方便并能在过载时起到保护其他零件不被损坏的作用。但由于 V 带传动的存在,所以该传动装置显得不够紧凑,并且 V 带传动使用寿命短,更换频繁。为此可考虑设计两级圆柱齿轮减速器来避免该传动装置的不足,但总体制造成本会增加。

2 电动机的选择及运动参数的计算

2.1 电动机的选择

1. 确定皮带运输机所需的功率 P_w

由 P8 式(2.1)得:

$$P_w = \frac{Fv}{1\,000\eta_w} = \frac{2 \times 1\,000 \times 1.6}{1\,000 \times 0.97} = 3.3\ \text{kW}$$

2. 确定传动装置的效率 η

由[1]→【常用基础资料】→【常用资料和数据】→【机械传动效率】得:

V 带传动效率 $\eta_1 = 0.96$　　　　滚动轴承效率 $\eta_2 = 0.99$

圆柱齿轮传动效率 $\eta_3 = 0.97$　　弹性联轴器效率 $\eta_4 = 0.99$

据 P9 式(2.3)得:

$$\eta = \eta_1 \eta_2^2 \eta_3 \eta_4 = 0.96 \times 0.99^2 \times 0.97 \times 0.99 = 0.903\,5$$

$\eta = 0.903\,5$

3. 电动机的输出功率

由 P9 式(2.4)得:

$$P_d = \frac{P_w}{\eta} = \frac{3.3}{0.903\,5} = 3.65\ \text{kW}$$

4. 选择电动机

因为皮带运输机传动载荷稳定,据 P10 所述,取过载系数 $k = 1.05$。

又据 P10 式(2.5)得计算功率 P_c:

$$P_c = kP_d = 1.05 \times 3.65 = 3.83\ \text{kW}$$

据 P11 表 2.1,取型号为 Y112M - 4 的电动机,则电动机额定功率 $P = 4$ kW,电动机满载转速 $n = 1\,440$ r/min。

Y112M - 4
$P = 4$ kW
$n = 1\,440$ r/min

由[1]→【常用电动机】→【三相异步电动机】→【三相异步电动机选型】→【Y 系列(IP44)三相异步电动机技术】→【机座带底脚、端盖上无凸缘的电动机】,并根据机座号 112M 查得电动机伸出端直径 $D = 28$ mm,电动机伸出端轴安装长度 $E = 60$ mm。

Y112M－4 电动机，主要数据如下：

电动机额定功率 P	4 kW
电动机满载转速 n	1 440 r/min
电动机伸出端直径 D	28 mm
电动机伸出端轴安装长度 E	60 mm

2.2　总传动比计算及传动比分配

1. 总传动比计算

据 P11 式(2.7)得驱动滚筒转速 n_w：

$$n_w = \frac{60\,000v}{\pi D} = \frac{60\,000 \times 1.6}{3.14 \times 300} = 101.91 \text{ r/min}$$

由 P11 式(2.6)得总传动比 i：

$$i = \frac{n}{n_w} = \frac{1\,440}{101.91} = 14.13$$

2. 传动比的分配

为了使传动系统结构较为紧凑，据 P4 所述，取齿轮传动比 $i_2 = 5$，则由 P11 式(2.8)得 V 带的传动比 i_1：

$$i_1 = \frac{i}{i_2} = \frac{14.13}{5} = 2.83$$

$i_1 = 2.83$
$i_2 = 5$

2.3　传动装置运动参数的计算

1. 各轴功率的确定

取电动机的额定功率作为设计功率，则 V 带传递的功率为：$P = 4$ kW

由 P14 式(2.12)与式(2.13)得：

高速轴的输入功率 $P_\text{I} = P\eta_1 = 4 \times 0.96 = 3.84$ kW

低速轴的输入功率 $P_\text{II} = P\eta_1\eta_2\eta_3 = 4 \times 0.96 \times 0.99 \times 0.97 = 3.69$ kW

$P_\text{I} = 3.84$ kW
$P_\text{II} = 3.69$ kW

2. 各轴转速的计算

由 P14 式(2.14)与式(2.15)得：

高速轴转速 $n_\text{I} = \dfrac{n}{i_1} = \dfrac{1\,440}{2.83} = 508.8$ r/min

低速轴转速 $n_\text{II} = \dfrac{n_\text{I}}{i_2} = \dfrac{508.8}{5} = 101.8$ r/min

$n_\text{I} = 508.8 \text{ r/min}$
$n_\text{II} = 101.8 \text{ r/min}$

3. 各轴输入转矩的计算

由 P14 式(2.16)与式(2.17)得：

高速转矩 $T_\text{I} = 9\,550\,\dfrac{P_\text{I}}{n_\text{I}} = 9\,550 \times \dfrac{3.84}{508.8} = 72.08 \text{ N} \cdot \text{m}$

低速转矩 $T_\text{II} = 9\,550\,\dfrac{P_\text{II}}{n_\text{II}} = 9\,550 \times \dfrac{3.69}{101.8} = 346.16 \text{ N} \cdot \text{m}$

$T_\text{I} = 72.08 \text{ N} \cdot \text{m}$
$T_\text{II} = 346.16 \text{ N} \cdot \text{m}$

各轴功率、转速、转矩列于下表：

轴 名	功率(kW)	转速(r/min)	转矩(N·m)
高速轴	3.84	508.8	72.08
低速轴	3.69	101.8	346.16

3 V带传动设计

使用[1]→【常用设计计算程序】→【带传动设计】的设计软件进行设计时,输入V带传动的功率4 kW,小带轮转速1 440 r/min,传动比2.83,初定中心距1 000 mm,便得到以下的V带传动设计结果:

带型:A型

小带轮基准直径 $d_{d1} = 100$ mm

大带轮基准直径 $d_{d2} = 275$ mm

带的基准长度 $L_d = 2\,500$ mm

实际轴间距 $a = 950$ mm

带速 $v = 7.54$ m/s 5 m/s $< v < 25$ m/s （合适）

小带轮包角 $\alpha_1 = 169.47° > 120°$（合适）

V带根数 $z = 3$

单根V带的预紧力 $F_0 = 157$ N

作用在轴上的力 $F_Q = 935$ N

A型

$d_{d1} = 100$ mm

$d_{d2} = 275$ mm

$L_d = 2\,500$ mm

$a = 950$ mm

$z = 3$

$F_Q = 935$ N

4 齿轮传动设计

使用[1]→【常用设计计算程序】→【渐开线圆柱齿轮传动设计】的设计软件进行设计。设计时输入齿轮传递的功率3.84 kW,小齿轮转速508.8 r/min,传动比5,预期寿命48 000 h（$10 \times 300 \times 2 \times 8 = 48\,000$）,并选小齿轮45号钢调质、齿面硬度230HBS、大齿轮45号钢正火、齿面硬度200HBS等相关数据后,得到以下经整理的渐开线圆柱齿轮传动设计报告:

齿轮1材料及热处理 $Met_1 = 45 <$ 调质 $>$

齿轮1硬度取值范围 $HBSP_1 = 217 \sim 255$

齿轮1硬度 $HBS_1 = 230$

齿轮2材料及热处理 $Met_2 = 45 <$ 正火 $>$

齿轮2硬度取值范围 $HBSP_2 = 162 \sim 217$

齿轮2硬度 $HBS_2 = 200$

齿轮1第Ⅰ组精度 $JD11 = 8$

齿轮1第Ⅱ组精度 $JD12 = 8$

齿轮1第Ⅲ组精度 $JD13 = 8$

齿轮1齿厚上偏差 $JDU1 = G$

小齿轮45号钢调质,230HBS

大齿轮45号钢正火,200HBS

小齿轮精度8GK

齿轮 1 齿厚下偏差 JDDU1 = K	
齿轮 2 第 Ⅰ 组精度 JD21 = 8	
齿轮 2 第 Ⅱ 组精度 JD22 - 8	
齿轮 2 第 Ⅲ 组精度 JD23 = 8	
齿轮 2 齿厚上偏差 JDU2 = G	
齿轮 2 齿厚下偏差 JDDU2 = H	大齿轮精度 8GH
模数 $m = 3\,\text{mm}$	$m = 3\,\text{mm}$
齿轮 1 齿数 $z_1 = 20$	$z_1 = 20$
齿轮 1 齿宽 $b_1 = 75\,\text{mm}$	$b_1 = 75\,\text{mm}$
齿宽系数 $\Phi_d = 1.167$	
齿轮 2 齿数 $z_2 = 100$	$z_2 = 100$
齿轮 2 齿宽 $b_2 = 70\,\text{mm}$	$b_2 = 70\,\text{mm}$
标准中心距 $a_0 = 180.000\,00\,\text{mm}$	$a = 180\,\text{mm}$
实际中心距 $a = 180.00\,000\,\text{mm}$	
齿数比 $u = 5$	
齿轮 1 分度圆直径 $d_1 = 60\,\text{mm}$	$d_1 = 60\,\text{mm}$
齿轮 1 齿顶圆直径 $d_{a1} = 66\,\text{mm}$	$d_{a1} = 66\,\text{mm}$
齿轮 1 齿根圆直径 $d_{f1} = 52.5\,\text{mm}$	$d_{f1} = 52.5\,\text{mm}$
齿轮 1 全齿高 $h_1 = 6.75\,\text{mm}$	
齿轮 2 分度圆直径 $d_2 = 300\,\text{mm}$	$d_2 = 300\,\text{mm}$
齿轮 2 齿顶圆直径 $d_{a2} = 306\,\text{mm}$	$d_{a2} = 306\,\text{mm}$
齿轮 2 齿根圆直径 $d_{f2} = 292.5\,\text{mm}$	$d_{f2} = 292.5\,\text{mm}$
齿轮 2 全齿高 $h_2 = 6.75\,\text{mm}$	
齿轮 1 分度圆弦齿厚 $s_{h_1} = 4.707\,55\,\text{mm}$	
齿轮 1 分度圆弦齿高 $h_{h_1} = 3.092\,48\,\text{mm}$	
齿轮 1 固定弦齿厚 $s_{ch_1} = 4.161\,14\,\text{mm}$	
齿轮 1 固定弦齿高 $h_{ch_1} = 2.242\,67\,\text{mm}$	
齿轮 1 公法线跨齿数 $k_1 = 3$	
齿轮 1 公法线长度 $W_{k1} = 22.981\,32\,\text{mm}$	
齿轮 2 分度圆弦齿厚 $s_{h_2} = 4.712\,20\,\text{mm}$	
齿轮 2 分度圆弦齿高 $h_{h_2} = 3.018\,51\,\text{mm}$	
齿轮 2 固定弦齿厚 $s_{ch_2} = 4.161\,14\,\text{mm}$	
齿轮 2 固定弦齿高 $h_{ch_2} = 2.242\,67\,\text{mm}$	
齿轮 2 公法线跨齿数 $k_2 = 12$	
齿轮 2 公法线长度 $W_{k2} = 106.050\,19$	
齿顶高系数 $h_a* = 1.00$	
顶隙系数 $c* = 0.25$	
压力角 $\alpha* = 20$ 度	

齿轮 1 齿距累积公差　　$F_{P1} = 0.061\,04$

齿轮 1 齿圈径向跳动公差　　$F_{r1} = 0.045\,23$

齿轮 1 公法线长度变动公差　　$F_{w1} = 0.040\,17$

齿轮 1 齿距极限偏差　　$f_{Pt}(\pm)_1 = 0.022\,17$

齿轮 1 齿形公差　　$f_{f_1} = 0.016\,00$

齿轮 1 一齿切向综合公差　　$f_{i_1'} = 0.022\,90$

齿轮 1 一齿径向综合公差　　$f_{i_1''} = 0.031\,29$

齿轮 1 齿向公差　　$F_{\beta 1} = 0.026\,74$

齿轮 1 切向综合公差　　$F_{i_1'} = 0.077\,04\beta = 0$

齿轮 1 径向综合公差　　$F_{i_1''} = 0.063\,32$

齿轮 1 基节极限偏差　　$f_{Pb}(\pm)_1 = 0.020\,83$

齿轮 1 螺旋线波度公差　　$f_{f\beta_1} = 0.022\,90$

齿轮 1 轴向齿距极限偏差　　$F_{Px}(\pm)_1 = 0.026\,74$

齿轮 1 齿向公差　　$F_{b1} = 0.026\,74$

齿轮 1 x 方向轴向平行度公差　　$f_{x1} = 0.026\,74$

齿轮 1 y 方向轴向平行度公差　　$f_{y1} = 0.013\,37$

齿轮 1 齿厚上偏差　　$E_{up_1} = -0.088\,68$

齿轮 1 齿厚下偏差　　$E_{dn_1} = -0.354\,73$

齿轮 2 齿距累积公差　　$F_{P2} = 0.121\,04$

齿轮 2 齿圈径向跳动公差　　$F_{r2} = 0.068\,69$

齿轮 2 公法线长度变动公差　　$F_{w2} = 0.056\,44$

齿轮 2 齿距极限偏差　　$f_{Pt}(\pm)_2 = 0.025\,16$

齿轮 2 齿形公差　　$f_{f_2} = 0.020\,80$

齿轮 2 一齿切向综合公差　　$f_{i_2'} = 0.027\,58$

齿轮 2 一齿径向综合公差　　$f_{i_2''} = 0.035\,59$

齿轮 2 齿向公差　　$F_{\beta 2} = 0.010\,00$

齿轮 2 切向综合公差　　$F_{i_2'} = 0.141\,84$

齿轮 2 径向综合公差　　$F_{i_2''} = 0.096\,16$

齿轮 2 基节极限偏差　　$f_{Pb}(\pm)_2 = 0.023\,65$

齿轮 2 螺旋线波度公差　　$f_{f_{\beta 2}} = 0.027\,58$

齿轮 2 轴向齿距极限偏差　　$F_{Px}(\pm)_2 = 0.010\,00$

齿轮 2 齿向公差　　$F_{b2} = 0.010\,00$

齿轮 2 x 方向轴向平行度公差　　$f_{x2} = 0.010\,00$

齿轮 2 y 方向轴向平行度公差　　$f_{y2} = 0.005\,00$

齿轮 2 齿厚上偏差　　$E_{up_2} = -0.100\,65$

齿轮 2 齿厚下偏差　　$E_{dn_2} = -0.402\,60$

中心距极限偏差　　$f_a(\pm) = 0.031\,50$

齿轮 1 接触强度极限应力　　$\sigma_{Hlim1} = 450.0\,\text{MPa}$

齿轮 1 抗弯疲劳基本值　$\sigma_{FE1} = 320.0$ MPa	
齿轮 1 接触疲劳强度许用值　$[\sigma_H]_1 = 508.9$ MPa	
齿轮 1 弯曲疲劳强度许用值　$[\sigma_F]_1 = 477.1$ MPa	
齿轮 2 接触强度极限应力　$\sigma_{Hlim2} = 438.6$ MPa	
齿轮 2 抗弯疲劳基本值　$\sigma_{FE2} = 315.6$ MPa	
齿轮 2 接触疲劳强度许用值　$[\sigma_H]_2 = 496.1$ MPa	
齿轮 2 弯曲疲劳强度许用值　$[\sigma_F]_2 = 470.6$ MPa	
接触强度用安全系数　$S_{Hmin} = 1.00$	
弯曲强度用安全系数　$S_{Fmin} = 1.40$	
接触强度计算应力　$\sigma_H = 474.6$ MPa	
接触疲劳强度校核　$\sigma_H < [\sigma_H]$　满足	
齿轮 1 弯曲疲劳强度计算应力　$\sigma_{F1} = 73.3$ MPa	
齿轮 2 弯曲疲劳强度计算应力　$\sigma_{F2} = 66.1$ MPa	
齿轮 1 弯曲疲劳强度校核　$\sigma_{F1} < [\sigma_F]_1$　满足	
齿轮 2 弯曲疲劳强度校核　$\sigma_{F2} < [\sigma_F]_2$　满足	
圆周力　$F_{t1} = F_{t2} = 2\,402$ N	$F_{t1} = F_{t2} = 2\,402$ N
径向力　$F_{r1} = F_{r2} = 874$ N	$F_{r1} = F_{r2} = 874$ N
齿轮线速度　$v = 1.598$ m/s	$v = 1.598$ m/s

5　轴的设计

5.1　轴的材料选择与最小直径的确定

1. 高速轴

(1) 轴的材料选择

选用 45 号钢调质。　　　　　　　　　　　　　　　　　高速轴 45 号钢调质

(2) 初算轴的直径

据 P45 所述，取 $C = 112$，由式(3.1)得：

$$d_{\text{I}} \geqslant C\sqrt[3]{\frac{P}{n}} = 112\sqrt[3]{\frac{3.84}{508.8}} = 21.97 \text{ mm}$$

考虑到直径最小处安装大皮带轮需开一个键槽，将 d_{I} 加大 5%
后得 $d_{\text{I}} = 23.1$ mm。

取高速轴最小直径 $d_{\text{I}} = 24$ mm。　　　　　　　　　$d_{\text{I}} = 24$ mm

据 P14 得带轮轮毂长 $l = (1.5 \sim 2)d = (1.5 \sim 2) \times 24 = 36 \sim$　$l_{\text{I}} = 45$ mm
48 mm，取带轮轮毂长 $l = 45$ mm，则与带轮配合的轴头长度亦取
$l_{\text{I}} = 45$ mm。

2. 低速轴

(1) 轴的材料选择

选用 45 号钢正火。　　　　　　　　　　　　　　　　低速轴 45 号钢正火

（2）初算轴的直径

据 P45 所述，取 $C = 112$，由式（3.1）得：

$$d_{\text{II}} \geqslant C\sqrt[3]{\frac{P}{n}} = 112\sqrt[3]{\frac{3.69}{101.8}} = 37.1 \text{ mm}$$

考虑到直径最小处安装弹性联轴器需开一个键槽，将 d_{II} 加大 5% 后得 $d_{\text{II}} = 38.96$ mm。由于该处安装标准弹性联轴器，配合处的直径与长度应与标准弹性联轴器的直径、长度相符，故取低速轴最小直径 $d_{\text{II}} = 40$ mm，轴头长度 $l_{\text{II}} = 75$ mm。

$d_{\text{II}} = 40$ mm

$l_{\text{II}} = 75$ mm

5.2　轴的结构设计

1. 减速器箱体尺寸计算

据 P53 表 4.1 计算减速器箱体的主要尺寸为：

名　称	符号	计　算	结　果
箱座壁厚	δ	$\delta = 0.025a + 1 = 0.025 \times 180 + 1 = 5.5$ mm　取 $\delta = 10$ mm	$\delta = 10$ mm
箱盖壁厚	δ_1	$\delta_1 = 0.02a + 1 = 0.02 \times 180 + 1 = 4.3$ mm　取 $\delta_1 = 10$ mm	$\delta_1 = 10$ mm
箱座凸缘厚度	b	$b = 1.5\delta = 1.5 \times 10 = 15$ mm	$b = 15$ mm
箱盖凸缘厚度	b_1	$b_1 = 1.5\delta_1 = 1.5 \times 10 = 15$ mm	$b_1 = 15$ mm
箱座底凸缘厚度	b_2	$b_2 = 2.5\delta = 2.5 \times 10 = 25$ mm	$b_2 = 25$ mm
地脚螺钉直径及数目	d_f n	$d_f = 0.036a + 12 = 0.036 \times 180 + 12 = 18.48$ mm 取 M20 的地脚螺钉　地脚螺钉数目 $n = 4$	M20 $n = 4$
轴承旁联接螺栓直径	d_1	$d_1 = 0.75d_f = 0.75 \times 20 = 15$ mm 取 M16 的螺栓	M16
箱盖与箱座联接螺栓直径	d_2	$d_2 = (0.5 \sim 0.6)d_f = (0.5 \sim 0.6) \times 20 = (10 \sim 12)$ mm　取 M12 的螺栓	M12
起盖螺钉直径	d_5	取与 d_2 相同的规格 M12	M12
定位销直径	d	$d = (0.7 \sim 0.8)d_2 = (0.7 \sim 0.8) \times 12 = (8.4 \sim 9.6)$ mm　取 $d = 8$ mm 的定位销	$d = 8$ mm
外箱壁至轴承座端面距离	l_1	$l_1 = c_1 + c_2 + (5 \sim 8)$ mm $= 20 + 22 + (5 \sim 8)$ mm $= (47 \sim 50)$ mm 取 $l_1 = 50$ mm	$l_1 = 50$ mm
内箱壁至轴承座端面距离	l_2	$l_2 = l_1 + \delta = 50 + 10 = 60$ mm	$l_2 = 60$ mm
箱座与箱盖长度方向接合面距离	l_3	$l_3 = \delta + c_1 + c_2 = 10 + 18 + 16 = 44$ mm　取 $l_3 = 50$ mm	$l_3 = 50$ mm
箱座底部外箱壁至箱座凸缘底座最外端距离	L	$L = c_1 + c_2 = 26 + 24 = 50$ mm　取 $L = 55$ mm	$L = 55$ mm

2. 绘制轴的结构图

根据以上计算的尺寸,并参考 P77 图 5.1、P79 表 5.1 绘制的轴结构图如图 2 所示。

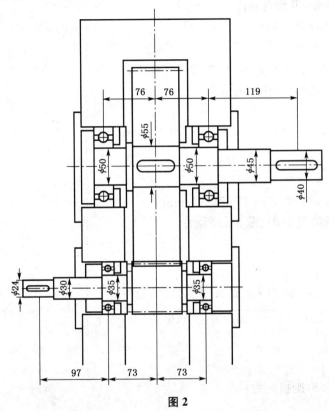

图 2

5.3　轴的强度校核

1. 高速轴的强度校核

(1) 绘制轴空间受力图

绘制的轴空间受力图如图 3(a)所示。

(2) 作水平面 H 和垂直面 V 内的受力图,并计算支座反力

绘制的水平面 H 和垂直面 V 内的受力图如图 3(b)、图 3(c)所示。

① H 面

$$\sum M_A = 0$$

$$(73 + 73)R_{BH} - 73F_{r1} - 97F_Q = 0$$

$$R_{BH} = \frac{97F_Q + 73F_{r1}}{73 + 73} = \frac{97 \times 935 + 73 \times 874}{73 + 73} = 1\,058 \text{ N}$$

$$\sum F_x = 0 \quad R_{AH} + F_{r1} - F_Q - R_{BH} = 0$$

$$R_{AH} = R_{BH} + F_Q - F_{r1} = 1\,058 + 935 - 874 = 1\,119 \text{ N}$$

② V 面

$$R_{AV} = R_{BV} = \frac{F_{t1}}{2} = \frac{2\,402}{2} = 1\,201\ \text{N}$$

(3) 计算 H 面及 V 面内的弯矩,并作弯矩图

① H 面 CA 段:$M_H(x) = F_Q x = 935x(0 \leqslant x \leqslant 97)$

当 $x = 0$ 时　在 C 处　$M_{Hc} = 0$

当 $x = 97$ 时　在 A 处　$M_{HA} = 935 \times 97 = 90\,695\ \text{N} \cdot \text{mm}$

BD 段:$M_H(x) = R_{BH}x = 1\,058x$　$(0 \leqslant x \leqslant 73)$

当 $x = 0$ 时　在 B 处　$M_{HB} = 0$

当 $x = 73$ 时　在 D 处　$M_{HD} = 1\,058 \times 73 = 77\,234\ \text{N} \cdot \text{mm}$

② V 面

$$M_{VC} = M_{VA} = M_{VB} = 0$$

$$M_{VD} = R_{VA}x = 1\,201 \times 73 = 87\,673\ \text{N} \cdot \text{mm}$$

H 面与 V 面内的弯矩图如图 3(d)、图 3(e)所示。

(4) 计算合成弯矩并作图

$$M_C = M_B = 0$$

$$M_A = 90\,695\ \text{N} \cdot \text{mm}$$

$$M_D = \sqrt{M_{HD}^2 + M_{VD}^2} = \sqrt{77\,234^2 + (-87\,673)^2} = 116\,840\ \text{N} \cdot \text{mm}$$

合成弯矩图如图 3(f)所示。

(5) 计算 αT 并作图

据 P48 取折算系数 $\alpha = 0.6$,则扭矩为:

$$\alpha T = 0.6 \times 72.08 \times 1\,000 = 43\,248\ \text{N} \cdot \text{mm}$$

扭矩图如图 3(g)所示。

(6) 计算当量弯矩并作图

$$M_{eC} = 43\,248\ \text{N} \cdot \text{mm}$$

$$M_{eA} = \sqrt{M_A^2 + (\alpha T)^2} = \sqrt{90\,695^2 + 43\,248^2} = 100\,479\ \text{N} \cdot \text{mm}$$

$$M_{eD-} = \sqrt{M_D^2 + (\alpha T)^2} = \sqrt{116\,840^2 + 43\,248^2} = 124\,587\ \text{N} \cdot \text{mm}$$

$$M_{eD+} = M_D = 116\,840\ \text{N} \cdot \text{mm}$$

当量弯矩图如图 3(h)所示。

(7) 校核轴的强度

高速轴的许用弯曲应力 $[\sigma_{-1}]_b$ 由 P48 得:$[\sigma_{-1}]_b = 60\ \text{MPa}$

在高速轴最小直径 C 处:

由 P48 式(3.3)得:

$$d_C \geqslant \sqrt[3]{\frac{M_{eC}}{0.1\,[\sigma_{-1}]_b}} = \sqrt[3]{\frac{43\,248}{0.1 \times 60}} = 19.3\ \text{mm}$$

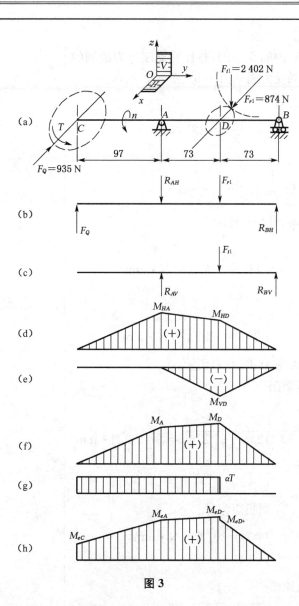

图3

由于该处开一个键槽,把 19.3 加大 5% 后得 20.3 mm,小于该处直径 24 mm,所以高速轴 C 处的强度足够。

在高速轴受到的最大当量弯矩 D 处:

$$d_D \geqslant \sqrt[3]{\frac{M_{eD}}{0.1\,[\sigma_{-1}]_b}} = \sqrt[3]{\frac{124\,587}{0.1 \times 60}} = 27.5 \text{ mm} < d_{f1} = 52.5 \text{ mm}$$

故高速轴 D 处的强度足够。

由于在轴径最小处和受载最大处的强度都足够,由此可知高速轴强度足够。

2. 低速轴的强度校核

(1) 绘制轴空间受力图

绘制的轴空间受力图如图 4(a)所示。

(2) 绘制水平面 H 和垂直面 V 内的受力图,并计算支座反力绘制的
水平面 H 和垂直面 V 内的受力图如图 4(b)、图 4(c)所示。

① H 面

$$R_{AH} = R_{CH} = \frac{F_{r2}}{2} = \frac{874}{2} = 437 \text{ N}$$

② V 面

$$R_{AV} = R_{CV} = \frac{F_{t2}}{2} = \frac{2\,402}{2} = 1\,201 \text{ N}$$

(3) 计算 H 面及 V 面内的弯矩,并作弯矩图

① H 面 $M_{HA} = M_{HC} = 0$

$$M_{HB} = -76 R_{AH} = -76 \times 437 = -33\,212 \text{ N} \cdot \text{mm}$$

② V 面

$$M_{VA} = M_{VC} = 0$$
$$M_{VB} = -76 R_{AV} = -76 \times 1\,201 = -91\,276 \text{ N} \cdot \text{mm}$$

H 面与 V 面内的弯矩图如图 4(d)、4(e)所示。

(4) 计算合成弯矩并作合成弯矩图

$$M_A = M_C = 0$$
$$M_B = \sqrt{M_{HB}^2 + M_{VB}^2} = \sqrt{(-33\,212)^2 + 91\,276^2} = 97\,130 \text{ N} \cdot \text{mm}$$

合成弯矩图如图 4(f)所示。

(5) 计算扭矩并作扭矩图

据 P48 取折算系数 $\alpha = 0.6$,则扭矩为:

$$\alpha T = 0.6 \times 346.16 \times 1\,000 = 207\,696 \text{ N} \cdot \text{mm}$$

扭矩图如图 4(g)所示。

(6) 计算当量弯矩并作当量弯矩图

$$M_{eA} = 0$$
$$M_{eC} = M_{eD} = 207\,696 \text{ N} \cdot \text{mm}$$
$$M_{eB} = \sqrt{M_B^2 + (\alpha T)^2} = \sqrt{97\,130^2 + 207\,696^2} = 229\,286 \text{ N} \cdot \text{mm}$$

当量弯矩图如图 4(h)所示。

(7) 校核轴的强度

低速轴的许用弯曲应力 $[\sigma_{-1}]_b$ 由 P48 得:$[\sigma_{-1}]_b = 55 \text{ MPa}$

在 B 处:$d_B \geqslant \sqrt[3]{\dfrac{M_{eB}}{0.1 [\sigma_{-1}]_b}} = \sqrt[3]{\dfrac{229\,286}{0.1 \times 55}} = 34.7 \text{ mm}$

由于该处开一个键槽,把 34.7 加大 5%后得 36.4 mm,小于该处
直径 55 mm,所以低速轴 B 处的强度足够。

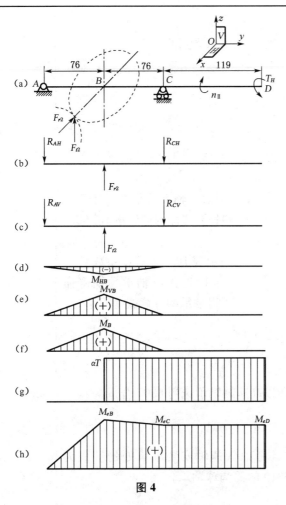

图 4

在 D 处：$d_D \geqslant \sqrt[3]{\dfrac{M_{eD}}{0.1 [\sigma_{-1}]_b}} = \sqrt[3]{\dfrac{207\,696}{0.1 \times 55}} = 33.5$ mm

由于该处开一个键槽，把 33.5 加大 5% 后得 35.2 mm，小于该处直径 40 mm，所以低速轴 D 处的强度足够。

由于在轴径最小处和受载最大处的强度都足够，由此可知低速轴强度足够。

6　滚动轴承选择

6.1　高速轴滚动轴承的选择

1. 初选两只轴承的型号

根据轴的结构设计，安装轴承处的轴颈为 35 mm，由于该轴只受径向载荷没受轴向载荷的作用，且受载不大，并考虑到两轴承间的距离不大，考虑到箱体上加工两轴承孔的同轴度，考虑到轴承的价格和轴承购买容易性，选用两只型号为 6307 的深沟球轴承。

2. 计算两轴承所受的载荷

据图 3 及以上计算,得高速轴 A 处轴承受到的载荷为:

$$R_A = \sqrt{R_{AH}^2 + R_{AV}^2} = \sqrt{1\,119^2 + 1\,201^2} = 1\,642\,\text{N}$$

高速轴 B 处轴承受到的载荷为:

$$R_B = \sqrt{R_{BH}^2 + R_{BV}^2} = \sqrt{1\,058^2 + 1\,201^2} = 1\,601\,\text{N}$$

由于 $R_A > R_B$,所以取轴承载荷 $P = R_A = 1642\,\text{N}$ 进行计算。

3. 确定轴承的型号

查[1]→【轴承】→【滚动轴承】→【常用滚动轴承的基本尺寸与数据】→【深沟球轴承(摘自 GB/T 276—1994)】→【深沟球轴承】得 6307 轴承的基本额定动载荷 $C = 33.4\,\text{kN}$。

据[9]P200 取轴承的寿命指数 $\varepsilon = 3$;由表 10.7 取温度系数 $f_t = 1.00$;由 P201 表 10.8 取载荷系数 $f_p = 1.2$。并取轴承预期寿命 $[L_h = 48\,000\,\text{h}]$。则由[9]P201 式(10.4)得轴承的计算载荷 C':

$$C' = \frac{f_p P}{f_t} \sqrt[3]{\frac{60 n [L_h]}{10^6}} = \frac{1.2 \times 1\,642}{1.00} \sqrt[3]{\frac{60 \times 508.8 \times 48\,000}{10^6}}$$
$$= 22\,380\,\text{N} = 22.38\,\text{kN}$$

由于满足 $C' < C$ 的要求,所以高速轴轴承选用 6307 合适。

6.2　低速轴滚动轴承的选择

1. 初选两只轴承的型号

与选择高速轴轴承同理,且考虑低速轴安装轴承处的轴颈为 50 mm,所以选用两只型号为 6310 的深沟球轴承。

2. 计算两轴承所受的载荷

据图 4 及以上计算,得低速轴 A、C 处轴承受到的载荷为:

$$R_A = R_C = \sqrt{R_{AH}^2 + R_{AV}^2} = \sqrt{437^2 + 1\,201^2} = 1\,278\,\text{N}$$

3. 确定轴承的型号

查[1]→【轴承】→【滚动轴承】→【常用滚动轴承的基本尺寸与数据】→【深沟球轴承(摘自 GB/T 276—1994)】→【深沟球轴承】得 6310 轴承的基本额定动载荷 $C = 61.8\,\text{kN}$。

据[9]P200 取轴承的寿命指数 $\varepsilon = 3$;由表 10.7 取温度系数 $f_t = 1.00$;由 P201 表 10.8 取载荷系数 $f_p = 1.2$。并取轴承预期寿命 $[L_h = 48\,000\,\text{h}]$。则由[9]P201 式(10.4)得轴承的计算载荷 C':

$$C' = \frac{f_p P}{f_t} \sqrt[3]{\frac{60 n [L_h]}{10^6}} = \frac{1.2 \times 1\,278}{1.00} \sqrt[3]{\frac{60 \times 101.8 \times 48\,000}{10^6}}$$
$$= 10\,188\,\text{N} = 10.188\,\text{kN}$$

由于满足 $C' < C$ 的要求,所以高速轴轴承选用 6310 合适。

6307
6310

7 键的选择与强度校核

7.1 高速轴与带轮配合处的键联接

高速轴与带轮配合处选用 A 型普通平键联接。据配合处直径 $d = 24$ mm，由[11]P143 表 11.9 查得 $b \times h = 8$ mm $\times 7$ mm，并取键长度 $L = 35$ mm。据[11]P143 得键的计算长度 $L_c = L - b = 35 - 8 = 27$ mm。

键的材料选用 45 号钢，带轮材料为铸铁，查[11]P143 表 11.10 得许用挤压应力 $[\sigma_P] = 80$ MPa。由[11]P143 式(11.10) 得：

$$\sigma_p = \frac{4T}{dhL_c} = \frac{4 \times 72.08 \times 1\,000}{24 \times 7 \times 27} = 63.6 \text{ MPa} < [\sigma_p] = 80 \text{ MPa}$$

该键联接的强度足够。

键的标记：GB/T 1096—2003　键 8×7×35

键 8×7×35

7.2 低速轴与齿轮配合处的键联接

低速轴与齿轮配合处选用 A 型普通平键联接。据配合处直径 $d = 55$ mm，由[11]P143 表 11.9 查得：$b \times h = 16$ mm $\times 10$ mm，并取键长 $L = 60$ mm。据[11]P143 得键的计算长度 $L_c = L - b = 60 - 16 = 44$ mm。

键的材料选用 45 号钢，齿轮材料亦为 45 钢，查[11]P143 表 11.10 得许用挤压应力 $[\sigma_p] = 135$ MPa。由[11]P143 式(11.10) 得：

$$\sigma_p = \frac{4T}{dhL_c} = \frac{4 \times 346.16 \times 1\,000}{55 \times 10 \times 44} = 57.2 \text{ MPa} < [\sigma_p] = 135 \text{ MPa}$$

该键联接的强度足够。

键的标记：GB/T 1096—2003　键 16×10×60

键 16×10×60

7.3 低速轴与联轴器配合处的键联接

低速轴与齿轮配合处选用 A 型普通平键联接。据配合处直径 $d = 40$ mm，由[11]P143 表 11.9 查得：$b \times h = 12$ mm $\times 8$ mm，并取键长 $L = 68$ mm。据[11]P143 得键的计算长度 $L_c = L - b = 68 - 12 = 56$ mm。

键的材料选用 45 号钢，联轴器材料为铸铁，查[11]P143 表 11.10 得许用挤压应力 $[\sigma_p] = 80$ MPa。由[11]P143 式(11.10) 得：

$$\sigma_p = \frac{4T}{dhL_c} = \frac{4 \times 346.16 \times 1\,000}{40 \times 8 \times 56} = 77.3 \text{ MPa} < [\sigma_p] = 80 \text{ MPa}$$

该键联接的强度足够。

键的标记：GB/T 1096—2003　键 12×8×68

键 12×8×68

8　联轴器的选择

查[9]P261 表 12.1 得联轴器工作情况系数 $K_A = 1.5$。据[9]P260 式(10.1)得计算转矩 $T_{ca} = K_A T = 1.5 \times 346.16 = 519 \text{ N} \cdot \text{m}$。考虑到补偿两轴线的相对偏移和减振、缓冲等原因,选用弹性联轴器。据低速轴装联轴器处直径为 40 mm,计算转矩 $T_{ca} = 477.7 \text{ N} \cdot \text{m}$,查[1]→【联轴器、离合器、制动器】→【联轴器】→【联轴器标准件、通用件】→【弹性联轴器】→【弹性套柱销联轴器】→【LT 型弹性联轴器】,取 LT7 型弹性联轴器。则其主要参数为:与低速轴联接的轴孔直径 $d_{\text{II}} = 40 \text{ mm}$,轴孔长度 $L = 84 \text{ mm}$;与驱动滚筒轴联接处的轴孔直径为 $d_{\text{II}} = 42 \text{ mm}$,轴孔长度 $L = 84 \text{ mm}$。该联轴器的许用转矩 $[T] = 500 \text{ N} \cdot \text{m}$,许用转速 $[n] = 2800 \text{ r/min}$。所以 $T_{ca} \approx [T]$,$n_{\text{II}} < [n]$,合适。故该联轴器的标记为:LT7 联轴器 $\dfrac{\text{JC}40 \times 84}{\text{JC}42 \times 84}$ GB/T 4323—2002

> LT7 联轴器
> $\dfrac{\text{JC}40 \times 84}{\text{JC}42 \times 84}$

9　减速器润滑

9.1　齿轮润滑

1. 选择齿轮润滑油牌号

据 P69 所述,齿轮圆周速度(线速度) $v = 1.598 \text{ m/s} < 12 \text{ m/s}$,齿轮采用浸油润滑。据[1]→【润滑与密封装置】→【润滑剂】→【常用润滑油的牌号、性能及应用】→【常用润滑脂主要质量指标和用途】→【工业闭式齿轮油】,选用 L-CKC150 工业闭式齿轮油,浸油深度取浸没大齿轮齿顶 10 mm。

> L-CKC150

2. 计算减速器所需的油量

据装配图尺寸,算油池容积 $V = 455 \times 95 \times 77 = 3\,328\,325 \text{ mm}^3 = 3.332\,832\,5 \text{ dm}^3$。

据 P71 所述,减速器所需油量 $V_0 = 3.84 \times 0.36 = 1.34 \text{ dm}^3$。由于 $V > V_0$,所以减速器所需的油量满足要求。

9.2　滚动轴承润滑

由于高速轴轴颈的速度因素 $d_n = 35 \times 508.8 = 0.18 \times 10^5 \text{ mm} \cdot \text{r/min} < 5 \times 10^5 \text{ mm} \cdot \text{r/min}$,低速轴轴颈的速度因素 $d_n = 50 \times 101.8 = 0.05 \times 10^5 \text{ mm} \cdot \text{r/min} < 1.5 \times 10^5 \text{ mm} \cdot \text{r/min}$,据 P71 所述,高速轴和低速轴轴承均采用润滑脂润滑。据[1]→【润滑与密封装置】→【润滑剂】→【常用润滑脂】→【常用润滑脂主要质量指标和用途】→【钙基润滑脂】,选用 NLGI№2 润滑脂。

> NLGI№2

10　减速器的装配图与零件图

减速器装配图如图 5 所示。减速器的非标准零件图如图 6～图 21 所示。

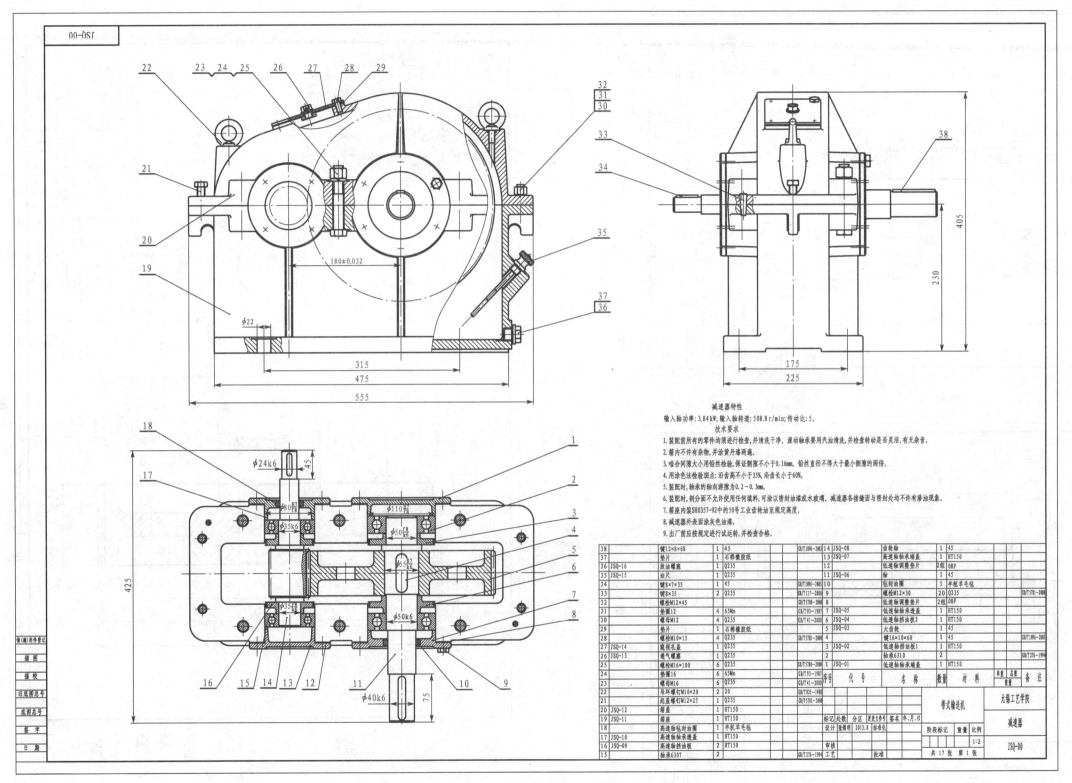

图 5

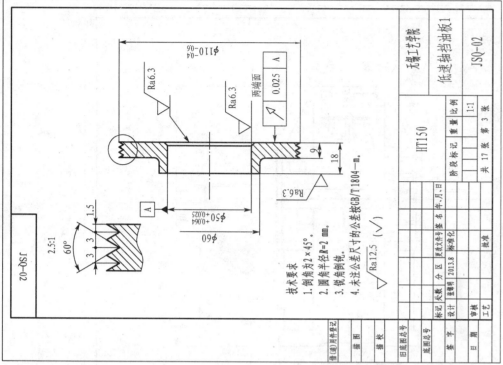

图 7

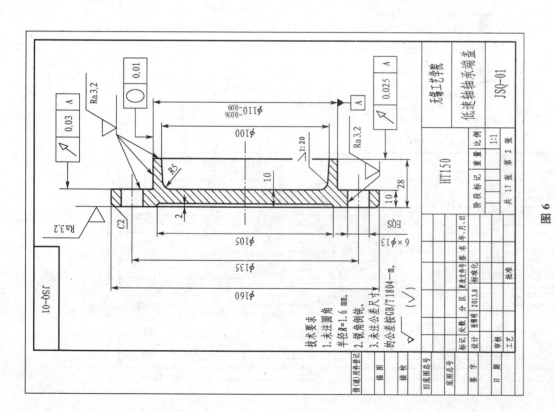

图 6

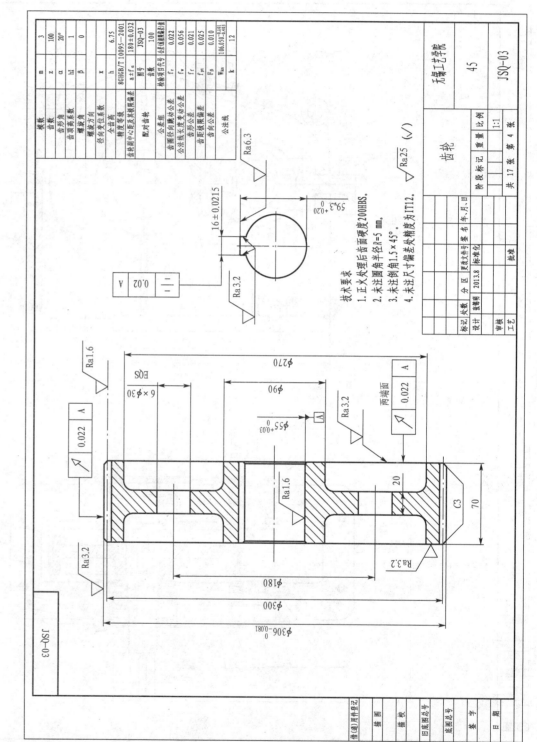

图 8

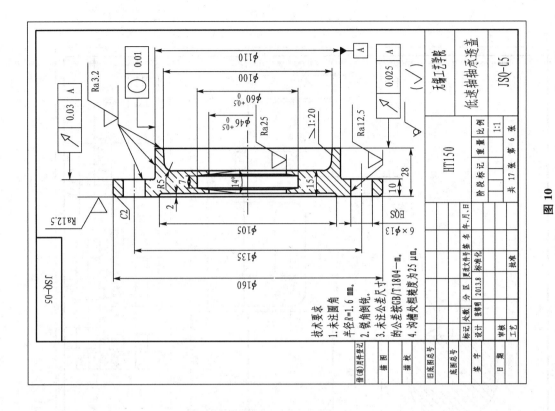

图 10

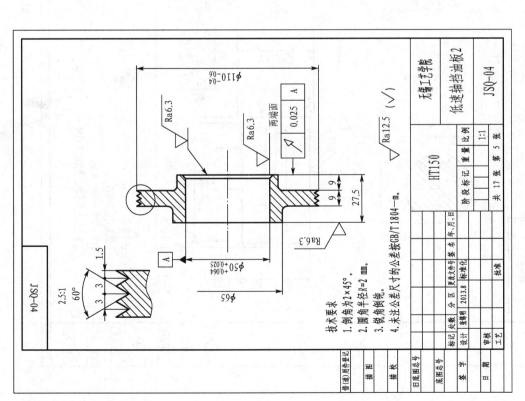

图 9

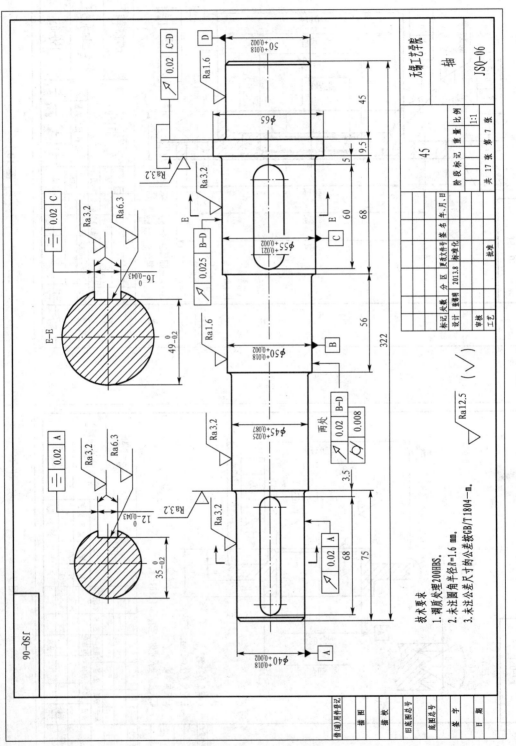

图 11

技术要求
1. 调质处理200HBS。
2. 未注圆角半径R=1.6 mm。
3. 未注公差尺寸的公差按GB/T1804—m。

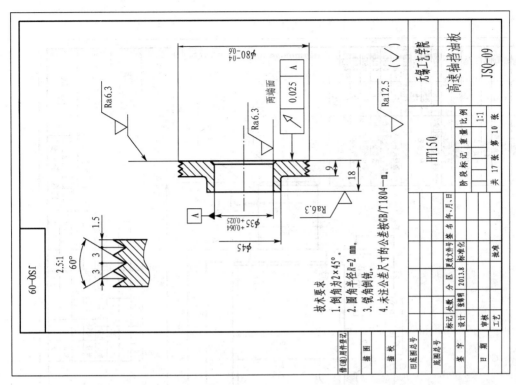

图 13

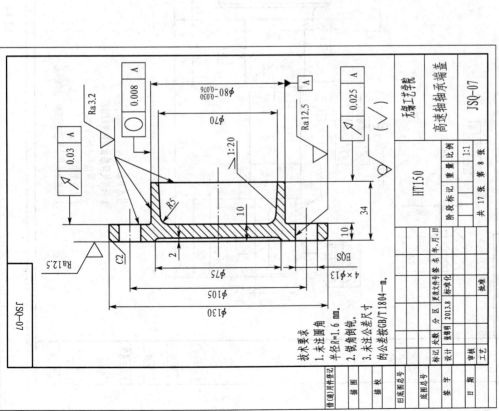

图 12

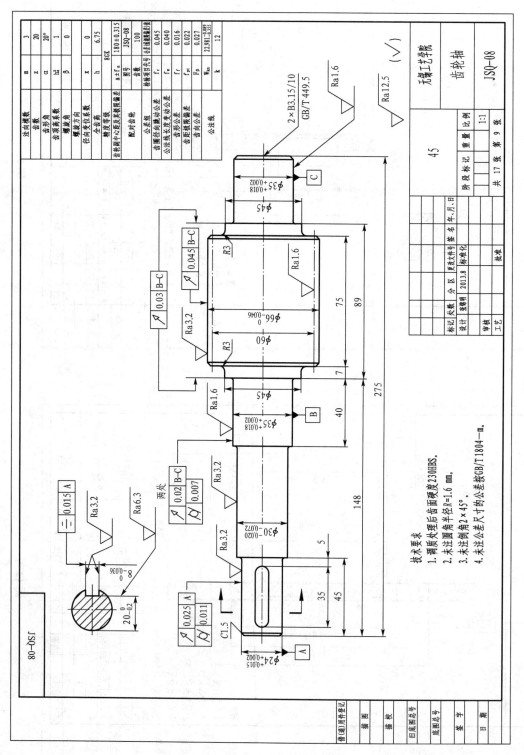

法向模数	m	3
齿数	z	20
齿形角	α	20°
齿顶高系数	h_a^*	1
螺旋角	β	0
径向变位系数	x	0
全齿高	h	6.75
精度等级		8GK
齿圈径向跳动公差	$a \pm f_a$	180±0.315
配对齿轮	图号	JSQ-08
	齿数	100
检验项目及代号	公法线长度变动公差	0.045
公差组	f_w	0.040
	f_r	0.016
齿形公差	f_f	0.022
基节极限偏差	f_{pt}	0.027
齿距累积公差	F_p	$22.981^{-0.089}_{-0.355}$
公法线	W_m	
	k	12

技术要求
1. 调质处理后齿面硬度230HBS。
2. 未注圆角半径R=1.6 mm。
3. 未注倒角2×45°。
4. 未注公差尺寸的公差按GB/T1804—m。

$2×B3.15/10$
GB/T 449.5

$\sqrt{Ra12.5}$　$(\sqrt{\quad})$

无锡工艺学院
齿轮轴

标记	处数	分区	更改文件号	签 名	年.月.日		
设计		张勇明	2013.8	标准化		45	1:1
审核						阶段标记　重量　比例	
工艺			批准			共 17 张　第 9 张	

JSQ-08

图 14

JSQ-08

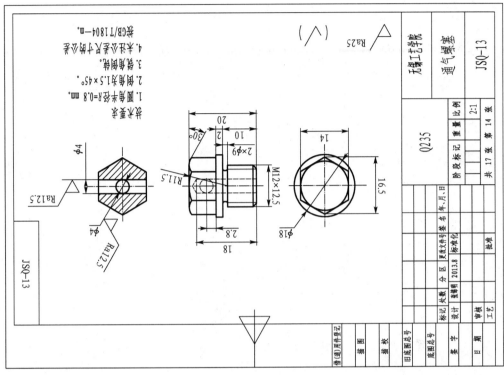

图 16

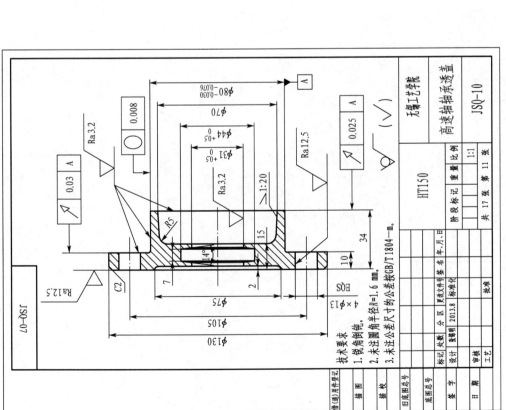

图 15

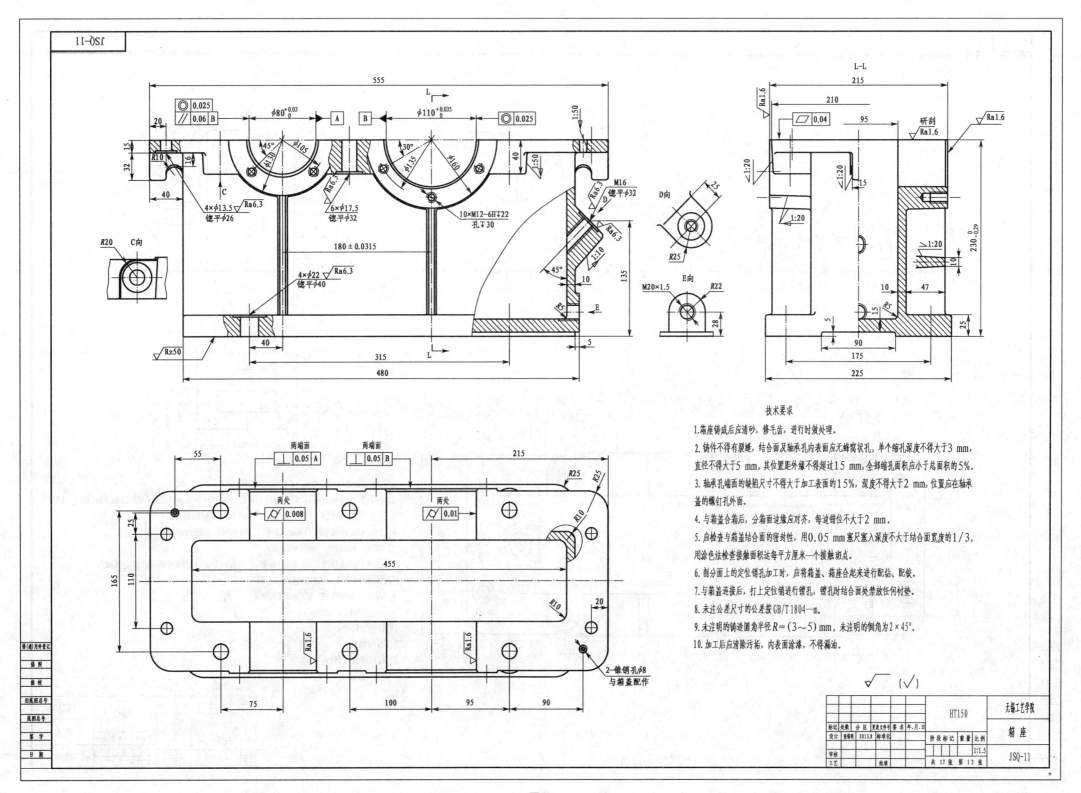

技术要求

1. 箱座铸成后应清砂，修毛齿，进行时效处理。

2. 铸件不得有裂缝，结合面及轴承孔内表面应无蜂窝状孔，单个缩孔深度不得大于3 mm，直径不得大于5 mm，其位置距外缘不得超过15 mm，全部缩孔面积应小于总面积的5%。

3. 轴承孔端面的缺陷尺寸不得大于加工表面的15%，深度不得大于2 mm，位置应在轴承盖的螺钉孔外面。

4. 与箱盖合箱后，分箱面边缘应对齐，每边错位不大于2 mm。

5. 应检查与箱盖结合面的密封性，用0.05 mm塞尺塞入深度不大于结合面宽度的1/3，用涂色法检查接触面积达每平方厘米一个接触班点。

6. 剖分面上的定位销孔加工时，应将箱盖、箱座合起来进行配钻、配铰。

7. 与箱盖连接后，打上定位销进行镗孔，镗孔时结合面处禁放任何衬垫。

8. 未注公差尺寸的公差按GB/T 1804—m。

9. 未注明的铸造圆角半径R=（3～5）mm，未注明的倒角为2×45°。

10. 加工后应清除污垢，内表面涂漆，不得漏油。

HT150

无锡工艺学院

箱座

JSQ-11

1:1.5

图17

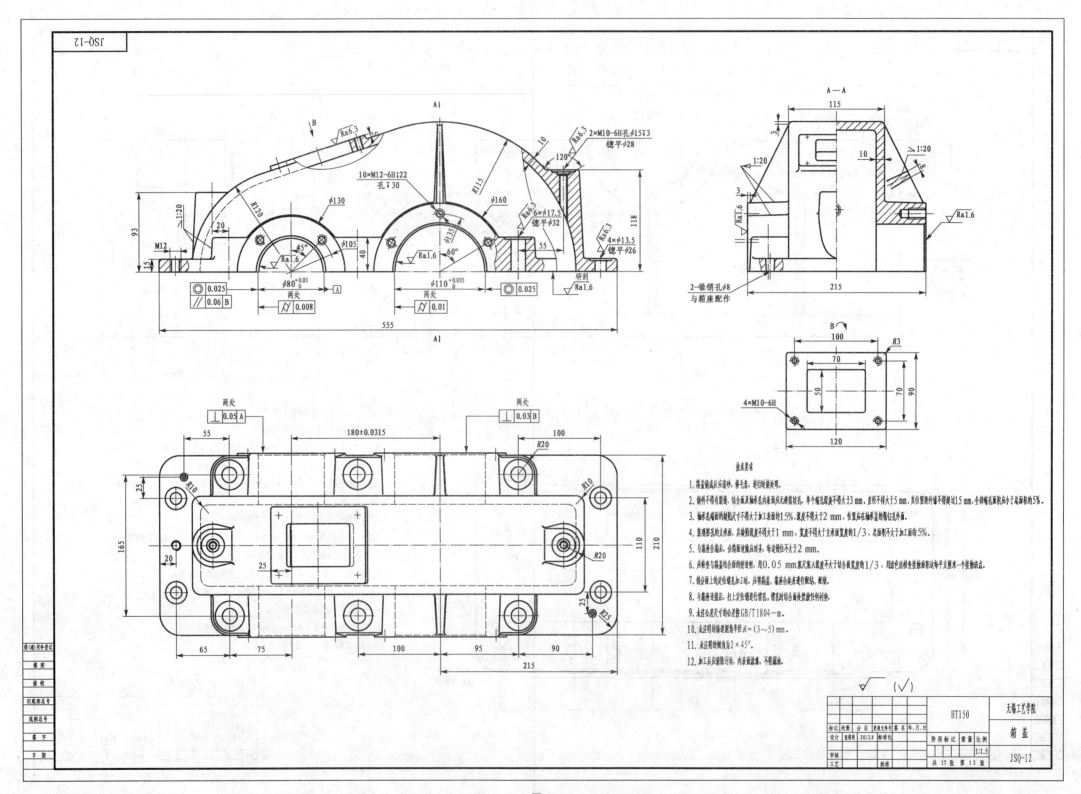

图 18

技术要求
1. 倒角均为C1。
2. 未注圆角半径R=0.5 mm。
3. 锐角倒钝。
无锡工艺学院
油尺
JSQ-15
Q235
油尺柄
油尺杆

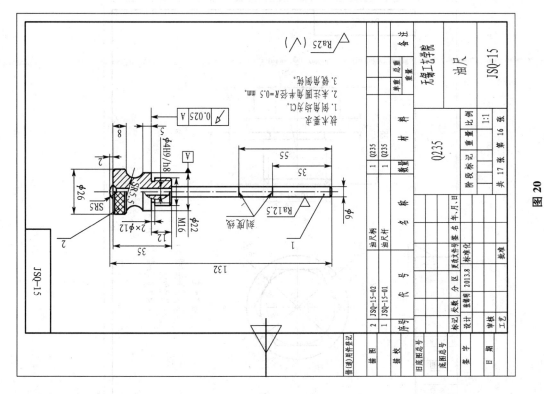

图 20

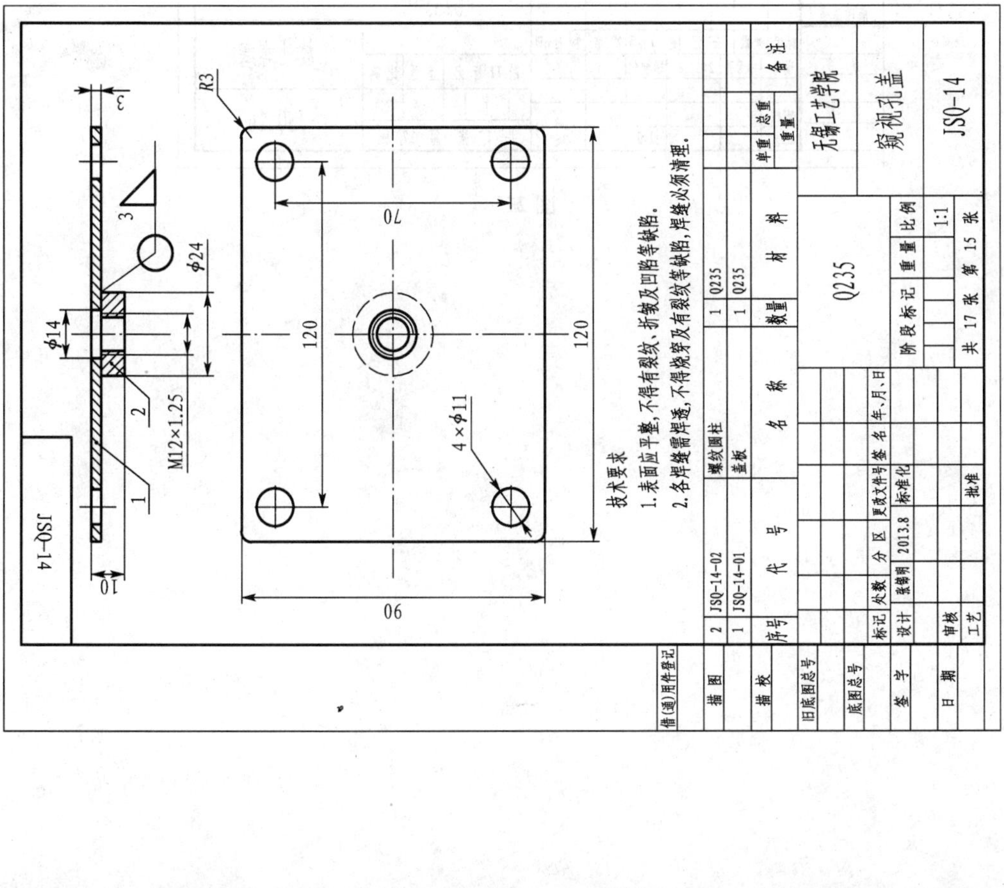

技术要求
1. 表面应平整，不得有裂纹、折皱及凹陷等缺陷。
2. 各焊缝需焊透，不得烧穿及有裂纹等缺陷，焊缝必须清理。
无锡工艺学院
窥视孔盖
JSQ-14
Q235
螺纹圆柱
盖板

图 19

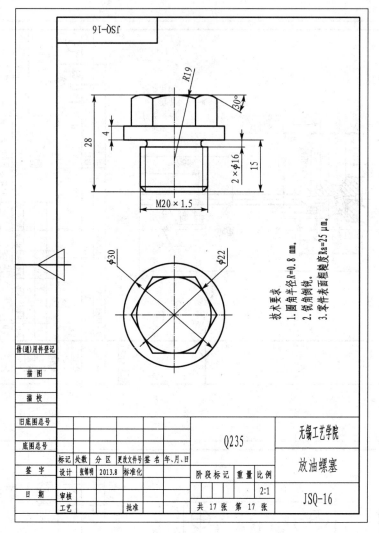

图 21

附录 4.2　螺旋输送机蜗杆减速器

设计说明书

设计题目: 螺旋输送机传动装置

原始数据: 螺旋输送机工作轴转矩 $T = 550\,\text{N·m}$,螺旋输送机工作轴转速 $n_w = 30\,\text{r/min}$。

工作条件: ① 螺旋输送机运送砂、谷类物料,运转方向不变,工作载荷稳定;

　　　　　　② 使用寿命 8 年,单班制工作。

制造条件: 减速器由一般厂中小批量生产。

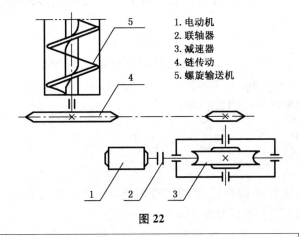

1. 电动机
2. 联轴器
3. 减速器
4. 链传动
5. 螺旋输送机

图 22

计　算　与　说　明	主要结果

1　传动方案的分析

　　螺旋输送机由电动机通过联轴器使蜗杆减速器运动,再经过链传动使工作轴转动从而运送砂、谷类物料。根据原始数据经初算可知该传动装置传递的功率很小,再加电动机选用结构简单、工作可靠、不易燃,市场供应最多,且价格低廉的,同步转速 1 500 r/min 或 1 000 r/min 的 Y 系列三相异步电动机时,传动装置的总传动比则相对较大,而蜗杆传动与链传动组成的传动链能达到这样较大传动比的要求。由于蜗杆传动显著的特点是传动比大而传动效率低,因此在这种传递功率小、传动比要求大的螺旋输送机中采用蜗杆传动合适。蜗杆传动放在传动链的第一级,这样可以使得蜗杆减速器结构相对小,从而节约材料、节省制造成本。而链传动放传动链的最后一级,

则可以减小其自身产生的动载荷和冲击,从而使整个传动平稳,因此该传动方案切实可行。

由于蜗杆传动的传动比可达到较大的值,因此在该题中如果没有链传动,而只有蜗杆传动也能满足传动比要求。这时传动装置的结构显得更为紧凑,且总体制造成本会降低。

2 电动机的选择及运动参数的计算

2.1 电动机的选择

1. 确定螺旋输送机所需的功率 P_w

由 P8 式(2.2)得:

$$P_w = \frac{Tn_w}{9\,550} = \frac{550 \times 30}{9\,550} = 1.73 \text{ kW}$$

2. 确定传动装置的效率 η

由[1]→【常用基础资料】→【常用资料和数据】→【机械传动效率】得:

弹性联轴器效率 $\eta_1 = 0.99$ 滚动轴承效率 $\eta_2 = 0.99$

蜗杆传动效率 $\eta_3 = 0.73$ 链传动效率 $\eta_4 = 0.96$

据 P9 式(2.3)得: $\eta = \eta_1 \eta_2^2 \eta_3 \eta_4 = 0.99 \times 0.99^2 \times 0.73 \times 0.96 = 0.68$ $\eta = 0.68$

3. 电动机的输出功率由 P9 式(2.4)得:

$$P_d = \frac{P_w}{\eta} = \frac{1.73}{0.68} = 2.544 \text{ kW}$$

4. 选择电动机

因为螺旋运输机传动载荷稳定,据 P8 所述,取过载系数 $k = 1.05$,又据 P10 式(2.5)得计算功率 P_c:

$$P_c = kP_d = 1.05 \times 2.544 = 2.67 \text{ kW}$$

据 P11 表 2.1 取型号为 Y100L2 - 4 的电动机,则电动机额定功率 $P = 3$ kW,电动机满载转速 $n = 1\,430$ r/min。   Y100L2 - 4 $P = 3$ kW $n = 1\,430$ r/min

由[1]→【常用电动机】→【三相异步电动机】→【三相异步电动机选型】→【Y 系列(IP44)三相异步电动机技术】→【机座带底脚、端盖上无凸缘的电动机】,并根据机座号 100L 查得电动机伸出端直径 $D = 28$ mm,电动机伸出端轴安装长度 $E = 60$ mm。

Y100L2 - 4 电动机主要数据如下:

电动机额定功率 P	3 kW
电动机满载转速 n	1 430 r/min
电动机伸出端直径 D	28 mm
电动机伸出端轴安装长度 E	60 mm

2.2　总传动比计算及传动比分配

1. 总传动比计算

　　由 P11 式(2.6)得总传动比 i：$i = \dfrac{n}{n_w} = \dfrac{1\,430}{30} = 47.7$

2. 传动比的分配

　　为了使传动系统结构较为紧凑，据 P5 所述，取蜗杆传动传动比
$i_1 = 23$，则由 P11 式(2.8)得链传动的传动比 $i_2 = \dfrac{i}{i_1} = \dfrac{47.7}{23} = 2.07$

$i_1 = 23$

$i_2 = 2.07$

2.3　传动装置运动参数的计算

1. 各轴功率的确定

　　取电动机的额定功率作为设计功率，并参考 P14 式(2.12)得蜗
杆输入的功率：

$$P_{\mathrm{I}} = P\eta_1 = 3 \times 0.99 = 2.97\ \mathrm{kW}$$

$P_{\mathrm{I}} = 2.97\ \mathrm{kW}$

　　蜗轮轴的输入功率：

$$P_{\mathrm{II}} = P\eta_1\eta_2\eta_3 = 3 \times 0.99 \times 0.99 \times 0.73 = 2.15\ \mathrm{kW}$$

$P_{\mathrm{II}} = 2.15\ \mathrm{kW}$

2. 各轴转速的计算

　　蜗杆转速　$n_1 = 1\,430\ \mathrm{r/min}$

　　参考 P14 式(2.15)得：

$$\text{蜗轮轴转速}\ n_2 = \frac{n_1}{i_1} = \frac{1\,430}{23} = 62.17\ \mathrm{r/min}$$

$n_1 = 1\,430\ \mathrm{r/min}$

$n_2 = 62.17\ \mathrm{r/min}$

3. 各轴输入转矩的计算

　　参考 P14 式(2.16)、式(2.17)得：

　　蜗杆转矩：$T_1 = 9\,550\dfrac{P_1}{n_1} = 9\,550 \times \dfrac{2.97}{1\,430} = 19.83\ \mathrm{N \cdot m}$

$T_1 = 19.83\ \mathrm{N \cdot m}$

　　蜗轮轴转矩：$T_2 = 9\,550\dfrac{P_2}{n_2} = 9\,550 \times \dfrac{2.15}{62.17} = 330.26\ \mathrm{N \cdot m}$

$T_2 = 330.26\ \mathrm{N \cdot m}$

　　各轴功率、转速、转矩列于下表：

轴　名	功率(kW)	转速(r/min)	转矩(N·m)
蜗杆	2.97	1 430	19.83
蜗轮轴	2.15	62.17	330.26

3　蜗杆传动设计

　　使用[1]→【常用设计计算程序】→【普通圆柱蜗杆传动设计】的
设计软件进行设计。设计时输入蜗杆传递的功率 2.97 kW，蜗杆转
速 1 430 r/min，蜗轮转速 62.17 r/min，预期寿命 19 200 h（$8 \times 300 \times 1 \times 8 = 19\,200$），选蜗杆材料 45 号钢调质，蜗轮材料 ZCuSn10P1 等

相关数据后,得到以下稍加整理的蜗杆传动的设计报告:

************ 蜗杆传动设计信息 ************

项目:螺旋输送机

设计者:张锦明

单位:无锡工艺学院

日期:2013 年 8 月 5 日

************ 传动参数 ************

蜗杆输入功率:2.97 kW

蜗杆类型:阿基米德蜗杆(ZA 型)

蜗杆转速 n_1:1 430 r/min

蜗轮转速 n_2:62.17 r/min

使用寿命:19 200 小时

理论传动比:23.001

蜗杆头数 z_1:2 $z_1 = 2$

蜗轮齿数 z_2:46 $z_2 = 46$

实际传动比 i:23

************ 蜗杆蜗轮材料 ************

蜗杆材料:45   蜗杆:45 调质

蜗杆热处理类型:调质   蜗轮:ZCuSn10P1

蜗轮材料:ZCuSn10P1

蜗轮铸造方法:砂型铸造

疲劳接触强度最小安全系数 S_H min:1.1

弯曲疲劳强度最小安全系数 S_F min:1.2

转速系数 Z_n:0.762

寿命系数 Z_h:1.077

材料弹性系数 Z_e:147 $\sqrt{\text{MPa}}$

蜗轮材料接触疲劳极限应力 σ_{Hlim}:265 N/mm²

蜗轮材料许用接触应力 $[\sigma_H]$:197.851 N/mm²

蜗轮材料弯曲疲劳极限应力 σ_{Flim}:115 N/mm²

蜗轮材料许用弯曲应力 $[\sigma_F]$:95.833 N/mm²

************ 蜗轮材料强度计算 ************

蜗轮轴转矩 $T_2 = 364.98$ N·m

蜗轮轴接触强度要求:$m^2 d_1 \geqslant 1\,189.707$ mm³

模数 $m = 5$ mm $m = 5$ mm

蜗杆分度圆直径 $d_1 = 50$ mm

************ 蜗轮材料强度校核 ************

蜗轮使用环境:平稳

蜗轮载荷分布情况:平稳载荷

蜗轮使用系数 K_a:1

蜗轮动载系数 K_v:1.2

导程角系数 Y_β:0.906

蜗轮齿面接触强度 σ_H:183.398 N/mm²,通过接触强度验算!

蜗轮齿根弯曲强度 σ_F:19.574 N/mm²,通过弯曲强度计算!

************ 几何尺寸计算结果 ************

实际中心距 a:140 mm　　　　　　　　　　　　　$a = 140$ mm

齿根高系数 $h_a{}^*$:1

齿根高系数 $c*$:0.2

蜗杆分度圆直径 d_1:50 mm　　　　　　　　　　　$d_1 = 50$ mm

蜗杆齿顶圆直径 d_{a1}:60 mm　　　　　　　　　　$d_{a1} = 60$ mm

蜗杆齿根圆直径 d_{f1}:38 mm

蜗轮分度圆直径 d_2:230 mm　　　　　　　　　　　$d_2 = 230$ mm

法面模数 m_n:5 mm

蜗轮喉圆直径 d_{a2}:240 mm　　　　　　　　　　　$d_{a2} = 240$ mm

蜗轮齿根圆直径 d_{f2}:218 mm

蜗轮齿顶圆弧半径 R_{a2}:20 mm

蜗轮齿根圆弧半径 R_{f2}:31 mm

蜗轮顶圆直径 d_{e2}:246 mm　　　　　　　　　　　$d_{e2} = 246$ mm

蜗杆导程角 γ:11.31°

轴向齿形角 α_x:20°

蜗杆轴向齿厚 s_{x1}:7.854 mm

蜗杆法向齿厚 s_{n1}:7.701 mm

蜗杆分度圆齿厚 s_2:7.854 mm

蜗杆螺纹长 $b_1 \geqslant 68.8$ mm　　　取 $b_1 = 70$ mm　　$b_1 = 70$ mm

蜗轮齿宽 $b_2 \leqslant 45$ mm　　　　取 $b_2 = 45$ mm　　$b_2 = 45$ mm

齿面滑动速度 v_s:3.818 m/s

************ 热平衡计算 ************

据[8]P249 取散热系数 $\alpha_t = 16$ W/m² · ℃

由蜗杆减速器装配图得其有效散热面积为:$A = 0.3 \times 0.45 \times 2 + 0.245 \times 0.45 \times 2 + 0.245 \times 0.3 = 0.564$ m²

据[8]P249 式(7-13)得:

$$\Delta t = \frac{1\,000P_1(1-\eta)}{\alpha_t A} = \frac{1\,000 \times 2.97(1-0.79)}{16 \times 0.564} = 69.1℃ < [\Delta t] = 70 ℃$$

故该蜗杆传动热平衡条件满足。

4　链传动设计

使用[1]→【常用设计计算程序】→【链传动设计】的设计软件进行设计时,输入链传动功率 2.15 kW,主动链轮转速 62.17 r/min,传动比 2.07 等相关数据后得链传动设计结果:

链号:12A　　　　　　　　　　　　　　　　　　　　12A

链条节距:31.75 mm　　　　　　　　　　　　　　节距:31.75 mm

中心距:1 262.93 mm　　　　　　　　　　　　　中心距:1 262.93 mm

链条节数:106　　　　　　　　　　　　　　　　　节数:106

链条长度:3.37 m

链速:0.56 m/s

有效圆周力:3 839.29 N　　　　　　　　　　　作用在轴上力:

作用于轴上的拉力:4 530.3 N　　　　　　　　4 530.3 N

润滑方法:用油壶或油刷定期人工润滑

5　轴的设计

5.1　蜗杆和蜗轮轴最小直径的确定

1. 蜗杆

因为蜗杆选用的是 45 号钢调质,据【P45】所述,取 $C = 112.5$,由式(3.1)得:

$$d \geqslant C\sqrt[3]{\frac{P}{n}} = 112.5\sqrt[3]{\frac{2.97}{1\,430}} = 14.35 \text{ mm}$$

考虑到直径最小处安装联轴器需开一个键槽,将 d 加大 5% 后得 $d = 15.1$ mm。由于该处安装标准弹性联轴器,配合处的直径与长度应与标准弹性联轴器的直径、长度相符,故取蜗杆轴最小直径 $d_1 = 20$ mm,轴头长度 $l_1 = 38$ mm。

$d_1 = 20$ mm
$l_1 = 38$ mm

2. 蜗轮轴

(1) 轴的材料选择

选用 45 号钢正火。

(2) 初算轴的直径

据【P45】所述,取 $C = 112.5$,由式(3.1)得:

$$d \geqslant C\sqrt[3]{\frac{P}{n}} = 112.5\sqrt[3]{\frac{2.15}{62.17}} = 36.65 \text{ mm}$$

考虑到直径最小处安装小链轮需开一个键槽,将 d 加大 5% 后得 $d = 38.48$ mm。取蜗轮轴最小直径 $d_2 = 40$ mm,轴头长度 $l_2 = 60$ mm。

$d_2 = 40$ mm
$l_2 = 60$ mm

5.2　轴的结构设计

1. 减速器箱体尺寸计算

据 P53 表 4.1 计算蜗杆减速器箱体的主要尺寸为：

名　称	符号	计　　算	结　果
箱座壁厚	δ	$\delta = 0.04a + 3 = 0.04 \times 140 = 5.6$ mm　取 $\delta = 10$ mm	$\delta = 10$ mm
箱盖壁厚	δ_1	$\delta_1 = 0.85\delta = 0.85 \times 10 = 8.5$ mm 取 $\delta_1 = 10$ mm	$\delta_1 = 10$ mm
箱座凸缘厚度	b	$b = 1.5\delta = 1.5 \times 10 = 15$ mm	$b = 15$ mm
箱盖凸缘厚度	b_1	$b_1 = 1.5\delta_1 = 1.5 \times 10 = 15$ mm	$b_1 = 15$ mm
箱座底凸缘厚度	b_2	$b_2 = 2.5\delta = 2.5 \times 10 = 25$ mm	$b_2 = 25$ mm
地脚螺钉直径及数目	d_f　n	$d_f = 0.036a + 12 = 0.036 \times 165 + 12 = 17.94$ mm 取 M20 的地脚螺钉 地脚螺钉数目 $n = 4$	M20 $n = 4$
轴承旁联接螺栓直径	d_1	$d_1 = 0.75d_f = 0.75 \times 20 = 15$ mm 取 M16 的螺栓	M16
箱盖与箱座联接螺栓直径	d_2	$d_2 = (0.5 \sim 0.6)d_f = (0.5 \sim 0.6) \times 20 = 10 \sim 12$ mm 取 M12 的螺栓	M12
外箱壁至轴承座端面的距离	l_1	$l_1 = c_1 + c_2 + (5 \sim 8)$mm $= 20 + 22 + (5 \sim 8)$mm $= (47 \sim 50)$mm 取 $l_1 = 50$ mm	$l_1 = 50$ mm
内箱壁至轴承座端面的距离	l_2	$l_2 = l_1 + \delta = 50 + 10 = 60$ mm	$l_2 = 60$ mm
箱座底部外箱壁至凸缘底座最外端的距离	L	$L = c_1 + c_2 = 26 + 24 + = 50$ mm 取 $L = 55$ mm	$L = 55$ mm

2. 绘制轴结构图

根据以上计算的尺寸,并参考 P78 图 5.3、P79 表 5.1 绘制的轴结构图如图 23 所示。

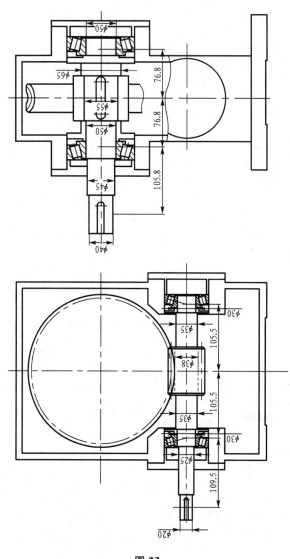

图 23

5.3 轴的强度校核

1. 计算蜗杆蜗轮在啮合处所受的力

据[9]P140 式(7.9)得:

蜗杆切向力: $F_{t1} = \dfrac{2T_1}{d_1} = \dfrac{2 \times 19.83 \times 1\,000}{50} = 793.2\,\text{N}$ | $F_{t1} = 793.2\,\text{N}$

蜗轮切向力: $F_{t2} = \dfrac{2T_2}{d_2} = \dfrac{2 \times 330.26 \times 1\,000}{230} = 2\,871.8\,\text{N}$ | $F_{t2} = 2\,871.8\,\text{N}$

蜗轮径向力: $F_{r2} = F_{t2}\tan\gamma = 2\,871.8\tan 11.31° = 573.8\,\text{N}$ | $F_{r1} = 573.8\,\text{N}$

蜗杆轴向力: $F_{a1} = F_{t2} = 2\,871.8\,\text{N}$ | $F_{r2} = 573.8\,\text{N}$

蜗杆径向力: $F_{r1} = F_{r2} = 573.8\,\text{N}$ | $F_{a1} = 2\,871.8\,\text{N}$

蜗轮轴向力: $F_{a2} = F_{t1} = 793.2\,\text{N}$ | $F_{a2} = 793.2\,\text{N}$

2. 蜗杆轴的强度校核

(1) 绘制蜗杆轴空间受力图

　　绘制的蜗杆轴空间受力图如图 24(a)所示。

(2) 作水平面 H 和垂直面 V 内的受力图,并计算支座反力

　　绘制的水平面 H 和垂直面 V 内的受力图如图 24(b)、图 24(c)所示。

① H 面

$$R_{BH} = R_{DH} = F_{t1}/2 = 793.2/2 = 396.6 \text{ N}$$

② V 面 $\sum M_B = 0$

$$25F_{a1} - 105.5F_{r1} - (105.5 + 105.5)R_{DV} = 0$$

$$R_{DV} = \frac{25F_{a1} - 105.5F_{r1}}{105.5 + 105.5} = \frac{25 \times 2\,871.8 - 105.5 \times 573.8}{105.5 + 105.5} = 53.4 \text{ N}$$

$$\sum F_Z = 0$$

$$R_{BV} - F_{r1} - R_{DV} = 0$$

$$R_{BV} = F_{r1} + R_{DV} = 573.8 + 53.4 = 627.2 \text{ N}$$

(3) 计算 H 面及 V 面内的弯矩,并作弯矩图

① H 面

$$M_{HA} = M_{HB} = M_{HD} = 0$$

$$M_{HC} = 105.5R_{BH} = 105.5 \times 396.6 = 41\,841.3 \text{ N} \cdot \text{mm}$$

② V 面

$M_{VA} = M_{VB} = M_{VD} = 0$ BC 段:$M_{VC-} = 105.5R_{BV} = 105.5 \times 627.2 = 66\,169.6 \text{ N} \cdot \text{mm}$

CD 段:$M_{VC+} = -105.5R_{DV} = -105.5 \times 53.4 = -5\,633.7 \text{ N} \cdot \text{mm}$

　　H 面与 V 面内的弯矩图如图 24(d)、图 24(e)所示。

(4) 计算合成弯矩并作图

$$M_A = M_B = M_D = 0$$

$$M_{C-} = \sqrt{M_{HC}^2 + M_{VC-}^2} = \sqrt{41\,841.3^2 + 66\,169.6^2} = 78\,288 \text{ N} \cdot \text{mm}$$

$$M_{C+} = \sqrt{M_{HC}^2 + M_{VC+}^2} = \sqrt{41\,841.3^2 + (-5\,633.7)^2} = 42\,219 \text{ N} \cdot \text{mm}$$

　　合成弯矩图如图 24(f)所示。

(5) 计算扭矩并作扭矩图

　　据 P48 取折算系数 $\alpha = 0.6$,则扭矩为:

$$\alpha T = 0.6 \times 19.83 \times 1\,000 = 11\,898 \text{ N} \cdot \text{mm}$$

　　扭矩图如图 24(g)所示。

（6）计算当量弯矩并作当量弯矩图

$M_{eA} = 11\,898\,\text{N} \cdot \text{mm}$

$M_{eB} = 11\,898\,\text{N} \cdot \text{mm}$

$M_{eC-} = \sqrt{M_{C-}^2 + (\alpha T)^2} = \sqrt{78\,288^2 + 11\,898^2} = 79\,187\,\text{N} \cdot \text{mm}$

$M_{eC+} = \sqrt{M_{C+}^2 + (\alpha T)^2} = \sqrt{42\,219^2 + 11\,898^2} = 43\,863\,\text{N} \cdot \text{mm}$

$M_{eD} = 0$

当量弯矩图如图 24(h)所示。

$M_{eA} =$
$11\,898\,\text{N} \cdot \text{mm}$

$M_{eC-} =$
$79\,187\,\text{N} \cdot \text{mm}$

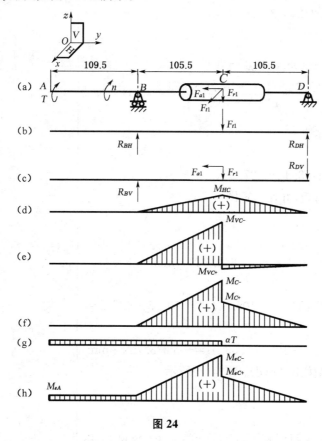

图 24

（7）强度校核

蜗杆轴许用弯曲应力$[\sigma_{-1}]_b$由 P48 得：$[\sigma_{-1}]_b = 60\,\text{MPa}$。

在蜗杆轴最小直径 A 处：

由 P48 式(3.3)得：

$$d_A \geqslant \sqrt[3]{\frac{M_{eA}}{0.1\,[\sigma_{-1}]_b}} = \sqrt[3]{\frac{11\,898}{0.1 \times 60}} = 12.6\,\text{mm}$$

由于该处开一个键槽，把 12.6 加大 5% 后得 13.2 mm，小于该处直径 20 mm，所以蜗杆轴 A 处的强度足够。

在蜗杆轴受到的最大当量弯矩 C 处：

$$d_C \geqslant \sqrt[3]{\frac{M_{cC}}{0.1 [\sigma_{-1}]_b}} = \sqrt[3]{\frac{43\,863}{0.1 \times 60}} = 19.4 \text{ mm} < d_{f1} = 28 \text{ mm}$$

蜗杆轴 C 处的强度足够。

由于在轴径最小处和受载最大处的强度都足够,由此可知蜗杆轴强度足够。

3. 蜗轮轴的强度校核

(1) 绘制蜗轮轴空间受力图

绘制的蜗轮轴空间受力图如图 25(a)所示。

(2) 作水平面 H 和垂直面 V 内的受力图,并计算支座反力

绘制的水平面 H 和垂直面 V 内的受力图如图 25(b)、(c)所示。

① H 面

$$\sum M_B = 0$$

$$105.8 F_Q + 76.8_{t2} - (76.8 + 76.8)R_{DH} = 0$$

$$R_{DH} = \frac{105.8 F_Q + 76.8 F_{t2}}{76.8 + 76.8} = \frac{105.8 \times 4\,530.3 + 76.8 \times 2\,871.8}{76.8 + 76.8} =$$

$$4\,556 \text{ N}$$

$$\sum F_x = 0$$

$$F_Q - R_{BH} - F_{t2} + R_{DH} = 0$$

$$R_{BH} = F_Q - F_{t2} + R_{DH} = 4\,530.3 - 2\,871.8 + 4\,556 = 6\,215 \text{ N}$$

② V 面 $\sum M_B = 0$

$$76.8 F_{r2} - 115 F_{a2} + (76.8 + 76.8)R_{DV} = 0$$

$$R_{DV} = \frac{115 F_{a2} - 76.8 F_{r2}}{76.8 + 76.8} = \frac{115 \times 793.2 - 76.8 \times 573.8}{76.8 + 76.8} = 307 \text{ N}$$

$$\sum F_Z = 0$$

$$R_{DV} + F_{r2} - R_{BV} = 0 \quad R_{BV} = R_{DV} + F_{r2} = 307 + 573.8 = 881 \text{ N}$$

(3) 计算 H 面及 V 面内的弯矩,并作弯矩图

① H 面

$$M_{HA} = M_{HD} = 0$$

$$M_{HB} = -105.8 F_Q = -105.8 \times 4\,530.3 = -479\,306 \text{ N} \cdot \text{mm}$$

$$M_{HC} = -76.8 R_{DH} = -76.8 \times 4\,556 = -349\,901 \text{ N} \cdot \text{mm}$$

② V 面

$$M_{VA} = M_{VB} = M_{VD} = 0$$

BC 段:$M_{VC-} = -76.8 R_{BV} = -76.8 \times 881 = -67\,661 \text{ N} \cdot \text{mm}$

CD 段:$M_{VC+} = 76.8 R_{DV} = 76.8 \times 307 = 23\,578 \text{ N} \cdot \text{mm}$

H 面与 V 面内的弯矩图如图 25(d)、(e)所示。

(4) 计算合成弯矩并作图

$$M_A = M_D = 0$$

$$M_B = \sqrt{M_{HB}^2 + M_{VB}^2} = \sqrt{(-479\,306)^2 + 0^2} = 479\,306\ \text{N} \cdot \text{mm}$$

$$M_{C-} = \sqrt{M_{HC}^2 + M_{VC-}^2} = \sqrt{(-349\,901)^2 + (-67\,661)^2} = 356\,383\ \text{N} \cdot \text{mm}$$

$$M_{C+} = \sqrt{M_{HC}^2 + M_{VC+}^2} = \sqrt{(-349\,901)^2 + 23\,578^2} = 350\,694\ \text{N} \cdot \text{mm}$$

合成弯矩图如图 25(f)所示。

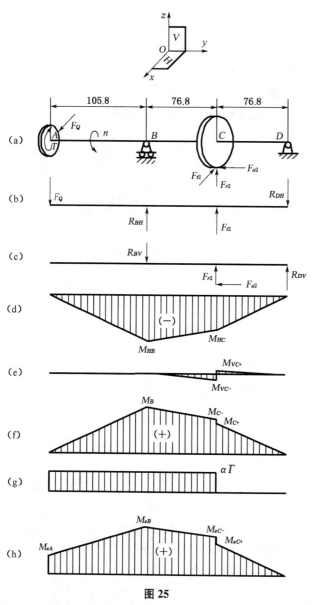

图 25

（5）计算扭矩并作扭矩图

据 P48 取折算系数 $\alpha = 0.6$，则扭矩为：

$$\alpha T = 0.6 \times 330.26 \times 1\,000 = 198\,156\ \text{N} \cdot \text{mm}$$

扭矩图如图 25(g)所示。

(6) 计算当量弯矩并作图

$M_{eA} = 198\ 156\ \text{N}\cdot\text{mm}$

$M_{eB} - \sqrt{M_B^2 + (\alpha T)^2} = \sqrt{479\ 306^2 + 198\ 156^2} = 518\ 652\ \text{N}\cdot\text{mm}$

$M_{eC-} = \sqrt{M_{C-}^2 + (\alpha T)^2} = \sqrt{356\ 383^2 + 198\ 156^2} = 407\ 768\ \text{N}\cdot\text{mm}$

$M_{eC+} = M_{C+} = 350\ 694\ \text{N}\cdot\text{mm}$

$M_{eD} = 0$

当量弯矩图如图 25(h)所示。

(7)强度校核

蜗轮轴许用弯曲应力$[\sigma_{-1}]_b$由 P48 得：

$$[\sigma_{-1}]_b = 55\ \text{MPa}$$

在蜗轮轴最小直径 A 处：

由 P48 式(3.3)得：$d_A \geqslant \sqrt[3]{\dfrac{M_{eA}}{0.1\,[\sigma_{-1}]_b}} = \sqrt[3]{\dfrac{198\ 156}{0.1\times 55}} = 33\ \text{mm}$

由于该处开一个键槽，把 33 mm 加大 5%后得 34.65 mm，小于该处直径 40 mm，所以蜗轮轴 A 处的强度足够。

在蜗轮轴受到的最大当量弯矩 B 处：

$$d_B \geqslant \sqrt[3]{\frac{M_{eB}}{0.1\,[\sigma_{-1}]_b}} = \sqrt[3]{\frac{518\ 652}{0.1\times 55}} = 45.5\ \text{mm}$$

由于该处开一个键槽，把 45.5 mm 加大 5%后得 47.8 mm，小于该处直径 55 mm，所以蜗轮轴 B 处的强度足够。

由于在轴径最小处和受载最大处的强度都足够，由此可知蜗轮轴强度足够。

6　滚动轴承选择

6.1　蜗杆轴滚动轴承的选择

1. 初选两只轴承的型号

根据轴的结构设计，安装轴承处的轴颈为 30 mm，两轴承间的距离不大，但由于该轴受较大的轴向载荷的作用，并考虑到箱体上加工两轴承孔的同轴度，考虑到轴承的价格、轴承购买的方便、轴承安装的方便，选用圆锥滚子轴承。因此蜗杆轴两圆锥滚子轴承的型号均取 30306，尽管蜗杆轴的转速很高，但它远在该轴承的极限转速之下。

2. 计算两轴承所受的径向载荷 F_r

据图 24 及以上计算，得图 26 蜗杆 B 处轴承受到的径向载荷 F_{rB} 为：

$M_{eA} =$
$198\ 156\ \text{N}\cdot\text{mm}$

$M_{eB} -$
$518\ 652\ \text{N}\cdot\text{mm}$

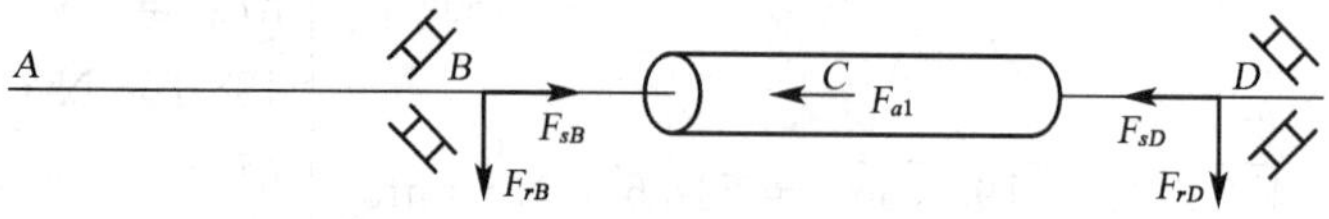

图 26

$$F_{rB} = R_B = \sqrt{R_{BH}^2 + R_{BV}^2} = \sqrt{396.6^2 + 627.2^2} = 742 \text{ N}$$

蜗杆 D 处轴承受到的径向载荷 F_{rD} 为：

$$F_{rD} = R_D = \sqrt{R_{DH}^2 + R_{DV}^2} = \sqrt{396.6^2 + 53.4^2} = 400 \text{ N}$$

3. 计算两轴承受到的轴向载荷 F_a

(1) 确定派生轴向力 F_s

查[1]→【轴承】→【滚动轴承】→【常用滚动轴承的基本尺寸与数据】→【圆锥滚子轴承】→【单列圆锥滚子轴承】得 30306 轴向载荷的影响判断系数 $e = 0.31$，轴向载荷系数 $Y = 1.9$，额定动载荷 $C_r = 59 \text{ kN}$。则轴承 B 派生轴向力由[9]P202 表 10.11 得：

$$F_{sB} = \frac{F_{rB}}{2Y} = \frac{742}{2 \times 1.9} = 195 \text{ N}$$

轴承 D 派生轴向力：

$$F_{sD} = \frac{F_{rD}}{2Y} = \frac{400}{2 \times 1.9} = 105 \text{ N}$$

(2) 确定轴向载荷 F_a

据图 26，轴承 B 的轴向载荷：

$$F_{aB} = \begin{cases} F_{a1} + F_{sD} = 2\,871.8 + 105 = 2\,977 \\ F_{sB} = 195 \end{cases} = 2\,977 \text{ N}$$

轴承 D 的轴向载荷：

$$F_{aD} = \begin{cases} F_{sB} - F_{a1} = 195 - 2\,871.8 = -2\,677 \\ F_{sD} = 105 \end{cases} = 105 \text{ N}$$

4. 确定当量动载荷 P

(1) 确定载荷系数 X、Y

由[9]P202 表 10.10 得：

轴承 B：$\dfrac{F_{aB}}{F_{rB}} = \dfrac{2\,977}{742} = 4.01 > e = 0.31$ $X = 0.4$ $Y = 1.9$

轴承 D：$\dfrac{F_{aD}}{F_{rD}} = \dfrac{105}{400} = 0.26 < e = 0.31$ $X = 1$ $Y = 0$

(2) 计算两轴承的当量动载荷 P

据[9]P201 式(10.5)得：

轴承 B：$P_B = XF_{rB} + YF_{aB} = 0.4 \times 742 + 1.9 \times 2\,977 = 5\,953$ N

轴承 D：$P_D = XF_{rD} + YF_{aD} = 1 \times 400 + 0 \times 105 = 400$ N

　　由于 $P_B > P_D$，所以取 $P - P_B - 5\,953$ N 进行计算。

5. 确定轴承型号

　　据[9]P200 取轴承的寿命指数 $\varepsilon = 10/3 = 3.333$；由表 10.7 取温度系数 $f_t = 1.00$；据 P201 表 10.8 取载荷系数 $f_P = 1.1$。并取轴承预期寿命 $[L_h = 19\,200$ h$]$。则由[9]P201 式(10.4)得轴承的计算载荷 C'：

$$C' = \frac{f_p P}{f_t} \sqrt[3.333]{\frac{60 n [L_h]}{10^6}} = \frac{1.1 \times 5\,953}{1.00} \sqrt[3.333]{\frac{60 \times 1\,430 \times 19\,200}{10^6}}$$

$$= 60\,431 \text{ N} = 60.431 \text{ kN}$$

　　由于 $C' = 60.431$ kN $\approx C = 59$ kN，基本满足要求，所以蜗杆轴承选用 30306 合适。

蜗杆轴轴承型号：30306

6.2　蜗轮轴滚动轴承的选择

1. 初选两只轴承的型号

　　蜗轮轴处滚动轴承的选择与蜗杆轴处滚动轴承的选择类似，但由于安装轴承处的轴颈为 50 mm，故选该处两滚动轴承的型号均为 30310。

2. 计算两轴承所受的径向载荷 F_r

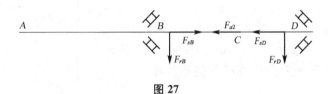

图 27

　　据图 25 及以上计算，得图 27 蜗轮 B 处轴承受到的径向载荷 F_{rB} 为：

$$F_{rB} = R_B = \sqrt{R_{BH}^2 + R_{BV}^2} = \sqrt{6\,215^2 + 881^2} = 6\,277 \text{ N}$$

　　蜗杆 D 处轴承受到的径向载荷 F_{rD} 为：

$$F_{rD} = R_D = \sqrt{R_{DH}^2 + R_{DV}^2} = \sqrt{4\,556^2 + 307^2} = 4\,566 \text{ N}$$

3. 计算两轴承受到的轴向载荷 F_a

(1) 确定派生轴向力 F_s

　　查[1]→【轴承】→【滚动轴承】→【常用滚动轴承的基本尺寸与数据】→【圆锥滚子轴承】→【单列圆锥滚子轴承】得 30310 轴向载荷的影响判断系数 $e = 0.35$，轴向载荷系数 $Y = 1.7$，额定动载荷 $C_r = 130$ kN。则轴承 B 派生轴向力由[9]P202 表 10.11 得：

$$F_{sB} = \frac{F_{rB}}{2Y} = \frac{6\,277}{2 \times 1.7} = 1\,846 \text{ N}$$

轴承 D 派生轴向力：

$$F_{sD} = \frac{F_{rD}}{2Y} = \frac{4\,566}{2 \times 1.7} = 1\,343\,\text{N}$$

（2）确定轴向载荷 F_a

据图 27，轴承 B 的轴向载荷：

$$F_{aB} = \left.\begin{cases} F_{a2} + F_{sD} = 793.2 + 1\,343 = 2\,136 \\ F_{sB} = 1\,846 \end{cases}\right\} = 2\,136\,\text{N}$$

轴承 D 的轴向载荷：

$$F_{aD} = \left.\begin{cases} F_{sB} - F_{a2} = 1846 - 793.2 = 1\,053 \\ F_{sD} = 1\,343 \end{cases}\right\} = 1\,343\,\text{N}$$

4. 确定当量动载荷 P

（1）确定载荷系数 X、Y

由 [9]P202 表 10.10 得：

轴承 B：$\dfrac{F_{aB}}{F_{rB}} = \dfrac{2\,136}{6\,277} = 0.34 < e = 0.35 \qquad X = 1 \qquad Y = 0$

轴承 D：$\dfrac{F_{aD}}{F_{rD}} = \dfrac{1\,343}{4\,566} = 0.29 < e = 0.35 \qquad X = 1 \qquad Y = 0$

（2）计算两轴承的当量动载荷 P

据 [9]P201 式（10.5）得：

轴承 B：$P_B = XF_{rB} + YF_{aB} = 1 \times 6\,277 + 0 \times 2\,136 = 6\,277\,\text{N}$

轴承 D：$P_D = XF_{rD} + YF_{aD} = 1 \times 4\,566 + 0 \times 1\,343 = 4\,566\,\text{N}$

由于 $P_B > P_D$，所以取 $P = P_B = 6\,277\,\text{N}$ 进行计算。

5. 确定轴承型号

据 [9]P200 取轴承的寿命指数 $\varepsilon = 10/3 = 3.333$；由表 10.7 取温度系数 $f_t = 1.00$；据 P201 表 10.8 取载荷系数 $f_P = 1.1$。并取轴承预期寿命 $[L_h = 19\,200\,\text{h}]$。则由 [9]P201 式（10.4）得轴承的计算载荷 C'：

$$C' = \frac{f_p P}{f_t} \sqrt[3.333]{\frac{60n[L_h]}{10^6}} = \frac{1.1 \times 6\,277}{1.00} \sqrt[3.333]{\frac{60 \times 62.17 \times 19\,200}{10^6}}$$

$$= 24\,872\,\text{N} = 24.872\,\text{kN}$$

由于 $C' = 24.872\,\text{kN} < C = 130\,\text{kN}$，满足要求，所以蜗轮轴承选用 30310 合适。

蜗轮轴轴承型号：30310

7 键的选择及强度校核

7.1 蜗杆轴与联轴器处的键联接

使用 [1]→【常用设计计算程序】→【键连接设计校核】的设计软件进行设计时，输入传递的转矩为 19 830 N·mm，轴径 $d = 20\,\text{mm}$，

键长36 mm,选C型键,联轴器材料为铸铁时的数据与工作条件后,得到键的设计结果:

传递的转矩　$T = 19\,830$ N·mm

轴的直径　$d = 20$ mm

键的类型　sTyPe = C型

键的截面尺寸　$b \times h = 6$ mm $\times 6$ mm

键的长度　$L = 36$ mm

键的有效长度　$L_0 = 33.000$ mm

接触高度　$k = 2.400$ mm

最弱的材料　Met = 铸铁

载荷类型　sType = 静载荷

许用应力　$[\sigma_P] = 75$ MPa

计算应力　$\sigma_P = 25.038$ MPa

校核计算结果:$\sigma_P < [\sigma_P]$　满足

键的标记:GB/T 1096—2003　键 C6×6×36

7.2　蜗轮轴与小链轮配合处的键联接

使用[1]→【常用设计计算程序】→【键连接设计校核】的设计软件进行设计时,输入传递的转矩为34 346 N·mm,轴径 $d = 40$ mm,键长56 mm,选C型键,联轴器材料为铸铁等数据与条件后,得到键的设计结果:

传递的转矩　$T = 34\,346$ N·mm

轴的直径　$d = 40$ mm

键的类型　sType = C型

键的截面尺寸　$b \times h = 12$ mm $\times 8$ mm

键的长度　$L = 56$ mm

键的有效长度　$L_0 = 50.000$ mm

接触高度　$k = 3.200$ mm

最弱的材料　Met = 铸铁

载荷类型　sType = 静载荷

许用应力　$[\sigma_P] = 75$ MPa

计算应力　$\sigma_P = 10.733$ MPa

校核计算结果:$\sigma_P < [\sigma_P]$　满足

键的标记:GB/T 1096—2003　键 C12×8×56

7.3　蜗轮轴与蜗轮配合处的键联接

使用[1]→【常用设计计算程序】→【键连接设计校核】的设计软件进行设计时,输入传递的转矩为34 346 N·mm,轴径 $d = 55$ mm,键长63 mm,选A型键,蜗轮轮毂材料为铸铁等数据与条件后,得到键的设计结果:

键 C6×6×36
键 C12×8×56

传递的转矩　$T = 34\ 346\ \text{N} \cdot \text{mm}$

轴的直径　$d = 55\ \text{mm}$

键的类型　$sTyPe = A\ 型$

键的截面尺寸　$b \times h = 16\ \text{mm} \times 10\ \text{mm}$

键的长度　$L = 63\ \text{mm}$

键的有效长度　$L_0 = 47.000\ \text{mm}$

接触高度　$k = 4.000\ \text{mm}$

最弱的材料　$\text{Met} = 铸铁$

载荷类型　$sType = 静载荷$

许用应力　$[\sigma_P] = 75\ \text{MPa}$

计算应力　$\sigma_P = 6.643\ \text{MPa}$

校核计算结果:$\sigma_P < [\sigma_P]$　满足

键的标记:GB/T 1096—2003　键 $16 \times 10 \times 63$　｜　键 $16 \times 10 \times 63$

8　联轴器的选择

查[9]P261 表 12.1 得联轴器工作情况系数 $K_A = 1.5$。据[9]P260 式(10.1)得计算转矩 $T_{ca} = K_A T = 1.5 \times 19.83 = 29.7\ \text{N} \cdot \text{m}$。考虑到补偿两轴线的相对偏移和减振、缓冲等原因,选用弹性联轴器。根据电动机伸出端直径 28 mm,电动机伸出端轴安装长度 60 mm。蜗杆轴装联轴器处要求直径为 20 mm,计算转矩 $T_c = 29.7\ \text{N} \cdot \text{m}$,转速 $n = 1\ 430\ \text{r/min}$,查[1]→【联轴器、离合器、制动器】→【联轴器】→【联轴器标准件、通用件】→【弹性联轴器】→【弹性套柱销联轴器】→【LT 型弹性联轴器】,取 LT4 型弹性联轴器。其主要参数为:轴孔直径分别为 20 mm、28 mm,轴孔长度分别为 38 mm、62 mm。该联轴器的许用转矩 $[T] = 63\ \text{N} \cdot \text{m}$,许用转速 $[n] = 5\ 700\ \text{r/min}$,满足 $T_c < [T]$、$n < [n]$ 的要求,故选用该联轴器合适。联轴器的标记:LT4 联轴器 $\dfrac{\text{J}_1\text{B}28 \times 62}{\text{J}_1\text{B}20 \times 38}$ GB/T 4323—2002 。

LT4 联轴器

$\dfrac{\text{J}_1\text{B}28 \times 62}{\text{J}_1\text{B}20 \times 38}$

GB/T 4323—2002

9　减速器润滑

9.1　蜗杆蜗轮润滑

1. 选择润滑油牌号

由[9]P136 式(7.6)求得蜗杆的圆周速度:

$$v = \frac{\pi n d}{6\ 000} = \frac{3.14 \times 1\ 430 \times 50}{6\ 000} = 3.74\ \text{m/s}$$

据 P69 所述,由于蜗杆的圆周速度 3.74 m/s 小于 10 m/s,所以传动件采用浸油润滑。据[1]→【润滑与密封装置】→【润滑剂】→【常

用润滑的牌号、性能及应用】→【常用润滑脂主要质量指标和用途】→ | L‑CKC150

【工业闭式齿轮油】,选用 L‑CKC150 工业闭式齿轮油,取蜗杆浸油

深度为 1～2 个齿高作为最低油面。

2. 计算减速器所需的油量据装配图尺寸,算油池容积 $V = 260 \times 90 \times 115 = 2\,691\,000$ mm³ $= 2.691$ dm³。

据 P71 所述,减速器所需油量 $V_0 = 2.97 \times 0.36 = 1.07$ dm³。由于 $V > V_0$,所以减速器所需的油量满足要求。

9.2　滚动轴承润滑

蜗杆轴轴承采用浸油润滑。蜗轮轴轴颈的速度因素 $dn = 50 \times 62.17 = 0.031 \times 10^5$ mm. r/min $< 1.5 \times 10^5$ mm · r/min,据 P71 所述,蜗轮轴轴承采用润滑脂润滑。据[1]→【润滑与密封装置】→【润滑剂】→【常用润滑脂】→【常用润滑脂主要质量指标和用途】→【钙基润滑脂】,选用 NLGI№2 润滑脂。 | NLGI№2

10　减速器的装配图零件图

蜗杆减速器装配图如图 28 所示。蜗杆减速器的非标准零件图如图 29～图 45 所示。

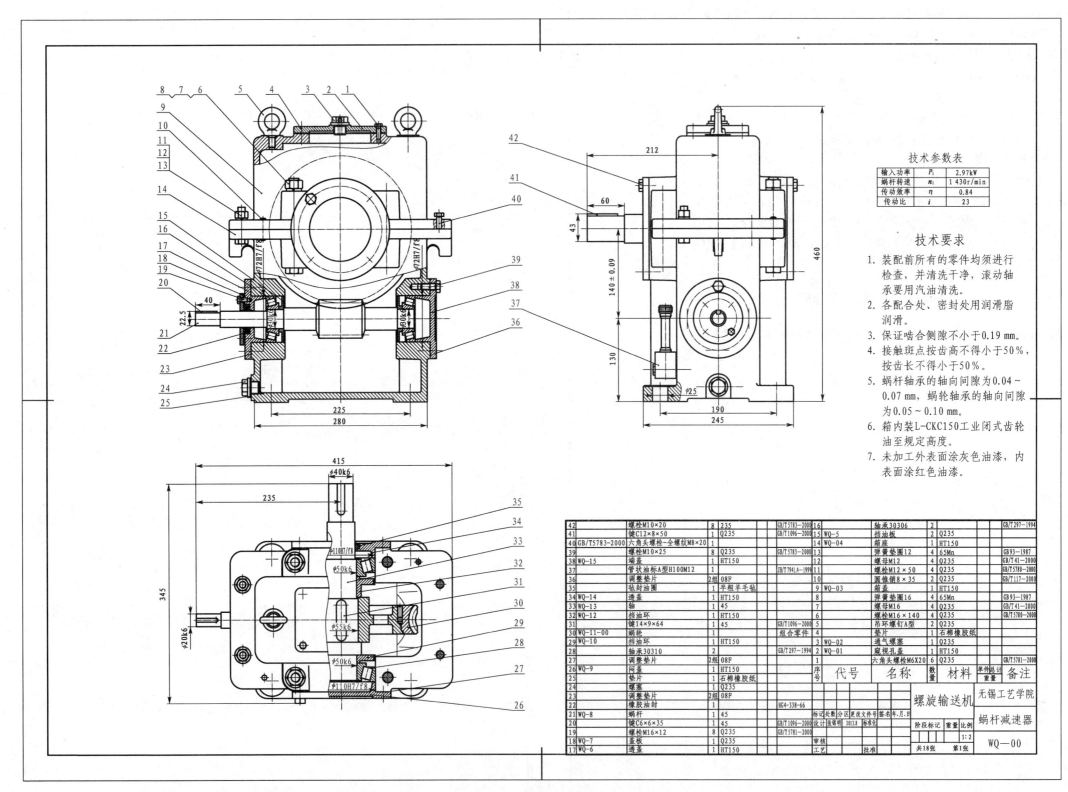

技术参数表

输入功率	P_1	2.97kW
蜗杆转速	n_1	1 430r/min
传动效率	η	0.84
传动比	i	23

技术要求

1. 装配前所有的零件均须进行检查，并清洗干净，滚动轴承要用汽油清洗。
2. 各配合处、密封处用润滑脂润滑。
3. 保证啮合侧隙不小于0.19 mm。
4. 接触斑点按齿高不得小于50%，按齿长不得小于50%。
5. 蜗杆轴承的轴向间隙为0.04～0.07 mm，蜗轮轴承的轴向间隙为0.05～0.10 mm。
6. 箱内装L-CKC150工业闭式齿轮油至规定高度。
7. 未加工外表面涂灰色油漆，内表面涂红色油漆。

42		螺栓M10×20	8	Q235	GB/T5783-2000	16		轴承30306	2		GB/T297-1994
41		键C12×8×50	1	Q235	GB/T1096-2000	15	WQ-5	挡油板	2	Q235	
40	GB/T5783-2000	六角头螺栓-全螺纹M8×20	1			14	WQ-04	箱座	1	HT150	
39		螺栓M10×25	8	Q235	GB/T5783-2000	13		弹簧垫圈12	4	65Mn	GB93-1987
38	WQ-15	端盖	1	HT150		12		螺母M12	4	Q235	GB/T41-2000
37		管状油标A型H100M12	1		JB/T7941.4-1999	11		螺栓M12×50	4	Q235	GB/T5780-2000
36		调整垫片	2组	08F		10		圆锥销8×35	2	Q235	GB/T117-2000
35	WQ-14	毡封油圈	1	半粗羊毛毡		9	WQ-03	箱盖	1	HT150	
34	WQ-13	透盖	1	HT150		8		弹簧垫圈16	4	65Mn	GB93-1987
33	WQ-13	轴	1	45		7		螺母M16	4	Q235	GB/T41-2000
32	WQ-12	挡油环	1	HT150		6		螺栓M16×140	4	Q235	GB/T5780-2000
31		键14×9×64	1	45	GB/T1096-2000	5		吊环螺钉A型	2	Q235	
30	WQ-11-00	蜗轮	1	组合零件		4	WQ-02	垫片	1	石棉橡胶纸	
29	WQ-10	挡油环	1	HT150		3	WQ-02	通气螺塞	1	Q235	
28		轴承30310	2		GB/T297-1994	2	WQ-01	窥视孔盖	1	HT150	
27		调整垫片	2组	08F		1		六角头螺栓M6X20	6	Q235	GB/T5781-2000
26	WQ-9	闷盖	1	HT150		序号	代号	名称	数量	材料	单件总计 备注
25		垫片	1	石棉橡胶纸							重量
24		螺塞	1	Q235				螺旋输送机		无锡工艺学院	
23		调整垫片	2组	08F							
22		橡胶油封	1	HG4-338-66		标记 处数 分区 更改文件号 签名 年、月、日					
21	WQ-8	蜗杆	1	45		设计 倪锡明 2013.8 标准化					
20		键C6×6×35	1	45	GB/T1096-2000	阶段标记 重量 比例					
19		螺栓M16×12	8	Q235	GB/T5781-2000	审核				1:2	WQ—00
18	WQ-7	盖板	1	Q235		工艺 批准					
17	WQ-6	透盖	1	HT150		共18张 第1张					

蜗杆减速器

图28

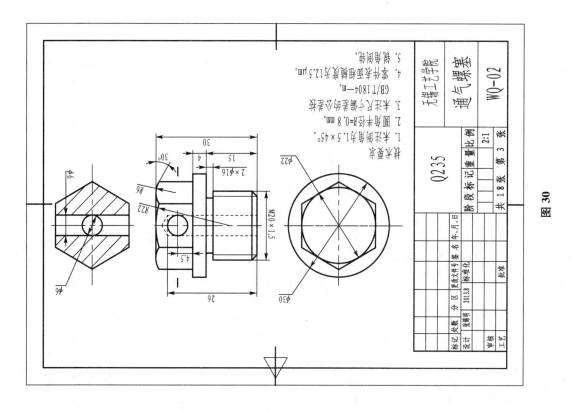

图30

技术要求
1. 未注铸造圆角半径为R=2 mm。
2. 清除毛刺，锐角倒钝。

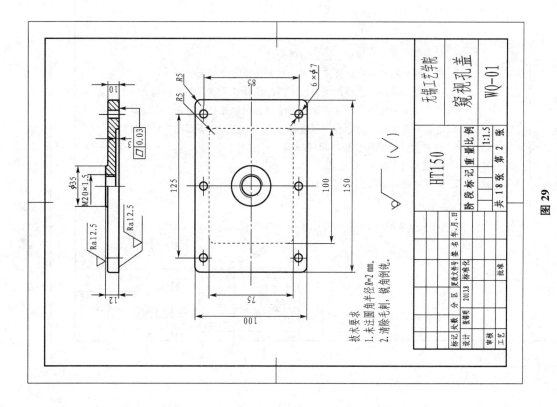

图29

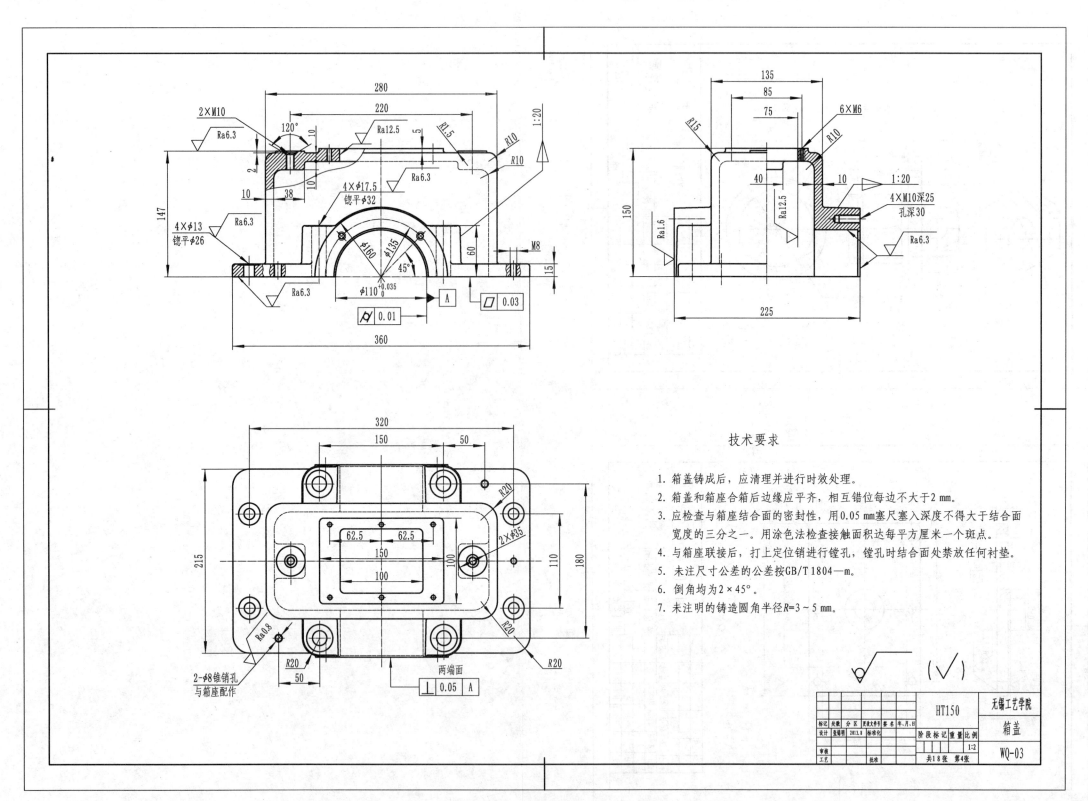

技术要求

1. 箱盖铸成后，应清理并进行时效处理。
2. 箱盖和箱座合箱后边缘应平齐，相互错位每边不大于2 mm。
3. 应检查与箱座结合面的密封性，用0.05 mm塞尺塞入深度不得大于结合面宽度的三分之一。用涂色法检查接触面积达每平方厘米一个斑点。
4. 与箱座联接后，打上定位销进行镗孔，镗孔时结合面处禁放任何衬垫。
5. 未注尺寸公差的公差按GB/T 1804—m。
6. 倒角均为2×45°。
7. 未注明的铸造圆角半径R=3～5 mm。

					HT150	无锡工艺学院
标记	处数	分区	更改文件号	签名 年.月.日		
设计	张艳明	2013.8	标准化		阶段标记 重量 比例	箱盖
审核					1:2	
工艺			批准		共18张 第4张	WQ-03

图 31

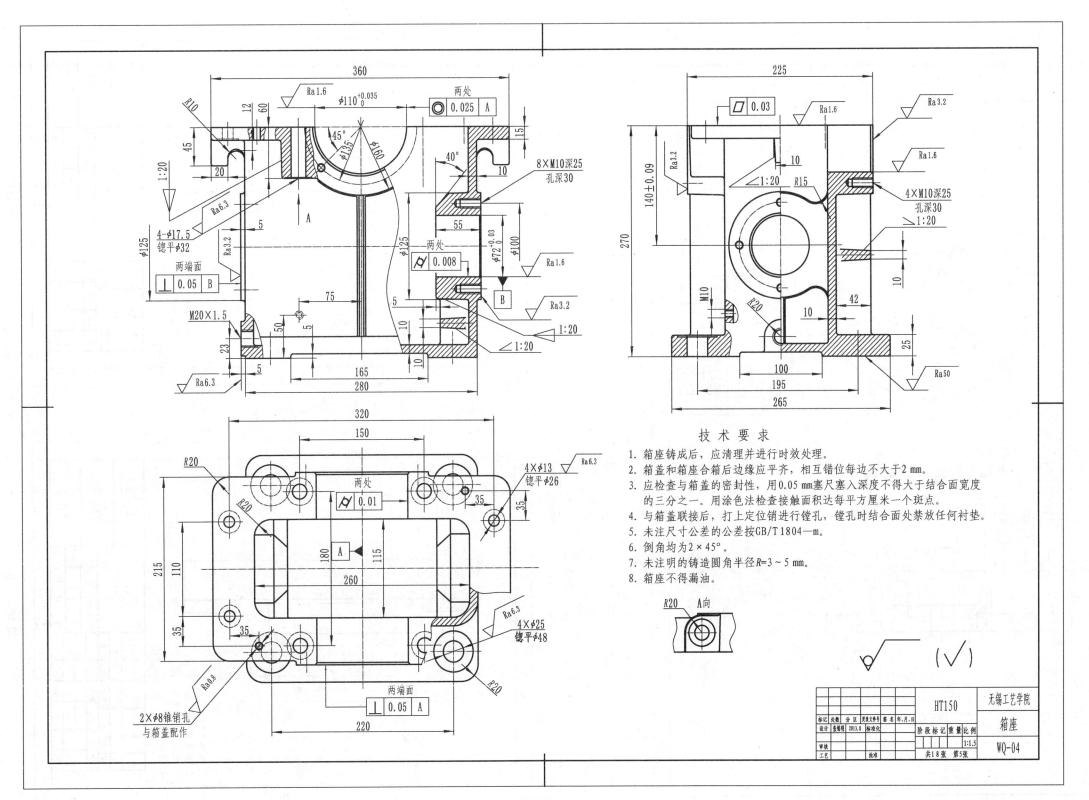

技 术 要 求

1. 箱座铸成后，应清理并进行时效处理。
2. 箱盖和箱座合箱后边缘应平齐，相互错位每边不大于2 mm。
3. 应检查与箱盖的密封性，用0.05 mm塞尺塞入深度不得大于结合面宽度的三分之一。用涂色法检查接触面积达每平方厘米一个斑点。
4. 与箱盖联接后，打上定位销进行镗孔，镗孔时结合面处禁放任何衬垫。
5. 未注尺寸公差的公差按GB/T 1804—m。
6. 倒角均为2×45°。
7. 未注明的铸造圆角半径R=3～5 mm。
8. 箱座不得漏油。

标记	处数	分区	更改文件号	签 名	年、月、日		HT150	无锡工艺学院
设计	盘锡明	2013.8	标准化					箱座
					阶段标记	重量	比例	
审核							1:1.5	
工艺			批准		共18张 第5张			WQ-04

图 32

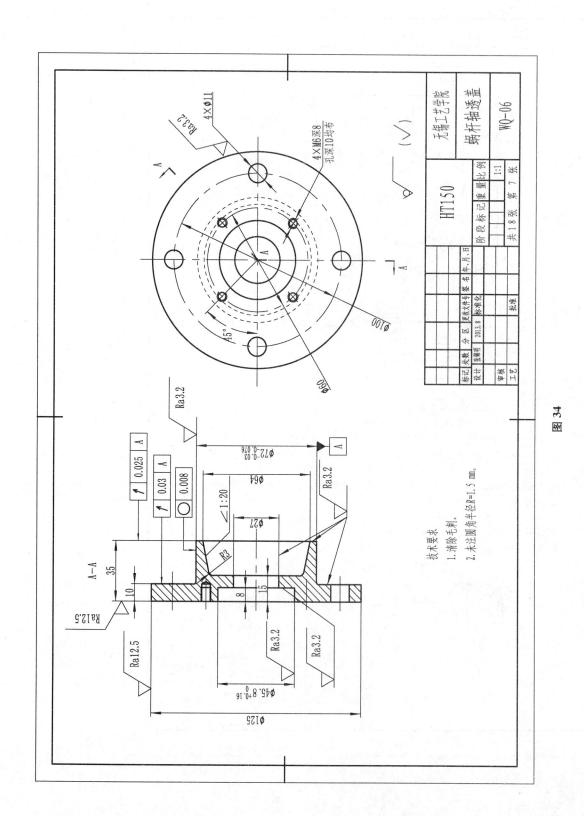

图 34

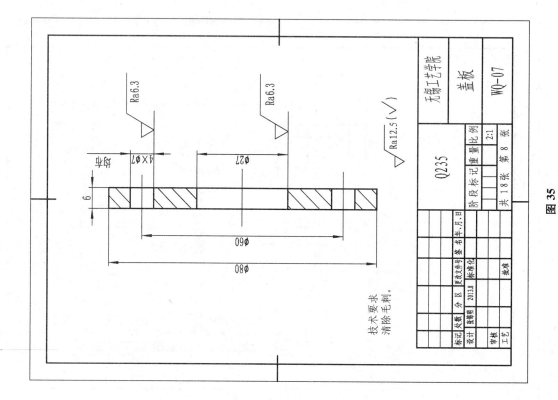

图 35

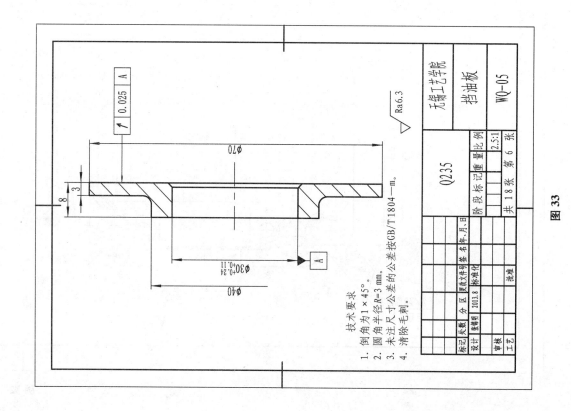

图 33

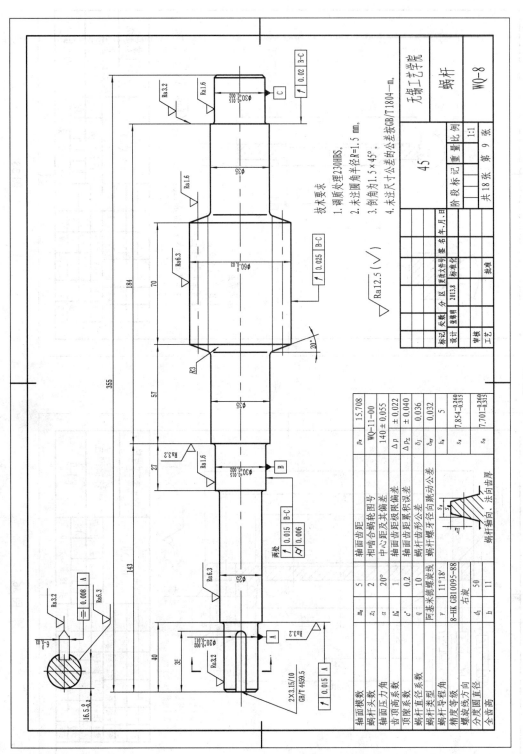

技术要求
1. 调质处理230HBS。
2. 未注圆角半径R=1.5 mm。
3. 倒角为1.5×45°。
4. 未注尺寸公差按GB/T1804—m。

$\sqrt{Ra12.5}(\sqrt{})$

轴面模数	m_x	5	轴面齿距	p_x	15.708
蜗杆头数	z_1	5	相啮合蜗轮图号		WQ-11-00
轴面压力角	α	20°	中心距及其偏差		140±0.055
齿顶高系数	h_a^*	1	轴面齿距极限偏差	Δp	±0.022
顶隙系数	c^*	0.2	轴面齿距累积误差	Δp_z	±0.040
蜗杆直径系数	q	10	蜗杆齿形公差	δ_f	0.036
蜗杆类型		阿基米德螺旋线	蜗杆螺牙径向跳动公差	δ_{gf}	0.032
蜗杆导程角		11°18′		h_a	5
精度等级		8-HK GB10095-88		s_x	$7.854^{-0.260}_{-0.315}$
螺旋线方向		右旋			
分度圆直径	d_1	50		s_n	$7.701^{-0.260}_{-0.315}$
全齿高	h	11	蜗杆轴向、法向齿厚		

图 37

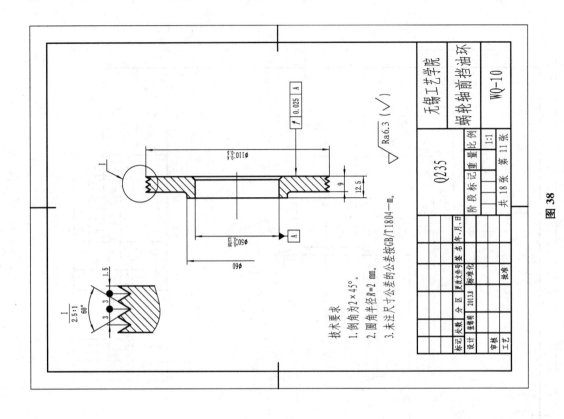

技术要求
1. 倒角为2×45°。
2. 圆角半径R=2 mm。
3. 未注尺寸公差按GB/T1804—m。

Q235

无锡工艺学院
蜗轮轴前挡油环
WQ-10

图38

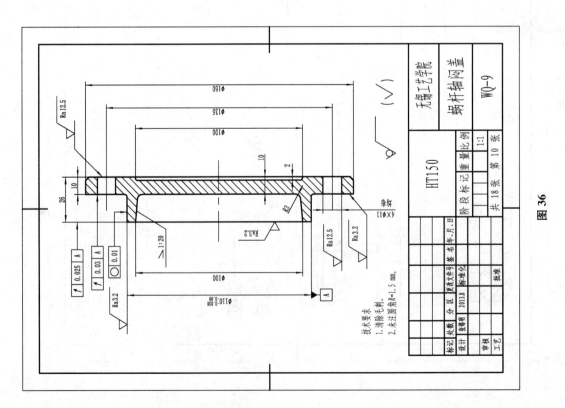

技术要求
1. 清除毛刺。
2. 未注圆角R=1.5 mm。

HT150

无锡工艺学院
蜗杆轴闷盖
WQ-9

图36

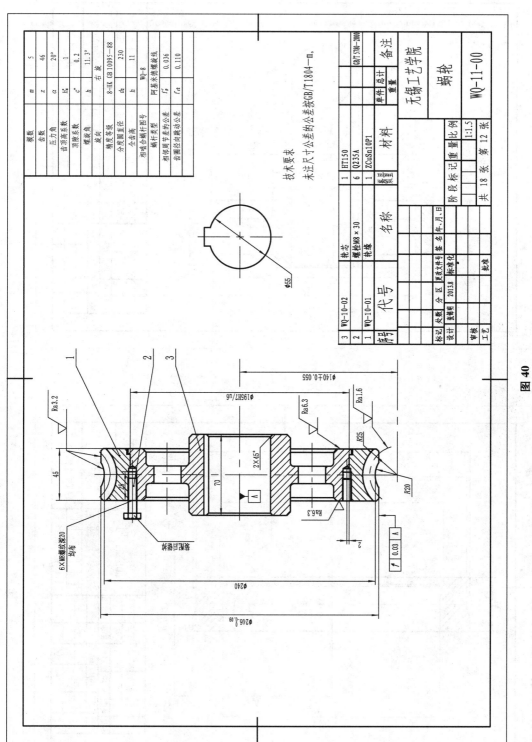

图40

模数	m	5
齿数	z	46
压力角	α	20°
齿顶高系数	h_a^*	1
顶隙系数	c^*	0.2
螺旋角	β	11.3°
旋向		右旋
精度等级		8-HK GB 10095-88
分度圆直径	d_2	230
全齿高	h	11
相啮合蜗杆图号		WQ-8
蜗杆副类型		阿基米德蜗线
相邻齿距极限偏差	f_{pt}	0.036
齿圈径向跳动公差	f_{r2}	0.110

技术要求

未注尺寸公差的公差按GB/T1804—m。

3	WQ-10-02		轮芯	1	HT150		
2	WQ-10-01		螺栓M8×30	6	Q235A		
1			轮缘	1	ZCuSn10P1		
序号	代号		名称	数量	材料	单件 总计	备注
						重量	

无锡工艺学院

蜗轮

WQ-11-00

比例 1:1.5

共 18 张 第 12 张

GB/T.5700-2000

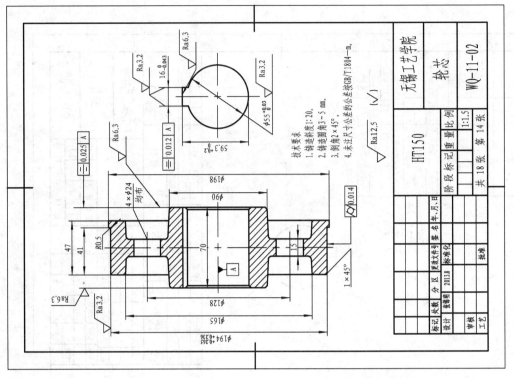

技术要求
1. 铸造斜度1:20。
2. 铸造圆角3～5 mm。
3. 倒角2×45°。
4. 未注尺寸公差的公差按GB/T1804—m。

HT150

无锡工艺学院　轮芯　WQ-11-02

图 41

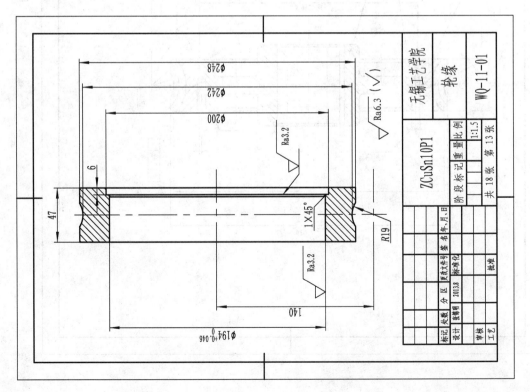

ZCuSn10P1

无锡工艺学院　轮缘　WQ-11-01

图 39

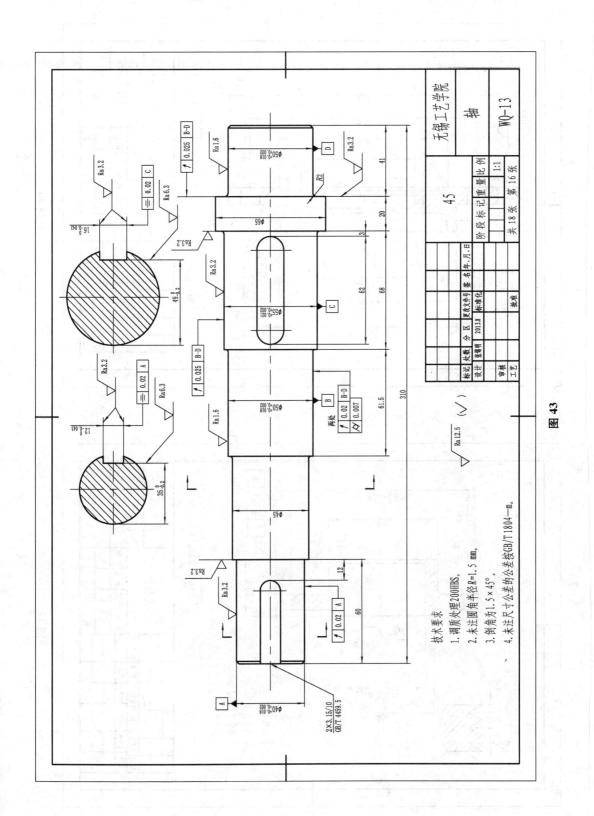

技术要求
1. 调质处理200HBS。
2. 未注圆角半径R=1.5 mm。
3. 倒角为1.5×45°。
4. 未注尺寸公差的公差按GB/T1804—m。

图 43

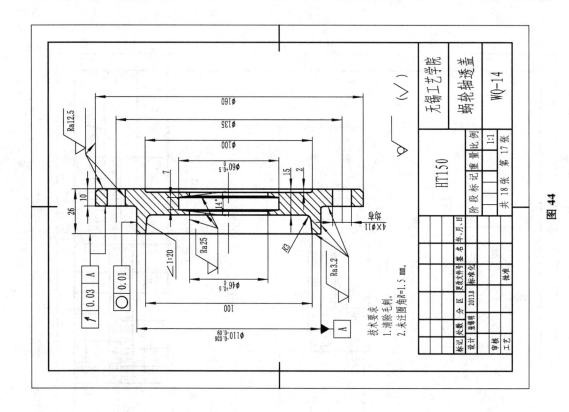

图 44

技术要求
1. 清除毛刺。
2. 未注圆角 R=1.5 mm。

				HT150			无锡工艺学院	
							蜗轮轴端透盖	
					比例	1:1	WQ-14	
				阶 段 标 记	重量			
				共 18 张	第 17 张			
标记	处数	分区	更改文件号	签名	年.月.日			
设计	张翔鹏		2013.8	标准化				
审核								
工艺			批准					

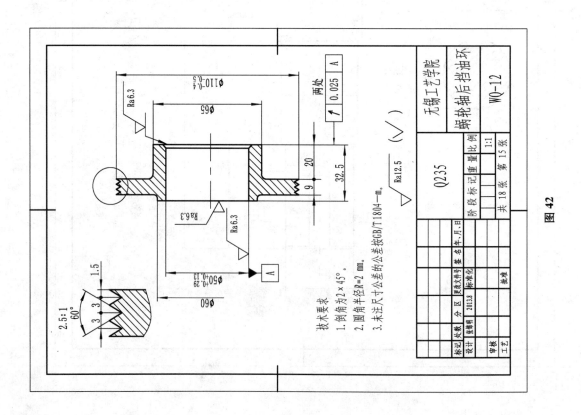

图 42

技术要求
1. 倒角为 2×45°。
2. 圆角半径 R=2 mm。
3. 未注尺寸公差按 GB/T1804—m。

				Q235			无锡工艺学院	
							蜗轮轴后挡油环	
					比例	1:1	WQ-12	
				阶 段 标 记	重量			
				共 18 张	第 15 张			
标记	处数	分区	更改文件号	签名	年.月.日			
设计	张翔鹏		2013.8	标准化				
审核								
工艺			批准					

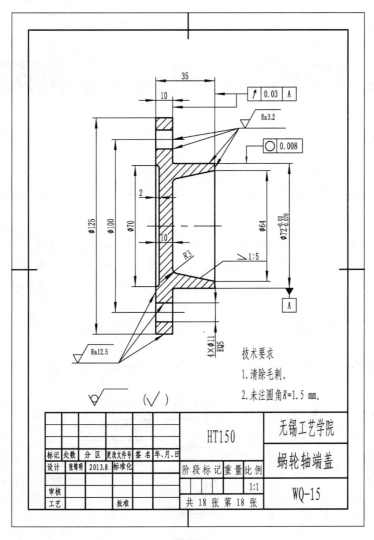

技术要求

1.清除毛刺。

2.未注圆角R=1.5 mm。

标记	处数	分区	更改文件号	签名	年、月、日		HT150		无锡工艺学院
设计	张锦明		2013.8	标准化					蜗轮轴端盖
						阶段标记	重量	比例	
审核								1:1	WQ-15
工艺			批准			共 18 张　第 18 张			

图 45

附录 4.3　带式输送机展开式两级斜齿圆柱齿轮减速器

设计说明书

设计题目:带式输送机传动装置

原始数据:输送带拉力 $F = 7\,\text{kN}$,输送带速度 $v = 1.2\,\text{m/s}$,驱动滚筒直径 $D = 380\,\text{mm}$。

工作条件:①带式输送机运送纸箱包装物品;②连续工作,单向运转,载荷稳定;③输送带驱动滚筒效率取 0.97;④使用期限 10 年,两班制工作;⑤减速器由一般厂小批量生产。

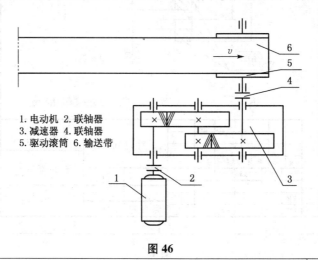

1. 电动机　2. 联轴器
3. 减速器　4. 联轴器
5. 驱动滚筒　6. 输送带

图 46

计　算　与　说　明	主要结果

1　传动方案的分析

　　带式输送机由电动机通过联轴器连接两级斜齿圆柱齿轮减速器,再经过联轴器使驱动滚筒转动带动输送带运送纸箱包装物品。根据原始数据经初算可知该带式输送机传递的功率较大,因此齿轮传动采用斜齿圆柱齿轮传动能减小减速器的尺寸,从而节约材料和制造成本,并且使得传动更加平稳。电动机选用结构简单、工作可靠、不易燃,市场供应最多,且价格低廉的,同步转速为 1 500 r/min 或 1 000 r/min 的 Y 系列三相异步电动机能满足该传动比的要求,也能满足传递功率的要求。

　　从传动方案简图中可知,高速轴上的小齿轮远离输入端,这样能提高高速轴的刚度。另外齿轮旋向的配置轴承上所受的力相对减小,从而可增加轴承的使用寿命。

　　该传动装置也可用 V 带传动带动单级圆柱齿轮传动,再通过联轴器使驱动滚筒转动带动输送带运动从而运送纸箱包装物品。这样可以使得传动更加平稳,过载时由于带的打滑能保护其他零件不被损坏。但这种传动方案显得不够紧凑,并且由于该带式输送机传递的功率较大,所用 V 带的根数也要增加,并且 V 带传动使用寿命短,更换频繁。

　　通过分析,该传动方案相对合理,并且可行。

2　电动机的选择及运动参数的计算

2.1　电动机的选择

1. 确定皮带运输机所需的功率 P_w 由 P8 式(2.1)得:

$$P_w = \frac{Fv}{1\,000\eta_w} = \frac{7 \times 1\,000 \times 1.2}{1\,000 \times 0.97} = 8.66\ \text{kW}$$

2. 确定传动装置的效率 η

　　由[1]→【常用基础资料】→【常用资料和数据】→【机械传动效率】得:

　　弹性联轴器效率 $\eta_1 = 0.99$,滚动轴承效率 $\eta_2 = 0.99$,圆柱齿轮传动效率 $\eta_3 = 0.97$

　　据 P9 式(2.3)得:

$$\eta = \eta_1^2 \eta_2^3 \eta_3^2 = 0.99^2 \times 0.99^3 \times 0.97^2 = 0.895$$

$\eta = 0.895$

3. 电动机的输出功率由 P9 式(2.4)得:

$$P_d = \frac{P_w}{\eta} = \frac{8.66}{0.895} = 9.68\ \text{kW}$$

4. 选择电动机因为带式运输机传动载荷稳定,据 P10 所述,取过载系数 $k = 1.05$ 又据 P10 式(2.5)得:

$$P_c = kP_d = 1.05 \times 9.68 = 10.16\ \text{kW}$$

　　据 P11 表 2.1,取型号为 Y160M-4 的电动机,则电动机额定功率 $P = 11\ \text{kW}$,电动机满载转速 $n = 1\,460\ \text{r/min}$。

　　由[1]→【常用电动机】→【三相异步电动机】→【三相异步电动机选型】→【Y 系列(IP44)三相异步电动机技术】→【机座带底脚、端盖上无凸缘的电动机】,并根据机座号 160M 查得电动机伸出端直径 $D = 42\ \text{mm}$,电动机伸出端轴安装长度 $E = 110\ \text{mm}$。

Y160M-4
$P = 11\ \text{kW}$
$n = 1\,460\ \text{r/min}$

Y160M－4电动机主要数据如下：

电动机额定功率 P	11 kW
电动机满载转速 n	1 460 r/min
电动机伸出端直径 D	42 mm
电动机伸出端轴安装长度 E	110 mm

2.2　总传动比计算及传动比分配

1. 总传动比计算

据 P11 式(2.7)得驱动滚筒转速 n_w：

$$n_w = \frac{60\,000v}{\pi D} = \frac{60\,000 \times 1.2}{3.14 \times 380} = 60.34 \text{ r/min}$$

由 P11 式(2.6)得总传动比 i：$i = \frac{n}{n_w} = \frac{1\,460}{60.34} = 24.196$

2. 传动比的分配

为了使两个大齿轮的浸油深度大致相等，据 P13 式(2.9)，取高速级齿轮传动比 $i_1 = 1.25i_2$，且由 P11 式(2.8)得 $i = 1.25i_2^2$，故低速级齿轮传动比：

$$i_2 = \sqrt{\frac{i}{1.25}} = \sqrt{\frac{24.196}{1.25}} = 4.40$$

$i_1 = 5.5$

$i_2 = 4.4$

而高速级齿轮传动比：$i_1 = \frac{i}{i_2} = \frac{24.196}{4.4} = 5.50$

2.3　传动装置运动参数的计算

1. 各轴功率的确定

取电动机的额定功率作为设计功率，并参照 P14 式(2.12)与式(2.13)得：

高速轴输入功率　$P_{\text{I}} = P\eta_1 = 11 \times 0.99 = 10.89 \text{ kW}$

$P_{\text{I}} = 10.89 \text{ kW}$

中速轴输入功率　$P_{\text{II}} = P\eta_1\eta_2\eta_3 = 11 \times 0.99 \times 0.99 \times 0.97 = 10.46 \text{ kW}$

$P_{\text{II}} = 10.46 \text{ kW}$

低速轴输入功率　$P_{\text{III}} = P\eta_1\eta_2^2\eta_3^2 = 11 \times 0.99 \times 0.99^2 \times 0.97^2 = 10.35 \text{ kW}$

$P_{\text{III}} = 10.35 \text{ kW}$

2. 各轴转速的计算

参照 P14 式(2.14)与式(2.15)等得：

高速轴转速　$n_{\text{I}} = n = 1\,460 \text{ r/min}$

$n_{\text{I}} = 1\,460 \text{ r/min}$

中速轴转速　$n_{\text{II}} = \frac{n_{\text{I}}}{i_1} = \frac{1\,460}{5.50} = 265.45 \text{ r/min}$

$n_{\text{II}} = 265.45 \text{ r/min}$

低速轴转速　$n_{\text{III}} = \frac{n_{\text{II}}}{i_2} = \frac{265.45}{4.40} = 60.33 \text{ r/min}$

$n_{\text{III}} = 60.33 \text{ r/min}$

3. 各轴输入转矩的计算

参照 P14 式(2.16)与式(2.17)等得：

高速转矩 $T_I = 9\,550\dfrac{P_I}{n_I} = 9\,550 \times \dfrac{10.89}{1\,460} = 71.23\text{ N} \cdot \text{m}$

中速转矩 $T_{II} = 9\,550\dfrac{P_{II}}{n_{II}} = 9\,550 \times \dfrac{10.46}{265.45} = 376.32\text{ N} \cdot \text{m}$

低速转矩 $T_{III} = 9\,550\dfrac{P_{III}}{n_{III}} = 9\,550 \times \dfrac{10.35}{60.33} = 1\,638.36\text{ N} \cdot \text{m}$

$T_I = 71.23\text{ N} \cdot \text{m}$

$T_{II} = 376.32\text{ N} \cdot \text{m}$

$T_{III} = 1\,638.36\text{ N} \cdot \text{m}$

各轴功率、转速、转矩列于下表：

轴　名	功率(kW)	转速(r/min)	转矩(N·m)
高速轴	10.89	1 460	71.23
中速轴	10.46	265.45	376.32
低速轴	10.35	60.33	1 638.36

3　齿轮传动设计

3.1　高速级齿轮传动设计(略)

3.2　低速级齿轮传动设计

使用[1]→【常用设计计算程序】→【渐开线圆柱齿轮传动设计】的设计软件进行设计。设计时输入齿轮传递的功率 10.46 kW，小齿轮转速 265.45 r/min，传动比 4.4，预期寿命 48 000 h(10×300×2×8 = 48 000)。并选小齿轮 45 号钢调质，齿面硬度 230HBS，大齿轮 45 号钢正火，齿面硬度 200HBS 等相关数据后，得到以下经整理的低速级齿轮传动设计报告：

齿轮 1 材料及热处理　Met1 = 45〈调质〉
齿轮 1 硬度取值范围　HBSP1 = 217 ~ 255
齿轮 1 硬度　HBS1 = 230
齿轮 2 材料及热处理　Met2 = 45〈正火〉
齿轮 2 硬度取值范围　HBSP2 = 162 ~ 217
齿轮 2 硬度　HBS2 = 200
齿轮 1 第Ⅰ组精度　JD11 = 8
齿轮 1 第Ⅱ组精度　JD12 = 8
齿轮 1 第Ⅲ组精度　JD13 = 8
齿轮 1 齿厚上偏差　JDU1 = G
齿轮 1 齿厚下偏差　JDDU1 = K
齿轮 2 第Ⅰ组精度　JD21 = 8
齿轮 2 第Ⅱ组精度　JD22 = 8

小齿轮 45 号钢调质，230HBS

大齿轮 45 号钢正火，200HBS

小齿轮精度 8 GK

齿轮 2 第Ⅲ组精度　JD23 = 8	
齿轮 2 齿厚上偏差　JDU2 = G	
齿轮 2 齿厚下偏差　JDDU2 = H	大齿轮精度 8GH
法面模数　m_n = 4 mm	m_n = 4 mm
螺旋角　β = 11.147 69° = 11°8′52″	β = 11°8′52″
齿轮 1 齿数　z_1 = 24	z_1 = 24
齿轮 1 齿宽　b_1 = 80 mm	b_1 = 80 mm
齿轮 2 齿数　z_2 = 106	z_2 = 106
齿轮 2 齿宽　b_2 = 75 mm	b_2 = 75 mm
实际中心距　a = 265 mm	a = 265 mm
齿数比　u = 4.4	
齿轮 1 分度圆直径　d_1 = 97.846 mm	d_1 = 97.846 mm
齿轮 1 齿顶圆直径　d_{a1} = 105.846 mm	d_{a1} = 105.846 mm
齿轮 1 齿根圆直径　d_{f1} = 787.846 mm	d_{f1} = 787.846 mm
齿轮 1 齿顶高　h_{a1} = 4.000 00 mm	
齿轮 1 齿根高　h_{f1} = 5.000 00 mm	
齿轮 1 全齿高　h_1 = 9.000 00 mm	
齿轮 2 分度圆直径　d_2 = 432.154 mm	d_2 = 432.154 mm
齿轮 2 齿顶圆直径　d_{a2} = 440.154 mm	d_{a2} = 440.154 mm
齿轮 2 齿根圆直径　d_{f2} = 422.154 mm	d_{f2} = 422.154 mm
齿轮 2 齿顶高　h_{a2} = 4.000 00 mm	
齿轮 2 齿根高　h_{f2} = 5.000 00 mm	
齿轮 2 全齿高　h_2 = 9.000 00 mm	
齿轮 1 分度圆弦齿厚　s_{h_1} = 6.279 18 mm	
齿轮 1 分度圆弦齿高　h_{h_1} = 4.097 07 mm	
齿轮 1 固定弦齿厚　s_{ch_1} = 5.548 19 mm	
齿轮 1 固定弦齿高　h_{ch_1} = 2.990 23 mm	
齿轮 1 公法线跨齿数　k_1 = 3	
齿轮 1 公法线长度　W_{k1} = 30.940 97 mm	
齿轮 2 分度圆弦齿厚　s_{h_2} = 6.282 98 mm	
齿轮 2 分度圆弦齿高　h_{h_2} = 4.021 98 mm	
齿轮 2 固定弦齿厚　s_{ch_2} = 5.548 19 mm	
齿轮 2 固定弦齿高　h_{ch_2} = 2.990 23 mm	
齿轮 2 公法线跨齿数　k_2 = 13	
齿轮 2 公法线长度　W_{k2} = 153.876 70 mm	
齿顶高系数　h_a^* = 1.00	
顶隙系数　c^* = 0.25	
法面压力角　α_n = 20°	

齿轮 1 齿距累积公差　　$F_{p1} = 0.07449$

齿轮 1 齿圈径向跳动公差　　$F_{r1} = 0.05237$

齿轮 1 公法线长度变动公差　　$F_{w1} = 0.04382$

齿轮 1 齿距极限偏差　　$f_{pt}(\pm)1 = 0.02419$

齿轮 1 齿形公差　　$f_{f1} = 0.01848$

齿轮 1 一齿切向综合公差　　$f_{i'_1} = 0.02560$

齿轮 1 一齿径向综合公差　　$f_{i''_1} = 0.03419$

齿轮 1 齿向公差　　$F_{\beta1} = 0.02732$

齿轮 1 切向综合公差　　$F_{i'_1} = 0.09297$

齿轮 1 径向综合公差　　$F_{i''_1} = 0.07332$

齿轮 1 基节极限偏差　　$f_{pb}(\pm)1 = 0.02268$

齿轮 1 螺旋线波度公差　　$f_{f\beta_1} = 0.02512$

齿轮 1 轴向齿距极限偏差　　$F_{px}(\pm)1 = 0.02732$

齿轮 1 齿向公差　　$F_{b1} = 0.02732$

齿轮 1 x 方向轴向平行度公差　　$f_{x1} = 0.02732$

齿轮 1 y 方向轴向平行度公差　　$f_{y1} = 0.01366$

齿轮 1 齿厚上偏差　　$E_{up_1} = -0.09675$

齿轮 1 齿厚下偏差　　$E_{dn_1} = -0.38700$

齿轮 2 齿距累积公差　　$F_{p2} = 0.14277$

齿轮 2 齿圈径向跳动公差　　$F_{r2} = 0.07907$

齿轮 2 公法线长度变动公差　　$F_{w2} = 0.06234$

齿轮 2 齿距极限偏差　　$f_{pt}(\pm)2 = 0.02759$

齿轮 2 齿形公差　　$f_{f_2} = 0.02517$

齿轮 2 一齿切向综合公差　　$f_{i'_2} = 0.03166$

齿轮 2 一齿径向综合公差　　$f_{i''_2} = 0.03909$

齿轮 2 齿向公差　　$F_{\beta2} = 0.01000$

齿轮 2 切向综合公差　　$F_{i'_2} = 0.16794$

齿轮 2 径向综合公差　　$F_{i''_2} = 0.11069$

齿轮 2 基节极限偏差　　$f_{pb}(\pm)2 = 0.02587$

齿轮 2 螺旋线波度公差　　$f_{f_{\beta2}} = 0.03106$

齿轮 2 轴向齿距极限偏差　　$F_{px}(\pm)2 = 0.01000$

齿轮 2 齿向公差　　$F_{b2} = 0.01000$

齿轮 2 x 方向轴向平行度公差　　$f_{x2} = 0.01000$

齿轮 2 y 方向轴向平行度公差　　$f_{y2} = 0.00500$

齿轮 2 齿厚上偏差　　$E_{up_2} = -0.11037$

齿轮 2 齿厚下偏差　　$E_{dn_2} = -0.44148$

中心距极限偏差　　$f_a(\pm) = 0.03704$

齿轮 1 接触强度极限应力　　$\sigma_{H\lim1} = 560.0\,\text{MPa}$

齿轮 1 抗弯疲劳基本值　$\sigma_{FE1} = 440.0\,\text{MPa}$	
齿轮 1 接触疲劳强度许用值　$[\sigma_H]_1 = 575.8\,\text{MPa}$	
齿轮 1 弯曲疲劳强度许用值　$[\sigma_F]_1 = 656.1\,\text{MPa}$	
齿轮 2 接触强度极限应力　$\sigma_{Hlim2} = 550.0\,\text{MPa}$	
齿轮 2 抗弯疲劳基本值　$\sigma_{FE2} = 433.3\,\text{MPa}$	
齿轮 2 接触疲劳强度许用值　$[\sigma_H]_2 = 565.5\,\text{MPa}$	
齿轮 2 弯曲疲劳强度许用值　$[\sigma_F]_2 = 646.1\,\text{MPa}$	
接触强度用安全系数　$S_{Hmin} = 1.10$	
弯曲强度用安全系数　$S_{Fmin} = 1.40$	
接触强度计算应力　$\sigma_H = 486.8\,\text{MPa}$	
接触疲劳强度校核　$\sigma_H < [\sigma_H]$　满足	
齿轮 1 弯曲疲劳强度计算应力　$\sigma_{F1} = 99.0\,\text{MPa}$	
齿轮 2 弯曲疲劳强度计算应力　$\sigma_{F2} = 92.6\,\text{MPa}$	
齿轮 1 弯曲疲劳强度校核　$\sigma_{F1} < [\sigma_F]_1$　满足齿轮 2 弯曲疲劳强度校核　$\sigma_{F2} < [\sigma_F]_2$　满足	
圆周力　$F_t = 7\,691\,\text{N}$	$F_{t1} = F_{t2} = 7\,691\,\text{N}$
径向力　$F_r = 2\,853\,\text{N}$	$F_{r1} = F_{r2} = 2\,853\,\text{N}$
径向力　$F_a = 1\,516\,\text{N}$	$F_{a1} = F_{a2} = 1516\,\text{N}$
齿轮线速度　$v = 1.360\,\text{m/s}$	$v = 1.360\,\text{m/s}$

4　轴的设计

4.1　轴的材料选择与最小直径的确定

1. 高速轴

(1) 轴的材料选择

选用 45 号钢调质。

(2) 初算轴的直径

据 P45 所述,取 $C = 112$,由式(3.1)得:

$$d_{\mathrm{I}} \geqslant C\sqrt[3]{\frac{P}{n}} = 112\sqrt[3]{\frac{10.89}{1\,460}} = 21.88\,\text{mm}$$

考虑到直径最小处安装弹性联轴器需开一个键槽,将 d_{I} 加大 5% 后得 $d_{\mathrm{I}} = 22.97\,\text{mm}$。由于装联轴器,故取高速轴最小直径 $d = 25\,\text{mm}$,轴头长度 $l_{\mathrm{I}} = 50\,\text{mm}$。

$d_{\mathrm{I}} = 25\,\text{mm}$
$l_{\mathrm{I}} = 50\,\text{mm}$

2. 中速轴

(1) 轴的材料选择

选用 45 号钢调质。

(2) 初算轴的直径

据 P45 所述,取 $C = 112$,由式(3.1)得:

$$d_{\text{II}} \geqslant C\sqrt[3]{\frac{P}{n}} = 112\sqrt[3]{\frac{10.46}{265.45}} = 38.11 \text{ mm}$$

考虑到直径最小处安装轴承,取 $d_{\text{II}} = 40$ mm。

$d_{\text{II}} = 40 \text{ mm}$	

3. 低速轴

(1) 轴的材料选择

选用 45 号钢正火。

(2) 初算轴的直径

据 P45 所述,取 $C = 112$,由式(3.1)得:

$$d_{\text{III}} \geqslant C\sqrt[3]{\frac{P}{n}} = 112\sqrt[3]{\frac{10.35}{60.33}} = 62.23 \text{ mm}$$

考虑到直径最小处安装弹性联轴器需开一个键槽,将 d_{III} 加大 5% 后得 $d_{\text{III}} = 65.34$ mm。由于该处安装标准弹性联轴器,配合处的直径与长度应与标准弹性联轴器的直径、长度相符,故取低速轴最小直径 $d_{\text{III}} = 63$ mm,轴头长度 $l_{\text{III}} = 105$ mm。

$d_{\text{III}} = 63 \text{ mm}$

$l_{\text{III}} = 105 \text{ mm}$

4.2　轴的结构设计

1. 减速器箱体尺寸计算

据 P53～P54 表 4.1 计算减速器箱体的主要尺寸为:

名　　称	符号	计　　　算	结　果
箱座壁厚	δ	$\delta = 0.025a + 3 = 0.025 \times 265 + 3 = 9.63$ mm　取 $\delta = 10$ mm	$\delta = 10$ mm
箱盖壁厚	δ_1	$\delta_1 = 0.02a + 3 = 0.02 \times 265 + 3 = 8.3$ mm　取 $\delta_1 = 10$ mm	$\delta_1 = 10$ mm
箱座凸缘厚度	b	$b = 1.5\delta = 1.5 \times 10 = 15$ mm	$b = 15$ mm
箱盖凸缘厚度	b_1	$b_1 = 1.5\delta_1 = 1.5 \times 10 = 15$ mm	$b_1 = 15$ mm
箱座底凸缘厚度	b_2	$b_2 = 2.5\delta = 2.5 \times 10 = 25$ mm	$b_2 = 25$ mm
地脚螺钉直径及数目	d_f n	$d_f = 0.036a + 12 = 0.036 \times 265 + 12 = 21.54$ mm 取 M22 的地脚螺钉　地脚螺钉数目 $n = 6$	M22 $n = 6$
轴承旁联接螺栓直径	d_1	$d_1 = 0.75d_f = 0.75 \times 20 = 16.5$ mm 取 M16 的螺栓	M16
箱盖与箱座联接螺栓直径	d_2	$d_2 = (0.5 \sim 0.6)d_f = (0.5 \sim 0.6) \times 20 = (10 \sim 12)$ mm 取 M12 的螺栓	M12
起盖螺钉直径	d_5	取与 d_2 相同的规格	M12
定位销直径	d	$d = (0.7 \sim 0.8)d_2 = (0.7 \sim 0.8) \times 12 = (8.4 \sim 9.6)$ mm 取 $d = 8$ mm 的定位销	$d = 8$ mm
外箱壁至轴承座端面距离	l_1	$l_1 = c_1 + c_2 + (5 \sim 8)$ mm $= 20 + 22 + (5 \sim 8)$ mm $= (47 \sim 50)$ mm 取 $l_1 = 55$ mm	$l_1 = 55$ mm

名　　称	符号	计　　算	结　果
内箱壁至轴承座端面距离	l_2	$l_2 = l_1 + \delta = 55 + 10 = 65$ mm	$l_2 = 65$ mm
箱座与箱盖长度方向接合面距离	l_3	$l_3 = \delta + c_1 + c_2 = 10 + 18 + 16 = 44$ mm　取 $l_3 = 50$ mm	$l_3 = 50$ mm
箱座底部外箱壁至箱座凸缘底座最外端距离	L	$L = c_1 + c_2 = 30 + 25 = 55$ mm　取 $L = 60$ mm	$L = 60$ mm

2. 绘制轴的结构图

据以上计算得到的尺寸,绘制的轴结构图如图 47 所示。

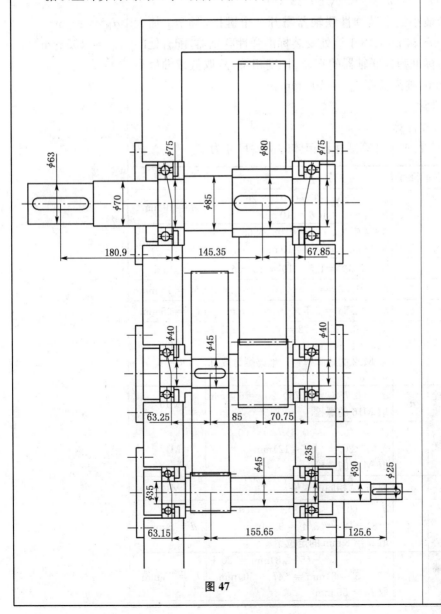

图 47

4.3　轴的强度校核

1. 高速轴的强度校核(略)

2. 中速轴的强度校核(略)

3. 低速轴的强度校核

(1) 绘制轴空间受力图

　　绘制的轴空间受力图如图 48(a)所示。

(2) 绘制垂直面 V 和水平面 H 内的受力图,并计算支座反力

　　绘制的垂直面 V 和水平面 H 内的受力图如图 48(b)、(c)所示。

① V 面

$$\sum M_B = 0$$

$$145.35 F_{t2} - (145.35 + 67.85) F_{DV} = 0$$

$$F_{DV} = \frac{145.35 F_{t2}}{145.35 + 67.85} = \frac{145.35 \times 7\,691}{145.35 + 67.85} = 5\,243 \text{ N}$$

$$\sum F_z = 0 \quad F_{t2} - F_{BV} - F_{DV} = 0$$

$$F_{BV} = F_{t2} - F_{DV} = 7\,691 - 5\,243 = 2\,448 \text{ N}$$

② H 面

$$\sum M_B = 0$$

$$145.35 F_{r2} - F_{a2} \times d_2 / 2 - (145.35 + 67.85) F_{DH} = 0$$

$$F_{DH} = \frac{145.35 F_{r2} - F_{a2} \times d_2 / 2}{145.35 + 67.85}$$

$$= \frac{145.35 \times 2\,853 - 1\,516 \times 432.154 / 2}{145.35 + 67.85} = 409 \text{ N}$$

$$\sum F_x = 0$$

$$F_{BH} + F_{DH} - F_{r2} = 0$$

$$F_{BH} = F_{r2} - F_{DH} = 2\,853 - 409 = 2\,444 \text{ N}$$

(3) 计算垂直面 V 和水平面 H 内的弯矩,并画弯矩图

① V 面

$$M_{BV} = M_{DV} = 0$$

$$M_{CV} = -67.85 F_{DV} = -67.85 \times 5\,243 = -355\,738 \text{ N} \cdot \text{mm}$$

② H 面

AC 段: $M_{BH} = M_{DH} = 0$

$$M_{CH-} = -145.35 F_{BH} = -145.35 \times 2\,444 = -355\,235 \text{ N} \cdot \text{mm}$$

$$M_{CH+} = -67.85 F_{DH} = -67.85 \times 409 = -27\,751 \text{ N} \cdot \text{mm}$$

V 面与 H 面内的弯矩图如图 48(d)、(e)所示。

(4) 计算合成弯矩并作图

$$M_B = M_D = 0$$

$$M_{C-} = \sqrt{M_{CV}^2 + M_{CH-}^2} = \sqrt{(-355\,738)^2 + (-355\,235)^2}$$

$$= 502\ 734\ \text{N} \cdot \text{mm}$$

$$M_{C+} = \sqrt{M_{CV}^2 + M_{CH+}^2} = \sqrt{(-355\ 738)^2 + (-27\ 751)^2}$$

$$= 356\ 819\ \text{N} \cdot \text{mm}$$

合成弯矩图如图 48(f)所示。

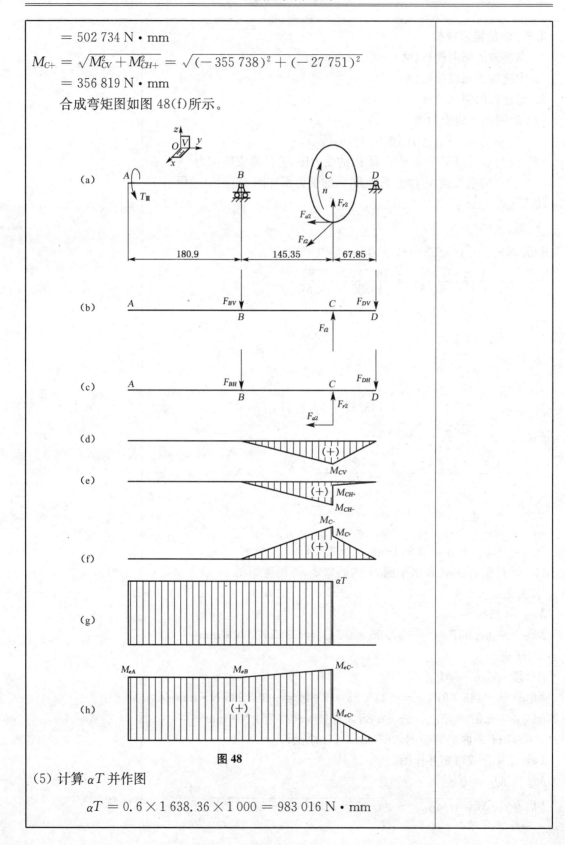

图 48

(5) 计算 αT 并作图

$$\alpha T = 0.6 \times 1\ 638.36 \times 1\ 000 = 983\ 016\ \text{N} \cdot \text{mm}$$

扭矩图如图 48(g)所示。

(6) 计算当量弯矩并作图

$M_{eA} = M_{eB} = \alpha T = 983\,016\ \text{N·mm}$

$M_{eC-} = \sqrt{M_{C-}^2 + (\alpha T)^2} = \sqrt{502\,734^2 + 983\,016^2} = 1\,104\,111\ \text{N·mm}$

$M_{eD+} = M_{D+} = 356\,819\ \text{N·mm}$

当量弯矩图如图 48(h)所示。

(7) 校核轴的强度

低速轴的许用弯曲应力 $[\sigma_{-1}]_b$ 由 P48 得：$[\sigma_{-1}]_b = 55$ MPa。据 P48 式(3.3)得：

$$\text{在}\ A\ \text{处：}\ d_A \geqslant \sqrt[3]{\frac{M_{eA}}{0.1\,[\sigma_{-1}]_b}} = \sqrt[3]{\frac{983\,016}{0.1 \times 55}} = 56.3\ \text{mm}$$

由于该处开一个键槽，把 56.3 加大 5% 后得 59.1 mm，小于该处直径 63 mm，所以低速轴 A 处的强度足够。

$$\text{在}\ C\ \text{处：}\ d_C \geqslant \sqrt[3]{\frac{M_{eC-}}{0.1\,[\sigma_{-1}]_b}} = \sqrt[3]{\frac{1\,104\,111}{0.1 \times 55}} = 58.6\ \text{mm}$$

由于该处开一个键槽，把 58.6 加大 5% 后得 61.5 mm，小于该处直径 80 mm，所以低速轴 D 处的强度足够。

由于在轴径最小处和受载最大处的强度都足够，由此可知低速轴强度足够。

5　滚动轴承选择

5.1　高速轴滚动轴承的选择(略)

5.2　中速轴滚动轴承的选择(略)

5.3　低速轴滚动轴承的选择

1. 初选两只轴承的型号

根据轴的结构设计，安装轴承处的轴颈为 75 mm，且考虑到该轴既受径向载荷又受轴向载荷的作用，两轴承间的距离不大，考虑到箱体上加工两轴承孔的同轴度，以及轴承的价格和轴承购买容易性，选用两只型号为 7215C 的角接触球轴承。

2. 计算两轴承所受的径向载荷 F_r

据图 48 及以上计算，得图 49 低速轴 B 处轴承受到的径向载荷 F_{rB} 为：

$$F_{rB} = \sqrt{F_{BV}^2 + F_{BH}^2} = \sqrt{2\,448^2 + 2\,444^2} = 3\,459\ \text{N}$$

低速轴 D 处轴承受到的径向载荷 F_{rD} 为：

$$F_{rD} = \sqrt{F_{DV}^2 + F_{DH}^2} = \sqrt{5\,243^2 + 409^2} = 5\,259\ \text{N}$$

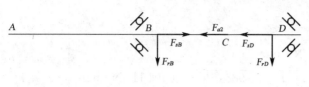

图 49

3. 计算两轴承受到的轴向载荷 F_a

(1) 确定派生轴向力 F_s

据[9]P202 表 10.10、表 10.11 得 B 轴承派生轴向力 $F_{sB} = 0.4F_{rB} = 0.4 \times 3\,459 = 1\,384$ N,D 轴承派生轴向力 $F_{sD} = 0.4F_{rD} = 0.4 \times 5\,259 = 2\,104$ N。

(2) 确定轴向载荷 F_a

据图 26,轴承 B 的轴向载荷:

$$F_{aB} = \left.\begin{cases} F_{a2} + F_{sD} = 1\,516 + 2\,104 = 3\,620 \\ F_{sB} = 1\,384 \end{cases}\right\} = 3\,620 \text{ N}$$

轴承 D 的轴向载荷:

$$F_{aD} = \left.\begin{cases} F_{sB} - F_{a2} = 1\,384 - 1\,516 = -132 \\ F_{sD} = 2\,104 \end{cases}\right\} = 2\,104 \text{ N}$$

4. 确定当量动载荷 P

(1) 确定载荷系数 X、Y

据[16]P401 得 7215C 的额定动载荷 $C = 79.2$ kN,额定静载荷 $C_{0r} = 65.8$ kN。

① B 轴承的载荷系数 X_B、Y_B

由[9]P202 表 10.10 得 B 轴承相对轴向载荷 $F_{aB}/C_{0r} = 3\,620/65\,800 = 0.055$,轴向载荷的影响判断系数 $e = 0.43$。且由于 $F_{aB}/F_{rB} = 3\,620/3\,459 = 1.047 > e = 0.43$,得径向载荷系数 $X_B = 0.44$,轴向载荷系数 $Y_B = 1.3$。

② D 轴承的载荷系数 X_D、Y_D

由[9]P202 表 10.10 得 D 轴承相对轴向载荷 $F_{aD}/C_{0r} = 2\,104/65\,800 = 0.032$,并用线性插入得轴向载荷的影响判断系数 $e = 0.403$。且由于 $F_{aD}/F_{rD} = 2\,104/5\,259 = 0.4 < e = 0.403$,得径向载荷系数 $X_D = 1$,轴向载荷系数 $Y_D = 0$。

(2) 计算两轴承的当量动载荷 P

据[9]P201 式(10.5)得:

轴承 B: $P_B = X_B F_{rB} + Y_B F_{aB} = 0.44 \times 3\,459 + 1.3 \times 3\,620 = 6\,228$ N

轴承 D: $P_D = X_D F_{rD} + Y_D F_{aD} = 1 \times 5\,259 + 0 \times 2\,104 = 5\,259$ N

由于 $P_B > P_D$,所以取 $P = P_B = 6\,228$ N 进行计算。

5. 确定轴承型号

据[9]P200 取轴承的寿命指数 $\varepsilon = 3$；由表 10.7 取温度系数 $f_t = 1.0$；据 P201 表 10.8 取载荷系数 $f_P = 1.1$。并取轴承预期寿命$[L_h] = 48\,000\ h$。则由[9]P201 式(10.4)得轴承的计算载荷 C'：

$$C' = \frac{f_P P}{f_t} \sqrt[3]{\frac{60n[L_h]}{10^6}} = \frac{1.1 \times 6\,228}{1.0} \times \sqrt[3]{\frac{60 \times 60.33 \times 48\,000}{10^6}}$$
$$= 38\,228\ \text{N} = 38.228\ \text{kN}$$

由于 $C' = 38.228\ \text{kN} < C = 79.2\ \text{kN}$，满足要求，所以低速轴选用 7215C 角接触球轴承合适。　　　　　　　　　　　　7215C

6　键的选择及强度校核

6.1　高速轴与联轴器配合处的键联接

1. 键类型的选择与键尺寸的确定

高速轴与联轴器配合处选用 A 型普通平键联接。据配合处直径 $d = 25\ \text{mm}$，由[11]P143 表 11.9 查得 $b \times h = 8\ \text{mm} \times 7\ \text{mm}$。据轴结构设计取键长度 $L = 45\ \text{mm}$。据[11]P143 得键的计算长度 $L_c = L - b = 45 - 8 = 37\ \text{mm}$。

2. 强度校核

键的材料选用 45 号钢，联轴器材料为铸铁，查[11]P143 表 11.10 得许用挤压应力 $[\sigma_P] = 75\ \text{MPa}$。由[11]P143 式(11.10)得：

$$\sigma_P = \frac{4T}{dhL_c} = \frac{4 \times 71.23 \times 1\,000}{25 \times 7 \times 37} = 44\ \text{MPa} < [\sigma_P] = 75\ \text{MPa}$$

该键联接的强度足够。

键的标记：GB/T 1096—2003　键 $8 \times 7 \times 45$　　　键 $8 \times 7 \times 45$

6.2　中速轴与大齿轮配合处的键联接（略）
6.3　低速轴与大齿轮配合处的键联接（略）
6.4　低速轴与联轴器配合处的键联接（略）

7　联轴器的选择

7.1　高速轴处联轴器选择（略）

7.2　低速轴处联轴器选择

查[9]P261 表 12.1 得联轴器工作情况系数 $K_A = 1.5$。据[9]P260 式(10.1)得计算转矩 $T_{ca} = K_A T = 1.5 \times 1\,638.36 = 2\,458\ \text{N} \cdot \text{m}$。考虑到补偿两轴线的相对偏移和减振、缓冲等原因，选用弹性柱销联轴器。据低速轴装联轴器处直径为 63 mm，计算转矩 2 458 N·m，查[1]→【联轴器、离合器、制动器】→【联轴器】→【联

器标准件、通用件】→【弹性联轴器】→【弹性柱销联轴器】→【LX 型弹性柱销联轴器的基本参数和主要尺寸】，取 LX4 型弹性柱销联轴器。则其主要参数为：与低速轴联接的轴孔直径 63 mm，轴孔长度 107 mm；与驱动滚筒轴联接处的轴孔直径也为 63 mm，轴孔长度也为 107 mm。该联轴器的许用转矩 $[T] = 2\,500\ \text{N} \cdot \text{m}$，许用转速 $[n] = 3\,870\ \text{r/min}$。所以 $T_{ca} \approx [T]$，$n_{\text{III}} < [n]$，合适。故该联轴器的标记为：

LX4 联轴器 $\dfrac{\text{JC63} \times 107}{\text{JC63} \times 107}$ GB/T 5014—2003

LX4 联轴器
JC63 × 107
JC63 × 107

8　减速器润滑

8.1　齿轮润滑

1. 选择齿轮润滑油牌号

由于齿轮圆周速度（线速度）均小于 12 m/s，据 P69 所述，齿轮采用浸油润滑。由[1]→【润滑与密封装置】→【润滑剂】→【常用润滑的牌号、性能及应用】→【常用润滑脂主要质量指标和用途】→【工业闭式齿轮油】，选用 L-CKC150 工业闭式齿轮油，浸油深度取浸没大齿轮齿顶 12 mm。　　　　　　　　　　　　L-CKC150

2. 计算减速器所需的油量

据装配图尺寸，算得油池容积 $V = 180 \times 155 \times 910 + 180 \times 185 \times 145/2 = 27\,803\,250\ \text{mm}^3 = 27.8\ \text{dm}^3$。

据 P64 所述，减速器所需油量 $V_0 = 10.89 \times 0.36 \times 2 = 7.46\ \text{dm}^3$。由于 $V > V_0$，所以减速器所需的油量满足要求。

8.2　滚动轴承

由于高速轴 $d \cdot n = 35 \times 1\,460 = 0.511 \times 10^5 < 1.5 \times 10^5\ \text{mm} \cdot \text{r/min}$，中速轴 $d \cdot n = 40 \times 265.45 = 0.11 \times 10^5 < 1.5 \times 10^5\ \text{mm} \cdot \text{r/min}$，低速轴 $d \cdot n = 75 \times 60.33 = 0.05 \times 10^5 < 1.5 \times 10^5\ \text{mm} \cdot \text{r/min}$。据 P71 所述，减速器轴承采用润滑脂润滑。据[1]→【润滑与密封装置】→【润滑剂】→【常用润滑脂】→【常用润滑脂主要质量指标和用途】→【钙基润滑脂】，选用 NLGI№2 润滑脂。　　　　　　NLGI№2

9　减速器的装配图零件图

减速器装配图如图 50 所示（减速器的非标准零件图略）。

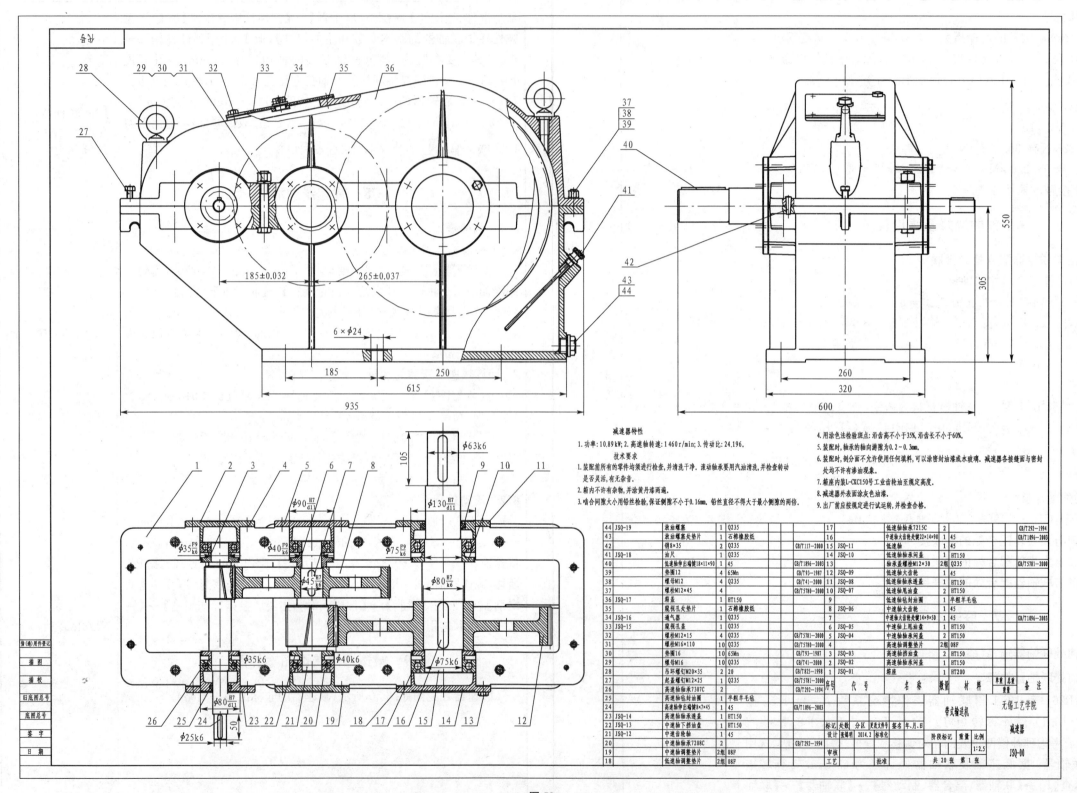

图 50

附录 4.4 带式输送机圆锥—圆柱齿轮减速器

设计说明书

设计题目:带式输送机传动装置

原始数据:输送带拉力 $F = 2.5\,\text{kN}$,输送带速度 $v = 1.6\,\text{m/s}$,驱动滚筒直径 $D = 280\,\text{mm}$。

说明:①带式输送机运送碎粒物料(如谷物、型砂、煤等);②单班制工作,空载启动,单向、连续运转;③输送带驱动滚筒效率取 0.97;④使用期限 10 年,检修期间隔为 3 年;⑤减速器由一般厂小批量生产。

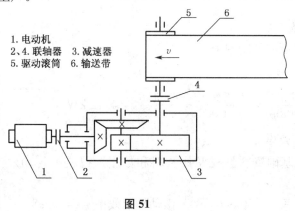

1. 电动机
2、4. 联轴器　3. 减速器
5. 驱动滚筒　6. 输送带

图 51

计 算 与 说 明	主要结果
1　传动方案的分析 　　带式输送机由电动机通过联轴器连接圆锥—圆柱齿轮减速器,再经过联轴器使驱动滚筒转动带动输送带运送碎粒物料。根据原始数据经初算可知该带式输送机传递的功率不大,并据 P4 所述圆锥—圆柱齿轮减速器的传动比 $i = 10 \sim 25$,因此电动机选用结构简单、工作可靠、不易燃,市场供应最多,且价格低廉的,同步转速 $1\,500\,\text{r/min}$ 或 $1\,000\,\text{r/min}$ 的 Y 系列三相异步电动机能满足传递功率和传动比的要求。 　　由于圆锥齿轮传动会产生轴向力,为此圆柱齿轮可采用斜齿轮,使中速轴上的斜齿轮产生的轴向力与圆锥齿轮传动产生的轴向力抵消一部分,从而减小轴承上所受到的轴向力,增加轴承的使用寿命。	

在传动方向确定的情况下,斜齿轮旋向不合理中速轴的轴向力不减小而是增加,这样反而会降低轴承的使用寿命,显然这是不合理的。通过分析,为了抵消部分轴向力,中速轴小斜齿圆柱齿轮采用右旋,低速轴大斜齿圆柱齿轮采用左旋。同时,为了安装方便和减振、缓冲等原因,在该方案中的联轴器可选用弹性联轴器。

该从动方案中要求电动机轴与驱动滚动轴相互垂直,由于传递功率不大,因此也可采用电动机通过联轴器、蜗杆传动,再经过联轴器使驱动滚筒转动带动输送带运送碎粒物料。这样的结构更为紧凑。也可以电动机经过 V 带传动带动单级圆锥齿轮再经过联轴器使驱动滚筒转动带动输送带运送碎粒物料。这时传动会更加平稳。但 V 带传动使用寿命短,更换频繁。

通过分析,该传动方案相对合理,并且可行。

2　电动机的选择及运动参数的计算

2.1　电动机的选择

1. 确定皮带运输机所需的功率 P_w

由 P8 式(2.1)得:

$$P_w = \frac{Fv}{1\,000\eta_W} = \frac{2.5 \times 1\,000 \times 1.6}{1\,000 \times 0.97} = 4.12\,\text{kW}$$

2. 确定传动装置的效率 η

由[1]→【常用基础资料】→【常用资料和数据】→【机械传动效率】得:

弹性联轴器效率 $\eta_1 = 0.99$　　　滚动轴承效率 $\eta_2 = 0.98$

圆锥齿轮传动效率 $\eta_3 = 0.955$　　　圆柱齿轮传动效率 $\eta_4 = 0.97$

据 P9 式(2.3)得:

$$\eta = \eta_1^2 \eta_2^3 \eta_3 \eta_4 = 0.99^2 \times 0.98^3 \times 0.955 \times 0.97 = 0.855$$

$\eta = 0.855$

3. 电动机的输出功率由 P9 式(2.4)得:

$$P_d = \frac{P_w}{\eta} = \frac{4.12}{0.855} = 4.82\,\text{kW}$$

4. 选择电动机

因为皮带运输机传动载荷稳定,据 P10 所述,取过载系数 $k = 1.05$。

又据 P10 式(2.5)得计算功率 P_c:

$$P_c = kP_d = 1.05 \times 4.82 = 5.06\,\text{kW}$$

据 P11 表 2.1,取型号为 Y132S-4 的电动机,则电动机额定功率 $P = 5.5\,\text{kW}$,电动机满载转速 $n = 1\,440\,\text{r/min}$

Y132S-4

由[1]→【常用电动机】→【三相异步电动机】→【三相异步电动机选型】→【Y 系列(IP44)三相异步电动机技术】→【机座带底脚、端盖上无凸缘的电动机】，并根据机座号 132S 查得电动机伸出端直径 $D = 38\,\text{mm}$，电动机伸出端轴安装长度 $E = 80\,\text{mm}$。

Y132S‐4 电动机的主要数据如下：

电动机额定功率 P	5.5 kW
电动机满载转速 n	1 440 r/min
电动机伸出端直径 D	38 mm
电动机伸出端轴安装长度 E	80 mm

2.2　总传动比计算及传动比分配

1. 总传动比计算据 P11 式(2.7)得驱动滚筒转速 n_w：

$$n_w = \frac{60\,000v}{\pi D} = \frac{60\,000 \times 1.6}{3.14 \times 280} = 109.2\ \text{r/min}$$

由 P11 式(2.6)得总传动比 i：$i = \dfrac{n}{n_w} = \dfrac{1\,440}{109.2} = 13.19$

2. 传动比的分配

据 P13 式(2.10)，取圆锥齿轮传动比 $i_1 = 0.25i = 0.25 \times 13.19 = 3.3$，取 $i_1 = 3$，则由 P11 式(2.8)中 $i = i_1 i_2$ 得斜齿圆柱齿轮传动比：$i_2 = \dfrac{i}{i_1} = \dfrac{13.19}{3} = 4.4$

$i_1 = 3.3$

$i_2 = 4.4$

2.3　传动装置运动参数的计算

1. 各轴功率的确定

取电动机的额定功率作为设计功率，并参照 P14 式(2.12)、式(2.13)得轴Ⅰ、轴Ⅱ和轴Ⅲ的输入功率分别为：

轴Ⅰ输入功率　$P_{\text{I}} = P\eta_1 = 5.5 \times 0.99 = 5.445\ \text{kW}$

$P_{\text{I}} = 5.445\ \text{kW}$

轴Ⅱ输入功率　$P_{\text{II}} = P\eta_1\eta_2\eta_3 = 5.5 \times 0.99 \times 0.98 \times 0.995 = 5.1\ \text{kW}$

$P_{\text{II}} = 5.1\ \text{kW}$

轴Ⅲ输入功率　$P_{\text{III}} = P\eta_1\eta_2^2\eta_3\eta_4 = 5.5 \times 0.99 \times 0.98^2 \times 0.995 \times 0.97 = 4.844\ \text{kW}$

$P_{\text{III}} = 4.844\ \text{kW}$

2. 各轴转速的计算

轴Ⅰ转速　$n_{\text{I}} = 1\,440\ \text{r/min}$

$n_{\text{I}} = 1\,440\ \text{r/min}$

参照 P14 式(2.14)、式(2.15)得轴Ⅱ和轴Ⅲ的转速分别为：

轴Ⅱ转速　$n_{\text{II}} = \dfrac{n}{i_1} = \dfrac{1\,440}{3} = 480\ \text{r/min}$

$n_{\text{II}} = 480\ \text{r/min}$

轴Ⅲ转速　$n_{\text{III}} = \dfrac{n_{\text{II}}}{i_2} = \dfrac{480}{4.4} = 109.1\ \text{r/min}$

$n_{\text{III}} = 109.1\ \text{r/min}$

3. 各轴输入转矩的计算

参照 P14 式(2.16)、式(2.17)得轴Ⅰ、轴Ⅱ和轴Ⅲ的输入转矩分别为：

轴Ⅰ输入转矩　$T_I = 9\,550\,\dfrac{P_I}{n_I} = 9\,550 \times \dfrac{5.445}{1\,440} = 36.111\,\text{N} \cdot \text{m}$

轴Ⅱ输入转矩　$T_{II} = 9\,550\,\dfrac{P_{II}}{n_{II}} = 9\,550 \times \dfrac{5.1}{480} = 101.469\,\text{N} \cdot \text{m}$

轴Ⅲ输入转矩　$T_{III} = 9\,550\,\dfrac{P_{III}}{n_{III}} = 9\,550 \times \dfrac{4.844}{109.1} = 424.016\,\text{N} \cdot \text{m}$

各轴功率、转速、转矩列于下表：

轴　名	功率(kW)	转速(r/min)	转矩(N·m)
轴Ⅰ	5.445	1 440	36.111
轴Ⅱ	5.1	480	101.469
轴Ⅲ	4.844	109.1	424.016

$T_I = 36.111\,\text{N} \cdot \text{m}$

$T_{II} = 101.469\,\text{N} \cdot \text{m}$

$T_{III} = 424.016\,\text{N} \cdot \text{m}$

3　圆锥齿轮传动设计

1. 选择齿轮材料、热处理方式、精度等级、齿数 z_1 与 z_2 和齿宽系数 φ_R

小圆锥齿轮 45 号钢调质，齿面硬度为 230HBW，大圆锥齿轮 45 号钢正火齿面硬度为 200HBW。选精度等级为 8 级。取小圆锥齿轮齿数 $z_1 = 24$，则大圆锥齿轮齿数为 $z_2 = iz_1 = 3 \times 24 = 72$。其齿数比 $u = z_2/z_1 = 72/24 = 3$。据[9]P117 取齿宽系数 $\varphi_R = 0.33$。

2. 按齿面接触强度设计

据[9]P119 式(6.26)得：

$$d_1 \geqslant 2.92 \sqrt[3]{\left(\frac{Z_E}{[\sigma_H]}\right)^2 \frac{KT_1}{\varphi_R(1-0.5\varphi_R)^2 u}}$$

(1) 确定公式中各参数

① 载荷系数 K_t

据[9]P105 试选 $K_t = 1.4$

② 材料系数 Z_E

查 P95 表 6.6 得　$Z_E = 189.8\,\sqrt{\text{MPa}}$

(2) 确定许用接触应力 $[\sigma_H]$

① 大小圆锥齿轮的接触疲劳极限 σ_{Hlim}

据[9]P95 图 6.6(2)、图 6.6(3)得小圆锥齿轮的齿面接触疲劳极限 $\sigma_{Hlim1} = 550\,\text{MPa}$，大圆锥齿轮的齿面接触疲劳极限 $\sigma_{Hlim2} = 395\,\text{MPa}$。

小圆锥齿轮：45 号钢调质 230HBW 大圆锥齿轮：45 号钢正火 200HBW $z_1 = 24$ $z_2 = 72$

② 应力循环次数 N

据[9]P98 式(6.3)得小圆锥齿轮应力循环次数：

$$N_1 = 60n_1jL_h = 60 \times 1\,440 \times 1 \times (8 \times 1 \times 300 \times 10) = 2.1 \times 10^9$$

大圆锥齿轮应力循环次数：

$$N_2 = N_1/i_1 = 2.1 \times 10^9/3 = 7 \times 10^8$$

③ 接触疲劳寿命系数 Z_{NT}

查[9]P98 图 6.8 得小圆锥齿轮的接触疲劳寿命系数 $Z_{NT1} = 0.96$，大圆锥齿轮的接触疲劳寿命系数 $Z_{NT2} = 1.05$。

④ 安全系数 S_H

据[9]P97 所述取 $S_H = 1.05$

⑤ 计算许用接触应力$[\sigma_H]$

据[9]P97 式(6.1)得小圆锥齿轮的许用接触应力为：

$$[\sigma_{H1}] = \frac{Z_{NT1}\sigma_{H\lim 1}}{S_H} = \frac{0.96 \times 550}{1.05} = 503 \text{ MPa}$$

大圆锥齿轮的许用接触应力为：

$$[\sigma_{H2}] = \frac{Z_{NT2}\sigma_{H\lim 2}}{S_H} = \frac{1.05 \times 395}{1.05} = 395 \text{ MPa}$$

取 $[\sigma_H] = [\sigma_{H2}] = 395 \text{ MPa}$

(3) 设计计算

① 试算小圆锥齿轮分度圆直径 d_{1t}

$$d_{1t} \geqslant 2.92 \sqrt[3]{\left(\frac{Z_E}{[\sigma_H]}\right)^2 \frac{K_t T_1}{\varphi_R (1-0.5\varphi_R)^2 u}}$$

$$= 2.92 \sqrt[3]{\left(\frac{189.8}{395}\right)^2 \frac{1.4 \times 36.111 \times 10^3}{0.33 \times (1-0.5 \times 0.33)^2 \times 3}} = 74.95 \text{ mm}$$

② 确定使用系数 K_A

查[9]P100 表 6.2 得使用系数 $K_A = 1$。

③ 计算齿宽上点圆周速度 v 与确定动载荷系数 K_v

据[9]P117 得齿宽上点直径(分度圆平均直径)

$$d_m = d_{1t}(1-0.5\varphi_R) = 74.95 \times (1-0.5 \times 0.33) = 62.6 \text{ mm}$$

据 P11 式(2.7)得：

$$v = \frac{\pi d_m n_{\mathrm{I}}}{60\,000} = \frac{3.14 \times 62.6 \times 1\,440}{60\,000} = 4.7 \text{ m/s}$$

根据 $v = 4.7 \text{ m/s}$，8 级精度，查[9]P100 图 6.11 得动载荷系数 $K_v = 1.28$。

④ 查取轴承系数 $K_{H\beta be}$ 及确定齿向载荷分布系数 $K_{H\beta}$、$K_{F\beta}$

查[9]P118 表 6.10 得轴承系数 $K_{H\beta be} = 1.1$ 且据式(6.23)得：

齿向载荷分布系数 $K_{H\beta} = K_{F\beta} = 1.5K_{H\beta be} = 1.5 \times 1.1 = 1.65$。

⑤ 计算载荷系数 K

据[9]P118 式(6.22)得：

$$K = K_A K_v K_\beta = 1 \times 1.28 \times 1.65 = 2.1$$

⑥ 校正分度圆直径 d_1

据[9]P106 式(6.11)得：$d_1 = d_{1t}\sqrt[3]{\dfrac{K}{K_t}} \geqslant 74.95\sqrt[3]{\dfrac{2.1}{1.4}} = 85.6$ mm

(4) 确定圆锥齿轮模数 m、分度圆直径 d_1、d_2 和齿宽 b

几何尺寸计算公式来自[10]P58 表 2-6：

① 确定模数 m

$$m = \frac{d_1}{z_1} \geqslant \frac{85.6}{24} = 3.57 \text{ mm} \quad 取 \, m = 3.5 \text{ mm}$$

$m = 3.5$ mm

② 计算两圆锥齿轮的分度圆直径 d_1、d_2

$$d_1 = mz_1 = 3.5 \times 24 = 84 \text{ mm}$$

$$d_2 = mz_2 = 3.5 \times 72 = 252 \text{ mm}$$

$d_1 = 84$ mm

$d_2 = 252$ mm

③ 计算齿宽 b

据[9]P117 得锥距 R

$$R = \sqrt{\left(\frac{d_1}{2}\right)^2 + \left(\frac{d_2}{2}\right)^2} = \sqrt{\left(\frac{84}{2}\right)^2 + \left(\frac{252}{2}\right)^2} = 132.816 \text{ mm}$$

$R = 132.816$ mm

$$b = \varphi_R R = 0.33 \times 132.816 = 43.8 \text{ mm} \quad 取 \, b = 45 \text{ mm}$$

$b = 45$ mm

3. 按齿根弯曲强度校核

(1) 确定许用弯曲应力 $[\sigma_{F1}]$、$[\sigma_{F2}]$

① 大小圆锥齿轮的弯曲疲劳极限 σ_{Flim1}、σ_{Flim2}

据[9]P96 图 6.7(2)、图 6.7(3)得小圆锥齿轮的齿根弯曲疲劳极限 $\sigma_{Flim1} = 210$ MPa，大圆锥齿轮的齿根弯曲疲劳极限 $\sigma_{Flim2} = 170$ MPa。

② 齿根弯曲强度疲劳寿命系数 Y_{NT1}、Y_{NT2}

查[9]P98 图 6.9 得小圆锥齿轮的齿根弯曲强度疲劳寿命系数 $Y_{NT1} = 0.88$，大圆锥齿轮的齿根弯曲强度疲劳寿命系数 $Y_{NT2} = 0.90$。

③ 安全系数 S_F、应力修正系数 Y_{ST} 和弯曲强度尺寸系数 Y_x

据[9]P97 所述取 $S_F = 1.4$，$Y_{ST} = 2$，$Y_x = 1$。

④计算许用接触应力 $[\sigma_F]$

据[9]P97 式(6.2)得小圆锥齿轮的许用弯曲应力：

$$[\sigma_{F1}] = \frac{Y_{NT1}Y_{ST}Y_x \sigma_{Flim1}}{S_F} = \frac{0.88 \times 2 \times 1 \times 210}{1.4} = 264 \text{ MPa}$$

大圆锥齿轮的许用弯曲应力：

$$[\sigma_{F2}] = \frac{Y_{NT2}Y_{ST}Y_x\sigma_{Flim2}}{S_F} = \frac{0.90 \times 2 \times 1 \times 170}{1.4} = 219 \text{ MPa}$$

（2）确定齿形系数 Y_{Fa1}、Y_{Fa2} 和应力校正系数 Y_{Sa1}、Y_{Sa2}

① 分度圆锥角 δ_1、δ_2

小圆锥齿轮分度圆锥角：

$$\delta_1 = \arctan \frac{z_1}{z_2} = \arctan \frac{24}{72} = 18.4349° = 18°26'06''$$

$\delta_1 = 18°26'06''$

大圆锥齿轮分度圆锥角：

$$\delta_2 = 90° - \delta_1 = 90° - 18.4349° = 71.5651° = 71°33'54''$$

$\delta_2 = 71°33'54''$

② 当量齿数 z_{v1}、z_{v2}

$$z_{v1} = \frac{z_1}{\cos\delta_1} = \frac{24}{\cos 18.4349°} = 25$$

$$z_{v2} = \frac{z_2}{\cos\delta_2} = \frac{72}{\cos 71.5651°} = 227$$

③ 齿形系数 Y_{Fa1}、Y_{Fa2}，应力校正系数 Y_{Sa1}、Y_{Sa2}

查[9]P107 表 6.7 得：$Y_{Fa1} = 2.62$　$Y_{Fa2} = 2.12$　$Y_{Sa1} = 1.59$　$Y_{Sa2} = 1.865$

（3）齿根弯曲强度校核

据[9]P119 式（6.27）得：

$$\sigma_{F1} = \frac{4KT_1Y_{Fa1}Y_{Sa1}}{\varphi_R(1-0.5\varphi_R)^2m^3z_1^2\sqrt{u^2+1}}$$

$$= \frac{4 \times 2.1 \times 36.111 \times 10^3 \times 2.62 \times 1.59}{0.33(1-0.33)^2 \times 3.5^3 \times 24^2 \times \sqrt{3^2+1}}$$

$$= 109 \text{ MPa} < [\sigma_{F1}] = 264 \text{ MPa}$$

$$\sigma_{F2} = \sigma_{F1}\frac{Y_{Fa2}Y_{Sa2}}{Y_{Fa1}Y_{Sa1}} = 109 \times \frac{2.12 \times 1.865}{2.62 \times 1.59} = 103 \text{ MPa} < [\sigma_{F2}]$$

$$= 219 \text{ MPa}$$

该对圆锥齿轮的弯曲强度足够。

4. 计算圆锥齿轮的几何尺寸

齿顶高 $h_a = m = 3.5$ mm

齿根高 $h_f = 1.2m = 1.2 \times 3.5 = 4.2$ mm

圆锥齿轮齿顶圆直径 d_a

$$d_{a1} = d_1 + 2h_a\cos\delta_1 = 84 + 2 \times 3.5\cos 18.4349° = 90.641 \text{ mm}$$

$d_{a1} = 90.641$ mm

$$d_{a2} = d_2 + 2h_a\cos\delta_2 = 252 + 2 \times 3.5\cos 71.5651° = 254.214 \text{ mm}$$

$d_{a2} = 254.214$ mm

圆锥齿轮齿根圆直径 d_f

$$d_{f1} = d_1 - 2h_f\cos\delta_1 = 84 - 2 \times 4.2\cos 18.434\,9° = 76.031 \text{ mm}$$

$$d_{f2} = d_2 - 2h_f\cos\delta_2 = 252 - 2 \times 4.2\cos 71.565\,1° = 249.344 \text{ mm}$$

齿顶角 θ_a 与齿根角 θ_f（等间隙收缩齿）

$$\theta_a = \theta_f = \arctan\frac{h_f}{R} = \arctan\frac{4.2}{132.816} = 1.811\,24° = 1°48'40''$$

齿顶圆锥角 δ_a

$$\delta_{a1} = \delta_1 + \theta_a = 18.434\,9° + 1.811\,24° = 20.246\,1° = 20°14'46''$$

$$\delta_{a2} = \delta_2 + \theta_a = 71.565\,1° + 1.811\,24° = 73.376\,3° = 73°22'35''$$

齿根圆锥角 δ_f

$$\delta_{f1} = \delta_1 - \theta_f = 18.434\,9° - 1.811\,24° = 16.623\,7° = 16°37'25''$$

$$\delta_{f2} = \delta_2 - \theta_f = 71.565\,1° - 1.811\,24° = 69.753\,9° = 69°45'14''$$

分度圆平均直径 d_m

$$d_{m1} = d_1(1 - 0.5\varphi_R) = 84 \times (1 - 0.5 \times 0.33) = 70.14 \text{ mm}$$

$$d_{m2} = d_2(1 - 0.5\varphi_R) = 252 \times (1 - 0.5 \times 0.33) = 210.42 \text{ mm}$$

5. 圆锥齿轮受力计算

据[9]P117 式(6.21)得：

大小圆锥齿轮圆周力

$$F_{t1} = F_{t2} = \frac{2T_1}{d_1(1 - 0.5\varphi_R)} = \frac{2 \times 36.111 \times 10^3}{84 \times (1 - 0.5 \times 0.33)} = 1\,030 \text{ N} \qquad F_{t1} = F_{t2} = 1\,030 \text{ N}$$

小圆锥齿轮径向力与大圆锥齿轮轴向力

$$F_{r1} = F_{a2} = F_{t1}\tan\alpha\cos\delta_1 = 1\,030 \times \tan 20°\cos 18.4349° = 356 \text{ N} \qquad F_{r1} = F_{a2} = 356 \text{ N}$$

小圆锥齿轮轴向力与大圆锥齿轮径向力

$$F_{a1} = F_{r2} = F_{t1}\tan\alpha\sin\delta_1 = 1\,030 \times \tan 20°\sin 18.434\,9° = 119 \text{ N} \qquad F_{a1} = F_{r2} = 119 \text{ N}$$

4　斜齿轮传动设计

1. 选择齿轮材料、热处理方式、精度等级、齿数 z_1 与 z_2、齿宽系数 φ_d 并初选螺旋角 β

小齿轮 45 号钢调质，齿面硬度为 230HBW，大齿轮 45 号钢正火齿面硬度为 200HBW。选精度等级为 8 级。取小齿轮齿数 $z_1 = 22$，则大圆锥齿轮齿数为 $z_2 = iz_1 = 4.4 \times 22 = 96.8$，取 $z_2 = 97$。其齿数比 $u = z_2/z_1 = 97/22 = 4.41$。据[9]P108 表 6.8 取齿宽系数 $\varphi_d = 0.9$。初选螺旋角 $\beta = 12°$。

小齿轮：45 号钢调质 230HBW

大齿轮：45 号钢正火 200HBW

$z_1 = 22$

2. 按齿面接触强度设计

由[9]P112 式(6.18)得：

$$d_1 \geqslant \sqrt[3]{\frac{2KT_1}{\varphi_d} \cdot \frac{u+1}{u} \left(\frac{Z_H Z_E Z_\varepsilon Z_\beta}{[\sigma_H]}\right)^2}$$

(1) 确定公式中各参数

① 载荷系数 K_t

据[9]P105 试选 $K_t = 1.4$。

② 节点区域系数 Z_H

查[9]P113 图 6.21 得 $Z_H = 2.45$。

③ 材料系数 Z_E

查 P95 表 6.6 得 $Z_E = 189.8 \sqrt{\text{MPa}}$。

④ 重合度系数 Z_ε

查[9]P105 图 6.17 得 $\varepsilon_{\alpha 1} = 0.77, \varepsilon_{\alpha 2} = 0.89$。则端面重合度 $\varepsilon_\alpha = \varepsilon_{\alpha 1} + \varepsilon_{\alpha 2} = 0.77 + 0.89 = 1.66$。暂取轴向重合度 $\varepsilon_\beta > 1$，则由 ε_β、ε_α 查[9]P105 图 6.16 得 $Z_\varepsilon = 0.775$。

⑤ 螺旋角系数 Z_β

查[9]P113 图 6.22 得 $Z_\beta = 0.99$。

(2) 确定许用接触应力 $[\sigma_H]$

① 大小齿轮的接触疲劳极限 $\sigma_{H\lim}$

据[9]P95 图 6.6(2)、图 6.6(3)得小齿轮的齿面接触疲劳极限 $\sigma_{H\lim 1} = 550$ MPa，大齿轮的齿面接触疲劳极限 $\sigma_{H\lim 2} = 395$ MPa。

② 应力循环次数 N

据[9]P98 式(6.3)得小齿轮应力循环次数：

$$N_1 = 60 n_1 j L_h = 60 \times 480 \times 1 \times (8 \times 1 \times 300 \times 10) = 6.9 \times 10^8$$

大齿轮应力循环次数：

$$N_2 = N_1/i_1 = 6.9 \times 10^8/4.4 = 1.57 \times 10^8$$

③ 接触疲劳寿命系数 Z_{NT}

查[9]P98 图 6.8 得小齿轮的接触疲劳寿命系数 $Z_{NT1} = 1.04$，大齿轮的接触疲劳寿命系数 $Z_{NT2} = 1.12$。

④ 安全系数 S_H

据[9]P97 所述取 $S_H = 1.05$。

⑤ 计算许用接触应力 $[\sigma_H]$

据[9]P97 式(6.1)得小齿轮的许用接触应力为：

$$[\sigma_{H1}] = \frac{Z_{NT1} \sigma_{H\lim 1}}{S_H} = \frac{1.04 \times 550}{1.05} = 545 \text{ MPa}$$

	$z_2 = 97$

大齿轮的许用接触应力为：

$$[\sigma_{H2}] = \frac{Z_{NT2}\sigma_{Hlim2}}{S_H} = \frac{1.12 \times 395}{1.05} = 421 \text{ MPa}$$

据[9]P113 所述得 $[\sigma_H] = ([\sigma_{H1}] + [\sigma_{H2}]) = (545 + 421)/2 = 483$ MPa

（3）设计计算

① 试算小齿轮分度圆直径 d_{1t}

$$d_{1t} \geqslant \sqrt[3]{\frac{2KT_1}{\varphi_d} \cdot \frac{u+1}{u} \left(\frac{Z_H Z_E Z_\varepsilon Z_\beta}{[\sigma_H]}\right)^2}$$

$$= \sqrt[3]{\frac{2 \times 1.4 \times 101.496 \times 10^3}{0.9} \times \frac{4.41+1}{4.41} \times \left(\frac{2.45 \times 189.8 \times 0.775 \times 0.99}{483}\right)^2}$$

$$= 59.57 \text{ mm}$$

② 确定使用系数 K_A

查[9]P100 表 6.2 得使用系数 $K_A = 1$。

③ 计算齿宽 b

$$b = \varphi_d d_{t1} = 0.9 \times 59.57 = 53.6 \text{ mm}$$

④ 计算圆周速度 v 与确定动载荷系数 K_v

据 P11 式(2.7)得：

$$v = \frac{\pi d_1 n_{\text{II}}}{60\ 000} = \frac{3.14 \times 59.57 \times 480}{60\ 000} = 1.5 \text{ m/s}$$

根据 $v = 1.5$ m/s，8 级精度，查[9]P100 图 6.11 得动载荷系数 $K_v = 1.15$。

⑤ 确定齿间载荷分配系数 $K_{H\alpha}$、$K_{F\alpha}$ 和齿向载荷分布系数 $K_{H\beta}$、$K_{F\beta}$

据 $K_A F_t/b = 1 \times (2 \times 101.496 \times 10^3/59.57)/53.6 = 63.6$ N/mm，查[9]P101 表 6.3 得 $K_{H\alpha} = K_{F\alpha} = 1.4$。

由[9]P102 表 6.4 得：

$$K_{H\beta} = a_1 + a_2\left[1 + a_3\left(\frac{b}{d_1}\right)^2\right]\left(\frac{b}{d_1}\right)^2 + a_4 b$$

$$= 1.15 + 0.18 \times \left[1 + 0.6\left(\frac{53.6}{59.57}\right)^2\right]\left(\frac{53.6}{59.57}\right)^2 + 3.1 \times 10^{-4} \times 53.6$$

$$= 1.38$$

取 $K_{H\beta} = K_{F\beta} = 1.38$

⑥ 计算载荷系数 K

据[9]P99 式(6.6)得：

$$K = K_A K_v K_{H\alpha} K_{H\beta} = 1 \times 1.15 \times 1.4 \times 1.38 = 2.22$$

⑦ 校正分度圆直径 d_1

据[9]P106式(6.11)得：

$$d_1 = d_{1t}\sqrt[3]{\frac{K}{K_t}} \geqslant 59.57\sqrt[3]{\frac{2.22}{1.4}} = 69.47 \text{ mm}$$

(4) 确定齿轮模数 m_n 及分度圆直径 d_1、d_2 和齿宽 b

几何尺寸计算公式来自[10]P56表2-5：

① 确定模数 m_n

$$m_n = \frac{d_1\cos\beta}{z_1} \geqslant \frac{69.47\cos 12°}{22} = 3.1 \text{ mm}$$

取 $m_n = 3$ mm。

$m_n = 3$ mm

② 计算中心距 a，确定螺旋角 β

$$a = \frac{m_n(z_1 + z_2)}{2\cos\beta} = \frac{3\times(22+97)}{2\times\cos 12°} = 182.49 \text{ mm}$$

取 $a = 185$ mm。

$a = 185$ mm

$$\beta = \cos^{-1}\frac{m_n(z_1 + z_2)}{2a} = \cos^{-1}\frac{3\times(22+97)}{2\times 185}$$
$$= 15.233\ 1° = 15°13'59''$$

$\beta = 15.233\ 1° = 15°13'59''$

③ 计算分度圆直径 d_1、d_2 并确定齿宽 b_1、b_2

$$d_1 = \frac{m_n z_1}{\cos\beta} = \frac{3\times 22}{\cos 15.233\ 1°} = 68.403 \text{ mm}$$

$d_1 = 68.403$ mm

$$d_2 = \frac{m_n z_2}{\cos\beta} = \frac{3\times 97}{\cos 15.233\ 1°} = 301.597 \text{ mm}$$

$d_2 = 301.597$ mm

$$b = \varphi_d d_1 = 0.9\times 68.403 = 61.6 \text{ mm}$$

取 $b_1 = 65$ mm，$b_2 = 60$ mm。

$b_1 = 65$ mm
$b_2 = 60$ mm

3. 按齿根弯曲强度校核

(1) 确定许用弯曲应力 $[\sigma_{F1}]$、$[\sigma_{F2}]$

① 大小齿轮的弯曲疲劳极限 σ_{Flim1}、σ_{Flim2}

据[9]P96图6.7(2)、图6.7(3)得小齿轮的齿根弯曲疲劳极限 $\sigma_{Flim1} = 210$ MPa，大齿轮的齿根弯曲疲劳极限 $\sigma_{Flim2} = 170$ MPa。

② 齿根弯曲强度疲劳寿命系数 Y_{NT1}、Y_{NT2}

查[9]P98图6.9得小齿轮的齿根弯曲强度疲劳寿命系数 $Y_{NT1} = 0.9$，大齿轮的齿根弯曲强度疲劳寿命系数 $Y_{NT2} = 0.97$。

③ 安全系数 S_F、应力修正系数 Y_{ST} 和弯曲强度尺寸系数 Y_x

据[9]P97所述，取 $S_F = 1.4$，$Y_{ST} = 2$，$Y_x = 1$。

④ 计算许用接触应力 $[\sigma_F]$

据[9]P97式(6.2)得小齿轮的许用弯曲应力：

$$[\sigma_{F1}] = \frac{Y_{NT1}Y_{ST}Y_x\sigma_{Flim1}}{S_F} = \frac{0.9\times 2\times 1\times 210}{1.4} = 270 \text{ MPa}$$

大齿轮的许用弯曲应力：

$$[\sigma_{F2}] = \frac{Y_{NT2}Y_{ST}Y_x\sigma_{Flim2}}{S_F} = \frac{0.97 \times 2 \times 1 \times 170}{1.4} = 236 \text{ MPa}$$

（2）确定齿形系数 Y_{Fa1}、Y_{Fa2} 和应力校正系数 Y_{Sa1}、Y_{Sa2}

① 当量齿数 z_{v1}、z_{v2}

$$z_{v1} = \frac{z_1}{\cos^3\beta_1} = \frac{22}{\cos^3 15.2331°} = 24$$

$$z_{v2} = \frac{z_2}{\cos^3\beta} = \frac{97}{\cos^3 15.2331°} = 108$$

② 齿形系数 Y_{Fa1}、Y_{Fa2}，应力校正系数 Y_{Sa1}、Y_{Sa2}

查[9]P107 表 6.7 得：$Y_{Fa1} = 2.72$　$Y_{Fa2} = 2.18$　$Y_{Sa1} = 1.57$　$Y_{Sa2} = 1.79$

（3）重合度系数

据 $z_1 = 22$、$z_2 = 97$、$\beta = 15°13'59''$，查[9]P105 图 6.17 得：$\varepsilon_{a1} = 0.76$，$\varepsilon_{a2} = 0.87$。则端面重合度 $\varepsilon_a = \varepsilon_{a1} + \varepsilon_{a2} = 0.76 + 0.87 = 1.73$。

据[9]P113 所述，基圆螺旋角：

$$\beta_b = \text{arccon}\left[\sqrt{1 - (\sin\beta\cos\alpha_n)^2}\right]$$
$$= \text{arccon}\left[\sqrt{1 - (\sin 15.2331°\cos 20°)^2}\right] = 14.2332°$$

端面重合度 $\varepsilon_{an} = \dfrac{\varepsilon_a}{\cos^2\beta_b} = \dfrac{1.73}{\cos^2 14.2332°} = 1.841$，由[9]P107

式（6.14）得重合度系数 $Y_\varepsilon = 0.25 + \dfrac{0.75}{\varepsilon_{an}} = 0.25 + \dfrac{0.75}{1.841} = 0.657$，

轴向重合度 $\varepsilon_\beta = \dfrac{b\sin\beta}{\pi m_n} = \dfrac{60\sin 15.2331°}{3.14 \times 3} = 1.674$。

查[9]P113 图 6.23 得弯曲强度螺旋角系数 $Y_\beta = 0.87$。

（4）齿根弯曲强度校核

据[9]P113 式（6.17）得：

$$\sigma_{F1} = \frac{4KT_1}{bd_1m_n}Y_{Fa1}Y_{Sa1}Y_\varepsilon Y_\beta$$

$$= \frac{4 \times 2.22 \times 101.469 \times 10^3}{60 \times 68.403 \times 3} \times 2.72 \times 1.57 \times 0.657 \times 0.87$$

$$= 179 \text{ MPa} < [\sigma_{F1}] = 270 \text{ MPa}$$

$$\sigma_{F2} = \sigma_{F1}\frac{Y_{Fa2}Y_{Sa2}}{Y_{Fa1}Y_{Sa1}} = 179 \times \frac{2.18 \times 1.79}{2.72 \times 1.57} = 164 \text{ MPa} < [\sigma_{F2}]$$

$$= 236 \text{ MPa}$$

该对齿轮的弯曲强度足够。

4. 计算齿轮的几何尺寸

齿顶圆直径 d_a

$$d_{a1} = d_1 + 2m_n = 68.403 + 2 \times 3 = 74.403 \text{ mm}$$

$$d_{a2} = d_2 + 2m_n = 301.597 + 2 \times 3 = 307.597 \text{ mm}$$

齿根圆直径 d_f

$$d_{f1} = d_1 - 2.5m_n = 68.403 - 2.5 \times 3 = 60.903 \text{ mm}$$

$$d_{f2} = d_2 - 2.5m_n = 301.597 - 2.5 \times 3 = 294.097 \text{ mm}$$

全齿高 $\quad h = 2.25m_n = 2.25 \times 3 = 6.75 \text{ mm}$

5. 齿轮受力计算

据[9]P111 式(6.16)得：

齿轮圆周力 $\quad F_{t1} = F_{t2} = \dfrac{2T_1}{d_1} = \dfrac{2 \times 101.469 \times 10^3}{68.403} = 2\,967 \text{ N}$

齿轮径向力 $\quad F_{r1} = F_{r2} = \dfrac{F_{t1} \tan \alpha_n}{\cos \beta} = \dfrac{2\,967 \times \tan 20°}{\cos 15.233\,1°} = 1\,119 \text{ N}$

齿轮轴向力 $\quad F_{a1} = F_{a2} = F_{t1} \tan \beta = 2\,967 \times \tan 15.233\,1° = 808 \text{ N}$

$d_{a1} = 74.403$
$d_{a2} = 307.597$
$F_{t1} = F_{t2} = 2\,967 \text{ N}$
$F_{r1} = F_{r2} = 1\,119 \text{ N}$
$F_{a1} = F_{a2} = 808 \text{ N}$

5 轴的设计

5.1 轴的材料选择与最小直径的确定

1. 高速轴

(1) 轴的材料选择

选用 45 号钢调质。

(2) 初算轴的直径

据 P45 所述，取 $C = 112$，并由式(3.1)得：

$$d_{\text{I}} \geqslant C \sqrt[3]{\dfrac{P}{n}} = 112 \sqrt[3]{\dfrac{5.445}{1\,430}} = 17.5 \text{ mm}$$

考虑到直径最小处安装联轴器需开一个键槽，将 d_{I} 加大 5% 后得 18.4 mm。

取高速轴最小直径 $d_{\text{I}} = 20 \text{ mm}$，长 $l_{\text{I}} = 35 \text{ mm}$。

2. 中速轴

(1) 轴的材料选择

选用 45 号钢调质。

(2) 初算轴的直径

据 P45 所述，取 $C = 112$，并由式(3.1)得：

$$d_{\text{II}} \geqslant C \sqrt[3]{\dfrac{P}{n}} = 112 \sqrt[3]{\dfrac{5.1}{480}} = 24.6 \text{ mm}$$

中速轴最小直径 $d_{\text{II}} = 25 \text{ mm}$。

3. 低速轴

(1) 轴的材料选择

选用 45 号钢正火。

$d_{\text{I}} = 20 \text{ mm}$
$l_{\text{I}} = 35 \text{ mm}$
$d_{\text{II}} = 25 \text{ mm}$

（2）初算轴的直径

据 P45 所述，取 $C = 112$，并由式（3.1）得：

$$d_{\text{Ⅲ}} \geqslant C\sqrt[3]{\dfrac{P}{n}} = 112\sqrt[3]{\dfrac{4.844}{109.1}} = 39.7 \text{ mm}$$

考虑到直径最小处安装联轴器需开一个键槽，将 $d_{\text{Ⅲ}}$ 加大 5% 后得 41.6 mm。

考虑到该处安装标准弹性联轴器，配合处的直径一致，故取低速轴最小直径 $d_{\text{Ⅲ}} = 40 \text{ m}$，轴头长度 $l_{\text{Ⅲ}} = 75 \text{ mm}$。

$d_{\text{Ⅲ}} = 40 \text{ mm}$

$l_{\text{Ⅲ}} = 75 \text{ mm}$

5.2 轴的结构设计

1. 减速器箱体尺寸计算

据 P53～P54 表 4.1 计算减速器箱体的主要尺寸为：

名　称	符号	计　　　算	结　果
箱座壁厚	δ	$\delta = 0.025a + 3 = 0.025 \times 185 + 3 = 7.6$ mm　取 $\delta = 10$ mm	$\delta = 10$ mm
箱盖壁厚	δ_1	$\delta_1 = 0.02a + 3 = 0.02 \times 185 + 3 = 6.7$ mm　取 $\delta_1 = 10$ mm	$\delta_1 = 10$ mm
箱座凸缘厚度	b	$b = 1.5\delta = 1.5 \times 10 = 15$ mm	$b = 15$ mm
箱盖凸缘厚度	b_1	$b_1 = 1.5\delta_1 = 1.5 \times 10 = 15$ mm	$b_1 = 15$ mm
箱座底凸缘厚度	b_2	$b_2 = 2.5\delta = 2.5 \times 10 = 25$ mm	$b_2 = 25$ mm
地脚螺钉直径及数目	d_f n	$0.036a + 12 = 0.036 \times 185 + 12 = 18.66$ mm 取 M18 的地脚螺钉 地脚螺钉数目 $n = 4$	M18 $n = 4$
轴承旁联接螺栓直径	d_1	$d_1 = 0.75d_f = 0.75 \times 18 = 13.5$ mm 取 M14 的螺栓	M14
箱盖与箱座联接螺栓直径	d_2	$d_2 = (0.5 \sim 0.6)\,d_f = (0.5 \sim 0.6) \times 18 = (9 \sim 10.8)$ mm　取 M10 的螺栓	M10
外箱壁至轴承座端面的距离	l_1	$l_1 = c_1 + c_2 + (5 \sim 8)$ mm $= 20 + 18 + (5 \sim 8)$ mm $= (43 \sim 46)$ mm 取 $l_1 = 50$ mm	$l_1 = 50$ mm
内箱壁至轴承座端面的距离	l_2	$l_2 = \delta + l_1 = 10 + 50 = 60$ mm	$l_2 = 60$ mm
箱座与箱盖长度方向接合面距离	l_3	$l_3 = \delta + c_1 + c_2 = 10 + 16 + 14 = 40$ mm 取 $l_3 = 45$ mm	$l_3 = 45$ mm
箱座底部外箱壁至箱座凸缘底座最外端距离	L	$L = c_1 + c_2 = 24 + 22 = 46$ mm 取 $L = 45$ mm	$L = 45$ mm

2. 轴的结构设计

轴的结构图如图52所示。在绘制轴结构图时考虑到中速轴在工作过程中圆锥齿轮会产生轴向力,故圆柱齿轮采用斜齿圆柱齿轮,使它产生的轴向力与圆锥齿轮会产生的轴向力抵消一部分,从而减小轴承上所受到的轴向力,增加轴承的使用寿命。为了抵消部分轴向力,据分析中速轴小斜齿圆柱齿轮采用右旋,低速轴大斜齿圆柱齿轮采用左旋。

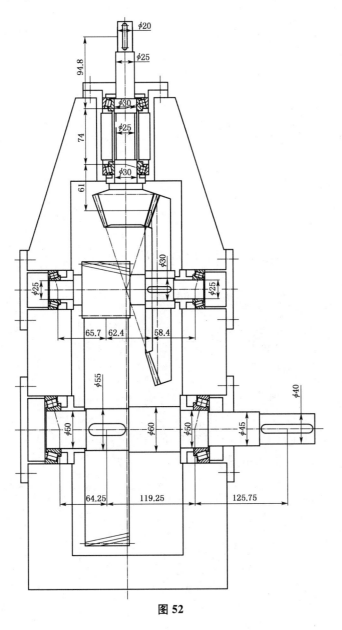

图 52

5.3 轴的强度校核

1. 高速轴的强度校核(略)

2. 中速轴的强度校核

(1) 绘制轴空间受力图

  绘制的轴空间受力图如图 53(a)所示。

(2) 作垂直面 V 和水平面 H 内的受力图,并计算支座反力

  绘制的垂直面 V 和水平面 H 内的受力图如图 53(b)、(c)所示。

① V 面

$$\sum M_A = 0$$

$$(65.7 + 62.4 + 58.4)F_{BV} - 65.7F_{t1} - (65.7 + 62.4)F_{t2} = 0$$

$$F_{BV} = \frac{65.7F_{t1} + (65.7 + 62.4)F_{t2}}{65.7 + 62.4 + 58.4}$$

$$= \frac{65.7 \times 2967 + 128.1 \times 1\,030}{186.5} = 1\,753 \text{ N}$$

$$\sum F_z = 0 \quad F_{AV} + F_{BV} - F_{t1} - F_{t2} = 0$$

$$F_{AV} = F_{t1} + F_{t2} - F_{BV} = 2967 + 1\,030 - 1\,753 = 2\,244 \text{ N}$$

② H 面

$$\sum M_A = 0$$

$$(65.7 + 62.4 + 58.4)F_{BH} - F_{a2} \times d_{m2}/2 - (65.7 + 62.4)F_{r2} - F_{a1} \times d_1/2 + 65.7F_{r1} = 0$$

$$F_{BH} = \frac{F_{a2}d_{m2}/2 + (65.7 + 62.4)F_{r2} + F_{a1}d_1/2 - 65.7F_{r1}}{65.7 + 62.4 + 58.4}$$

$$= \frac{356 \times 210.42/2 + 128.1 \times 119 + 808 \times 68.403/2 - 65.7 \times 1119}{186.5}$$

$$= 37 \text{ N}$$

$$\sum F_x = 0$$

$$F_{AH} + F_{r2} - F_{BH} - F_{r1} = 0$$

$$F_{AH} = F_{BH} + F_{r1} - F_{r2} = 37 + 1\,119 - 119 = 1\,037 \text{ N}$$

(3) 计算 V 面及 H 面内的弯矩,并画弯矩图

① V 面

AC 段:

$$M_{AV} = 0$$

$$M_{CV} = 65.7F_{AV} = 65.7 \times 2\,244 = 147\,431 \text{ N} \cdot \text{mm}$$

BD 段:$M_{BV} = 0$

$$M_{DV} = 58.4F_{BV} = 58.4 \times 1\,753 = 102\,375 \text{ N} \cdot \text{mm}$$

② H 面

AC 段:$M_{AH} = 0$

$$M_{CH-} = -65.7F_{AH} = -65.7 \times 1\,037 = -68\,131 \text{ N} \cdot \text{mm}$$

CD 段：

$$M_H(x) = -F_{AH}x + F_{a1} \times d_1/2 + (x - 65.7)F_{r1}$$

$$= -1\,037x + 808 \times 68.403/2 + (x - 65.7) \times 1\,119$$

$$= -1\,037x + 27\,635 + (x - 65.7) \times 1\,119 \quad (65.7 < x < 128.1)$$

$$M_{CH+} = -1\,037 \times 65.7 + 27\,635 + (65.7 - 65.7) \times 1\,119$$

$$= -40\,496 \text{ N} \cdot \text{mm}$$

$$M_{DH-} = -1\,037 \times 128.1 + 27\,635 + (128.1 - 65.7) \times 1\,119$$

$$= -35\,379 \text{ N} \cdot \text{mm}$$

BD 段：

$$M_{BH} = 0$$

$$M_{DH+} = 58.4F_{BH} = 58.4 \times 37 = 2\,161 \text{ N} \cdot \text{mm}$$

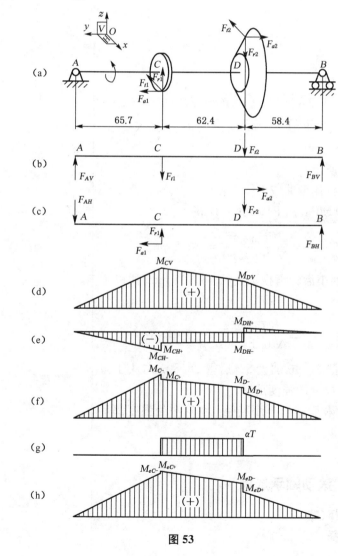

图 53

V 面与 H 面内的弯矩图如图 53(d)、(e) 所示。

(4) 计算合成弯矩并作图

$$M_A = M_B = 0$$

$$M_{C-} = \sqrt{M_{CV}^2 + M_{CH-}^2} = \sqrt{147\ 431^2 + (-68\ 131)^2} = 162\ 412\ \text{N} \cdot \text{mm}$$

$$M_{C+} = \sqrt{M_{CV}^2 + M_{CH+}^2} = \sqrt{147\ 431^2 + (-40\ 496)^2} = 152\ 892\ \text{N} \cdot \text{mm}$$

$$M_{D-} = \sqrt{M_{DV}^2 + M_{DH-}^2} = \sqrt{102\ 375^2 + (-35\ 379)^2} = 108\ 316\ \text{N} \cdot \text{mm}$$

$$M_{D+} = \sqrt{M_{DV}^2 + M_{DH+}^2} = \sqrt{102\ 375^2 + 2\ 161^2} = 102\ 398\ \text{N} \cdot \text{mm}$$

合成弯矩图如图 53(f) 所示。

(5) 计算 αT 并作图

$$\alpha T = 0.6 \times 101.469 \times 1\ 000 = 60\ 881\ \text{N} \cdot \text{mm}$$

扭矩图如图 53(g) 所示。

(6) 计算当量弯矩并作图

$$MeA = MeB = 0$$

$$M_{eC-} = M_{C-} = 162\ 412\ \text{N} \cdot \text{mm}$$

$$M_{eC+} = \sqrt{M_{C+}^2 + (\alpha T)^2} = \sqrt{152\ 892^2 + 60\ 881^2} = 164\ 567\ \text{N} \cdot \text{mm}$$

$$M_{eD-} = \sqrt{M_{D-}^2 + (\alpha T)^2} = \sqrt{108\ 316^2 + 60\ 881^2} = 124\ 253\ \text{N} \cdot \text{mm}$$

$$M_{eD+} = M_{D+} = 102\ 398\ \text{N} \cdot \text{mm}$$

当量弯矩图如图 53(h) 所示。

(7) 校核轴的强度中速轴的许用弯曲应力 $[\sigma_{-1}]_b$

由 P48 得：$[\sigma_{-1}]_b = 60\ \text{MPa}$。据 P48 式(3.3) 得：

$$\text{在 } C \text{ 处,} d_C \geqslant \sqrt[3]{\frac{M_{eC+}}{0.1\ [\sigma_{-1}]_b}} = \sqrt[3]{\frac{164\ 567}{0.1 \times 60}} = 30.2\ \text{mm}$$

由于 30.2 mm 小于该处小齿轮齿根圆直径 63.903 mm,所以中速轴 C 处的强度足够。

$$\text{在 } D \text{ 处:} d_D \geqslant \sqrt[3]{\frac{M_{eD-}}{0.1\ [\sigma_{-1}]_b}} = \sqrt[3]{\frac{124\ 253}{0.1 \times 60}} = 27.46\ \text{mm}$$

由于该处开一个键槽,把 27.46 加大 5% 后得 28.8 mm,小于该处直径 30 mm,所以中速轴 D 处的强度足够。

由于受载最大处的强度和受载稍小而直径也相对小处强度都足够,由此可知中速轴强度足够。

3. 低速轴的强度校核(略)

6　滚动轴承选择

6.1　高速轴滚动轴承的选择(略)

6.2　中速轴滚动轴承的选择

1. 初选两只轴承的型号

　　根据轴的结构设计,安装轴承处的轴颈为 75 mm,且考虑到该轴既受径向载荷又受轴向载荷的作用,两轴承间的距离不大,考虑到箱体上加工两轴承孔的同轴度以及轴承的价格和轴承购买容易性,考虑到安装的方便,选用两只型号为 30205 的圆锥滚子轴承。

2. 计算两轴承所受的径向载荷 F_r

　　据图 53 及以上计算,得图 54 中速轴 A 处轴承受到的径向载荷 F_{rA} 为:

$$F_{rA} = \sqrt{F_{AV}^2 + F_{AH}^2} = \sqrt{2\,244^2 + 1\,037^2} = 2\,472\ \text{N}$$

　　中速轴 B 处轴承受到的径向载荷 F_{rB} 为:

$$F_{rB} = \sqrt{F_{BV}^2 + F_{BH}^2} = \sqrt{1\,753^2 + 37^2} = 1\,753.4\ \text{N}$$

图 54

3. 计算两轴承受到的轴向载荷 F_a

(1) 确定派生轴向力 F_s

　　查[1]→【轴承】→【滚动轴承】→【常用滚动轴承的基本尺寸与数据】→【圆锥滚子轴承】→【单列圆锥滚子轴承】得 30205 轴向载荷的影响判断系数 $e = 0.37$,轴向载荷系数 $Y = 1.6$,额定动载荷 $C = 32.2\ \text{kN}$。则轴承 A 派生轴向力由[9]P202 表 10.11 得:

$$F_{sA} = \frac{F_{rA}}{2Y} = \frac{2\,472}{2 \times 1.6} = 773\ \text{N}$$

　　轴承 B 派生轴向力:

$$F_{sB} = \frac{F_{rB}}{2Y} = \frac{1\,753.4}{2 \times 1.6} = 548\ \text{N}$$

(2) 确定轴向载荷 F_a

　　据图 49,轴承 A 的轴向载荷:

$$F_{aA} = \begin{cases} F_{a1} - F_{a2} + F_{sB} = 808 - 365 + 548 = 991 \\ F_{sA} = 773 \end{cases} = 991\ \text{N}$$

　　轴承 B 的轴向载荷:

$$F_{aB} = \begin{cases} F_{a2} - F_{a1} + F_{sA} = 365 - 808 + 773 = 330 \\ F_{sB} = 548 \end{cases} = 548\ \text{N}$$

4. 确定当量动载荷 P

(1) 确定载荷系数 X、Y

由[9]P202 表 10.10 得：

轴承 A：$\dfrac{F_{aA}}{F_{rA}} = \dfrac{991}{2\,472} = 0.401 > e = 0.37$　　$X = 0.4$　　$Y = 1.6$

轴承 B：$\dfrac{F_{aB}}{F_{rB}} = \dfrac{548}{1\,753.4} = 0.313 < e = 0.37$　　$X = 1$　　$Y = 0$

(2)计算两轴承的当量动载荷 P

据[9]P201 式(10.5)得：

轴承 A：$P_A = XF_{rA} + YF_{aA} = 0.4 \times 2\,472 + 1.6 \times 991 = 2\,574$ N

轴承 D：$P_B = XF_{rB} + YF_{aB} = 1 \times 1\,753.4 + 0 \times 548 = 1\,753.4$ N

由于 $P_A > P_B$，所以取 $P = P_A = 2\,574$ N 进行计算。

5. 确定轴承型号

据[9]P200 取轴承的寿命指数 $\varepsilon = 10/3 = 3.333$；由表 10.7 取温度系数 $f_t = 1.00$；据 P201 表 10.8 取载荷系数 $f_P = 1.05$。并取轴承预期寿命[$L_h = 24\,000$ h]。则由[9]P201 式(10.4)得轴承的计算载荷 C'：

$$C' = \frac{f_p P}{f_t} \sqrt[3.333]{\frac{60n[L_h]}{10^6}} = \frac{1.05 \times 2\,574}{1.00} \sqrt[3.333]{\frac{60 \times 480 \times 24\,000}{10^6}}$$
$$= 19\,220 \text{ N} = 19.22 \text{ kN}$$

由于 $C' = 19.22$ kN $< C = 32.2$ kN，满足要求，所以中速轴选用 30205 轴承合适。

6.3　低速轴滚动轴承的选择(略)

中速轴轴承 30205

7. 键的选择及强度校核

7.1　高速轴与联轴器处的键联接(略)

7.2　中速轴与大圆锥齿轮配合处的键联接

1. 键类型的选择与键尺寸的确定

中速轴与大圆锥齿轮配合处选用 A 型普通平键联接。据配合处直径 $d = 30$ mm，由[11]P143 表 11.9 查得 $b \times h = 8$ mm$\times 7$ mm。据轴结构设计取键长度 $L = 32$ mm。据[11]P143 得键的计算长度 $L_c = L - b = 32 - 8 = 24$ mm。

2. 强度校核

键的材料选用 45 号钢，且轴与大圆锥齿轮材料也为 45 号钢，查[11]P143 表 11.10 得许用挤压应力 $[\sigma_P] = 135$ MPa。由[11]P143 式(11.10)得：

$$\sigma_p = \frac{4T}{dhL_c} = \frac{4 \times 101.469 \times 1\,000}{30 \times 7 \times 24} = 81 \text{ MPa} < [\sigma_p] = 135 \text{ MPa}$$

该键联接的强度足够。

键的标记：GB/T 1096—2003　　键 $8 \times 7 \times 32$

键 $8 \times 7 \times 32$

7.3　低速轴与大斜齿轮配合处的键联接（略）

7.4　低速轴与联轴器配合处的键联接（略）

8　联轴器的选择

8.1　高速轴处联轴器选择（略）

8.2　低速轴处联轴器选择

查[9]P261 表 12.1 得联轴器工作情况系数 $K_A = 1.5$。据[9]P260 式(10.1)得计算转矩 $T_{ca} = K_A T = 1.5 \times 424.016 = 606\,\text{N} \cdot \text{m}$。考虑到补偿两轴线的相对偏移和减振、缓冲等原因，选用弹性柱销联轴器。据低速轴装联轴器处直径 40 mm，计算转矩606 N•m，查[1]→【联轴器、离合器、制动器】→【联轴器】→【联轴器标准件、通用件】→【弹性联轴器】→【弹性柱销联轴器】→【LX 型弹性柱销联轴器的基本参数和主要尺寸】，取 LX3 型弹性柱销联轴器。则其主要参数为：与低速轴联接的轴孔直径 40 mm，轴孔长度 84 mm；与驱动滚筒轴联接处的轴孔直径为 42 mm，轴孔长度也为 84 mm。该联轴器的许用转矩 $[T] = 630\,\text{N} \cdot \text{m}$，许用转速 $[n] = 5\,000\,\text{r/min}$。所以 $T_{ca} < [T]$，$n_{\text{Ⅲ}} < [n]$，合适。故该联轴器的标记为：LX3 联轴器 $\dfrac{JC40 \times 84}{JC42 \times 84}$

GB/T 5014—2003

LX3 联轴器
JC40×84
JC42×84

9　减速器润滑

9.1　齿轮润滑

1. 选择齿轮润滑油牌号

由于圆锥齿轮、斜齿圆柱齿轮圆周速度均小于 12 m/s，据 P69 所述，齿轮采用浸油润滑。由[1]→【润滑与密封装置】→【润滑剂】→【常用润滑的牌号、性能及应用】→【常用润滑脂主要质量指标和用途】→【工业闭式齿轮油】，选用 L–CKC150 工业闭式齿轮油，浸油深度取浸没大圆锥齿轮的整个齿宽。

L–CKC150

2. 计算减速器所需的油量

据装配图尺寸，算得油池容积 $V = 495 \times 150 \times 105 = 7\,796\,250\,\text{mm}^3 = 7.796\,\text{dm}^3$。

据 P71 所述，减速器所需油量 $V_0 = 5.445 \times 0.36 \times 2 = 3.92\,\text{dm}^3$。由于 $V > V_0$，所以减速器所需的油量满足要求。

9.2　滚动轴承

由于高速轴 $d \cdot n = 30 \times 1\,440 = 0.432 \times 10^5 < 1.5 \times 10^5\,\text{mm} \cdot \text{r/min}$，中速轴 $d \cdot n = 25 \times 480 = 0.12 \times 10^5 < 1.5 \times 10^5\,\text{mm} \cdot \text{r/min}$，低速轴 $d \cdot n = 50 \times 109.1 = 0.055 \times 10^5 < 1.5 \times 10^5\,\text{mm} \cdot \text{r/min}$。据

P71 所述，减速器轴承采用润滑脂润滑。据[1]→【润滑与密封装置】→【润滑剂】→【常用润滑脂】→【常用润滑脂主要质量指标和用途】→【钙基润滑脂】，选用 NLGI№2 润滑脂。

NLGI№2

10　减速器的装配图零件图

减速器装配图如图 55 所示（减速器的非标准零件图略）。

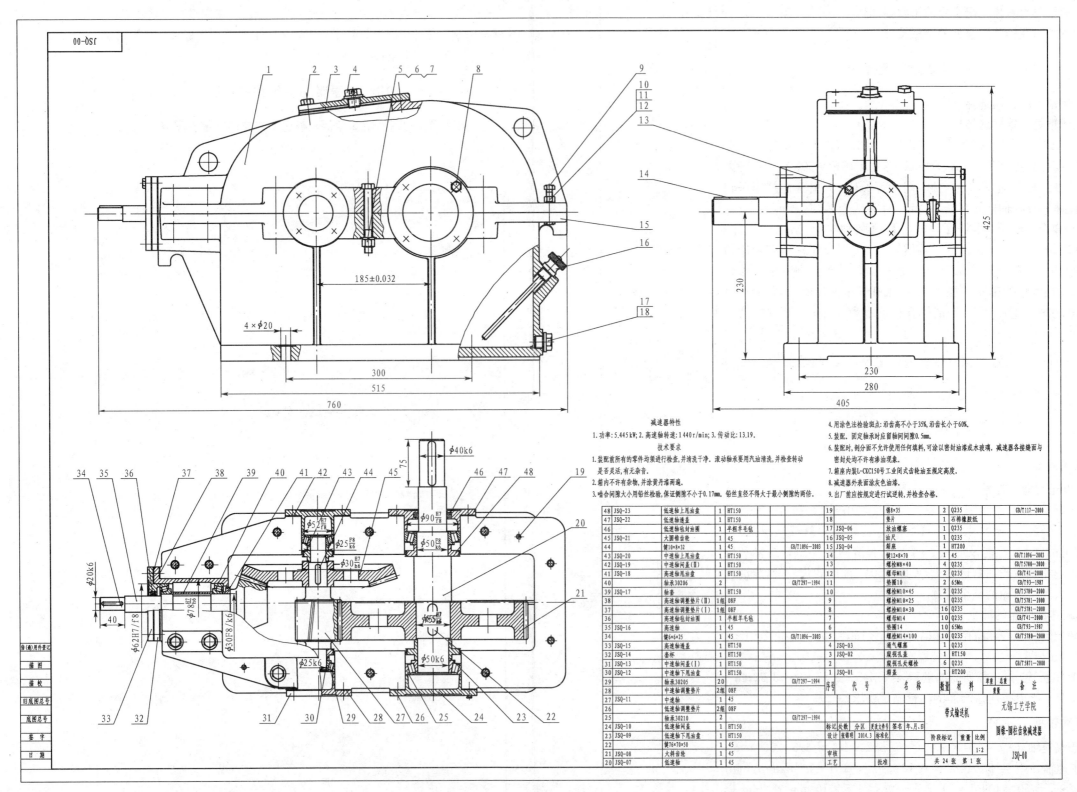

减速器特性
1. 功率: 5.445 kW; 2. 高速轴转速: 1440 r/min; 3. 传动比: 13.19.

技术要求
1. 装配前所有的零件均须进行检查, 并清洗干净. 滚动轴承要用汽油清洗, 并检查转动是否灵活, 有无杂音.
2. 箱内不许有杂物, 并涂黄丹漆两遍.
3. 啮合间隙大小用铅丝检验, 保证侧隙不小于0.17mm, 铅丝直径不得大于最小侧隙的两倍.
4. 用涂色法检验斑点: 沿齿高不小于35%, 沿齿长小于60%.
5. 装配. 固定轴承时应留轴间间隙0.5mm.
6. 装配时, 分面不允许使用任何填料, 可涂以密封油漆或水玻璃. 减速器各接缝面与密封处均不许有渗油现象.
7. 箱座内装L-CKC150号工业闭式齿轮油至规定高度.
8. 减速器外表面涂灰色油漆.
9. 出厂前应按规定进行试运转, 并检查合格.

48	JSQ-23	低速轴上甩油盘	1	HT150	
47	JSQ-22	低速轴通盖	1	HT150	
46	JSQ-21	低速轴毡封油圈	1	半粗羊毛毡	
45	JSQ-21	大圆锥齿轮	1	45	
44		键10×8×32	1	45	GB/T1096-2003
43	JSQ-20	中速轴上甩油盘	1	HT150	
42	JSQ-19	中速轴闷盖(II)	1	HT150	
41	JSQ-18	高速轴甩油盘	1	HT150	
40		轴承30206	2		GB/T297-1994
39	JSQ-17	轴套	1	HT150	
38		高速轴调整垫片(II)	1组	08F	
37		高速轴调整垫片(I)	1组	08F	
36		高速轴毡封油圈	1	半粗羊毛毡	
35	JSQ-16	高速轴	1	45	
34		键6×6×25	1	45	GB/T1096-2003
33	JSQ-15	高速轴通盖	1	HT150	
32	JSQ-14	套杯	1	HT150	
31	JSQ-13	中速轴闷盖(I)	1	HT150	
30	JSQ-12	中速轴下甩油盘	1	HT150	
29		轴承30205	20		GB/T297-1994
28		中速轴调整垫片	2组	08F	
27	JSQ-11	中速轴	1	45	
26		低速轴调整垫片	2组	08F	
25		轴承30210	2		GB/T297-1994
24	JSQ-10	低速轴闷盖	1	HT150	
23	JSQ-09	低速轴下甩油盘	1	HT150	
22		键76×70×50	1	45	
21	JSQ-08	大斜齿轮	1	45	
20	JSQ-07	低速轴	1	45	

19		销8×35	1	Q235	GB/T117-2000
18		垫片	1	石棉橡胶纸	
17	JSQ-06	放油螺塞	1	Q235	
16	JSQ-05	油尺	1	Q235	
15	JSQ-04	箱座	1	HT200	
14		键12×8×70	1	45	GB/T1096-2003
13		螺栓M8×40	4	Q235	GB/T5780-2000
12		螺母M10	2	Q235	GB/T41-2000
11		垫圈10	2	65Mn	GB/T93-1987
10		螺栓M10×45	2	Q235	GB/T5780-2000
9		螺栓M10×25	2	Q235	GB/T5781-2000
8		螺栓M10×30	16	Q235	GB/T5781-2000
7		螺母M14	10	Q235	GB/T41-2000
6		垫圈14	10	65Mn	GB/T93-1987
5		螺栓M14×100	10	Q235	GB/T5780-2000
4	JSQ-03	通气螺塞	1	Q235	
3	JSQ-02	窥视孔盖	1	Q235	
2		窥视孔处螺栓	6	Q235	GB/T5781-2000
1	JSQ-01	箱盖	1	HT200	
序号	代号	名称	数量	材料	备注

无锡工艺学院

带式输送机

圆锥-圆柱齿轮减速器

JSQ-00

共 24 张 第 1 张

图 55

参考文献

[1] 数字化手册编委会.机械设计手册(新编软件版)2008.北京:化学工业出版社,2008.

[2] 安琦.机械设计课程设计.上海:华东理工大学出版社,2012.

[3] 刘莹.机械设计课程设计.大连:大连理工大学出版社,2008.

[4] 许瑛.机械设计课程设计.北京:北京大学出版社,2008.

[5] 张莉彦.机械设计综合课程设计.北京:化学工业出版社,2012.

[6] 龚湛义.机械设计课程设计图册.北京:高等教育出版社,1993.

[7] 王军.机械设计基础课程设计.北京:科学出版社,2006.

[8] 任红英.机械设计教程.北京:北京理工大学出版社,2007.

[9] 曹晓明.机械设计.北京:电子工业出版社,2011.

[10] 王之栎.机械设计.北京:北京航空航天大学出版社,2011.

[11] 张永宇.机械设计基础.北京:清华大学出版社,2009.

[12] 范振河.机械设计项目化教程.哈尔滨:哈尔滨工程大学出版社,2011.

[13] 封立耀.机械设计基础实例教程.北京:北京航空航天大学出版社,2007

[14] 黄成.AutoCAD机械设计宝典.北京:电子工业出版社,2010.

[15] 金大鹰.机械制图.北京:机械工业出版社,2002.

[16] 吴宗泽.机械零件设计手册.北京:机械工业出版社,2006.